피부관리실기학

이성내 · 박혜란 · 홍양희

JN444245

청구문화사

머리말

산업사회의 눈부신 발전으로 인해 생활이 빠르고 간편해진 반면 현대인의 몸과 마음은 점점 더 각박하고 황폐해지고 있으며, 이로 인해 안정과 휴식을 취하지 못한 우리들의 몸은 위험신호를 직감하고 편안히 쉴 곳을 찾게 되었다.

이러한 현상은 전 세계에 웰빙(well-being)의 열풍을 불러 일으켜 적절한 휴식과 여가는 물론 삶의 질적 향상을 추구하게 되었으며, 아름다움을 추구하는 방식 역시 단순한 아름다움이 아닌 건강하고 생기있는 아름다움에 관심을 나타내게 되었다.

이와 같은 전반적인 추세에 따라 미용분야도 단순하고 기능적인 요구만이 아니라 과학적이고 체계적인 다양한 관리가 요구되고 있으며, 이에 따라 교육현장에서 학생들의 의견을 수용할 수 있는 실질적인 피부관리 마사지 실기교재를 새롭게 재구성할 필요성을 느끼게 되어 이 책을 출판하게 되었다.

이 책의 구성을 살펴보면 1편은 마사지 개론으로써 마사지에 대한 전체적인 이해를 돕는 어원, 역사, 종류 및 경락, 림프드레니지와 베이비 마사지 등의 이론에 대한 내용으로 구성되어 있다. 2편은 마사지 테크닉 편으로 얼굴을 비롯한 전신에 관한 일반적인 마사지 테크닉과 더불어 경락과 림프드레니지 그리고 베이비 마사지가 상세한 그림과 설명으로 구성되어 있고, 별도로 학습하는데 도움을 주고자 동영상 CD를 제작하여 첨부하였다.

피부관리 전반에 대한 이해와 마사지 기술 습득에 대한 전문 교재가 되고자 노력하였으나 출판에 앞서 아쉬움과 부족함이 남는다. 부디 이 작은 책자가 미용관련학과의 교재로, 또한 미용에 관심있는 많은 분들의 참고서적으로 이용되기를 기대해 본다.

끝으로 졸고(拙稿)를 출판할 수 있도록 도와주신 청구문화사의 이상태 사장님을 비롯한 직원 여러분의 노고에 깊은 감사를 드린다.

2010년 盛夏
저자 일동

CONTENTS

I 마사지 이론

II 마사지 실기

II 부 록

I 마사지 이론

1 마사지 개론

1. 마사지 어원

마사지(massage)란 과거 원시시대부터 인체의 기능회복을 위해 신체조직을 마찰하거나 주무르던 행위를 의미한다. 마사지의 어원은 '두드리다 혹은 어루만지다' 라는 뜻의 아랍어 'massa', '손' 이라는 뜻의 라틴어 'mamus', '주무르다' 라는 뜻의 그리스어 'massin' 등에서 유래하였다. 오늘날의 마사지라는 용어는 치료와 운동수행력 향상을 목적으로 행하는 지압·안마 등의 수기요법을 통칭하는 것으로, 이는 프랑스어의 'masser' 에서 유래된 것이며 2세기 전 중국의 한방의학 서적을 프랑스어로 번역하여 〈The Cong-fou of the Tao-tse〉라는 책을 출판하면서부터이다. 마사지란 인체의 근육조직을 쓰다듬거나 마찰하거나, 두드리거나, 주무르는, 행위를 말하며, 혈액순환과 신진대사를 증진시켜 체내 노폐물의 배설작용과 피로회복을 통해 건강한 몸을 유지하는데 그 목적이 있다.

2. 마사지 유래

태초부터 인간은 과학적이고 체계적인 치료법을 알지 못하였다. 그러나 인간은 신체의 어느 부위에 통증을 느끼거나 굳어 있다고 느끼면 그곳을 손으로 문지르고, 두드리고, 어루만지게 된다. 이것은 본능적인 동작으로 인류의 존재 이래로 계속되어져 왔다. 마사지는 인간이 행할 수 있는 가장 기본적인 치료행위로써 고대로부터 신체에 이상이 생기면 자신을 비롯한 다른 사람에게 해결하는 방법으로 채택했다는 사실을 동양의 중국, 인도를 비롯해 이집트, 아시리아, 그리스와 로마 등의 고대 문헌에서도 쉽게 찾아볼 수 있다.

또한 기원 전 8세기 경 스포츠를 중시하고 승패를 강조하던 고대 로마시대에 이르러 마사지는 운동선수들의 피로회복과 경기력 향상을 위한 보조수단으로 사용하게 되었다. 기원전 9세기부터 3세기에 만들어진 아유르베르 비문에는 치료 체조와 마사지의 두드리기 방법과 누르기 방법이 새겨져 있다. 마사지는 이렇게 원시시대에서부터 자연발생적으로 생겨났으며, 의료상 보조를 목표로 하는 요구에 응하여 발전했고, 시대에 따라 오늘날처럼 과학적이고 현대적인 마사지가 되었다.

이처럼 세계 각국에서 행하여지던 마사지는 19세기에 이르러 스웨덴의 의사 페르링(Pehr Ling)에 의하여 과학적으로 체계화되었다. 〈스웨덴식 체조 시스템〉에서 그는 마사지와 인간의 신체조직에 유익한 영향을 미치는 운동을 강조하고 있다. 그의 저서 〈체조의 일반적인 기초〉에서는 피로를 극복하고 외과 수술 후의 의료방법으로서 이용되는 마사지의 중요성을 강조하고 있다.

마사지의 기원은 고대 이집트와 중국에서 유래된 것이라고 할 수 있으며, 마사지로 대략 고대에는 주술적인 것, 그리스 이후로부터 치료적인 것에서 근대는 유럽과 러시아에서 운동치료학으로 오늘날까지 발달하고 있다.

1) 서양

(1) 이집트

이집트는 인도, 중국과 더불어 인류문명의 발생지로서 세계 문화사에 관한 수많은 역사적 유물을 남기고 있는데, 의학에 관한 기록은 피라미드, 석관, 건축물의 비문, 파피루스의 상형문자 등에서 찾아볼 수 있다.

1814년의 발굴시 이집트 장군의 석관에서 파피루스 종이가 발견되었는데, 거기에는 장딴지 근육을 쓰다듬고, 발목을 문지르는 등의 근육이나 둔부를 누르고 있는 모습이 뚜렷하게 그려져 있으며, 윤활유를 사용하는 모습을 뚜렷하게 볼 수 있다.

베를린 펄거문 박물관에는 앗시리아의 산 헤리브 궁전에 있던 설화석고(雪花石膏)의 조각이 보존되어 있는데, 그 가운데에는 오늘날 실행되고 있는 것과 같은 여러 형태의 마사지가 묘사되어 있다. 이렇듯 이집트의 문화 유적 곳곳에는 근육을 주무르거나 발목을 마찰시키거나, 등과 어깨의 근육을 두드리는 등의 다양한 마사지법이 기록되어 있다.

(2) 그리스

그리스인들은 마사지에 관한 전문지식과 실전경험이 많은 파이도트리베스(paidotribes)라고 부르는 사람들로부터 마사지를 받았다. 그 후 의사들에 의해 마사지가 발전하였는데 헤로디코스(Herodicos)와 히포크라테스(Hippocrates)가 마사지를 발전시킨 대표적인 사람들이다. 헤로디코스는 마사지에 생리학적 근거를 마련한 최초의 그리스인으로, 그의 시도를 계승한 사람이 히포크라테스로서 그는 마사지를 종교적인 의례에서 해방시키고, 실험적 방법을 통해 많은 이론적 체계를 세웠다. 그 후 마사지 발전의 기틀을 마련했으며 "의사는 수많은 경험을 쌓을 필요가 있고, 마사지도 그 중 하나이다"라고 하였다. 또한 관절이 탈구된 어깨의 치료법을 "어깨는 부드럽게 천천히 문질러야 하며, 치료사는 많은 경험이 있어야만 한다. 왜냐하면 같은 치료법이라 하더라도 같은 효과가 나타나지 않기 때문이다"고 마사지의 효과에 설명하였다.

그리스의 마사지에 관한 그림으로는 권투선수의 등 쓰다듬기, 가슴 마사지, 육상선수를 위한 아킬레스 힘줄 마사지, 그리고 장딴지 근육의 셀프 마사지 등이 있다.

(3) 로마

로마 제국은 그리스에서 마사지 기술을 도입하여 발전시켰다. 프루타코스(Pullracos)는 자신의 천식을 마사지로써 고칠 수 있었으며, 간질로 고생한 시저(Caesar)는 신경통과 두통을 완화하기 위해 신체의 모든 부위를 매일 지압하게 했다. 로마 제국은 그리스에서 도입한 마사지 기술을 로마전체로 확산시켰으며, 위대한 로마의 의사로 칭송받고 있는 아스크레피아드(Asclepiad)에 의해 체계적이고도 효율적인 마사지 기술이 완성되었다.

또한 로마는 갈렌(Galen)에 의해 18가지의 다양한 마사지법을 제시하였으며, 이 시기의 마사지는 치료의 목적 뿐만 아니라 운동수행을 향상시키기 위한 수단으로 실시되었다.

(4) 고대 러시아

고대 러시아 민족들은 주로 증기목욕탕 속에서 백화나무로 만들어진 마사지 기구를 이용해 몸을 두드리거나 문지르는 등의 마사지법이 널리 보급되어 있었다. 특히 이와 같은 마사지의 형태는 슬라브 민족사이에서 성행되었으며, 식물을 태워 발생한 연기로 목욕을 하면서 온 몸 전체를 두드려 주는 두드리기 방법의 마사지를 즐겼다. 또한 목재로 만들어진 목욕탕에서 몸을 가열시킨 뒤 나뭇가지로 몸 전체를 강도 높게 두드리고 난 후 찬물을 몸에 끼얹는 독특한 마사지가 유행했다. 오늘날의 독특한 핀란드식 마사지 기술의 모태이기도 하다. 러시아는 오늘날까지 여러 가지 마사지 기구를 만들어 일반적인 마사지는 물론 전문적인 스포츠 마사지에 이르기까지 기구를 이용한 마사지를 활용하고 있다.

2) 동양

(1) 중국

동양에서는 예로부터 전래되어 내려온 전통적인 치료법으로 침구요법, 약물요법, 기공요법 그리고 안마요법이 전해져왔다. 이중 안마요법은 고대 동양 마사지의 기원으로 성행하였다.

고대 중국 마사지에 대한 가장 오래된 언급은 기원 전 2500년경에 쓰여진 〈Kung-Fu〉에서는 "잠에서 깨어난 이른 아침 혈액이 휴식하고, 기가 평안할 때 손바닥을 문지르는 것은 추위를 덜고 신체를 적당히 유지시키며 가벼운 질병을 예방한다"라고 기술되어 있다. 또한 고대 중국의 마사지에 관한 가장 유명한 최초의 문헌으로는 춘추시대에 쓰여진 〈황제내경〉에는 좀 더 체계적인 마사지법으로 발전되어 왔다. "인체는 위협을 느끼면 신경과 혈관이 막혀 마비를 초래하나 그것은 안마로 치유된다"라고 했으며 손과 다리를 이용한 마사지의 일종인 도인(導引)을 기술하고 있다. "도인은 동물의 움직임을 흉내내는 움직임과 호흡운동을 결합한 운동으로서, 이를 실행하면 몸을 유연하게 만들 수 있을 뿐만 아니라 조화를 이루어 활력 있는 인체를 유지할 수 있다"하였다. 즉, 운동생리학적 효과보다는 오히려 호흡법과 명상법에 초점을 둔 신체기법의 체계라 할 수 있다. 고대 중국의 마사지의 특징은 마사지 뿐만 아니라 호흡운동을 병행하여 실시한 점이 특이한 현상이다.

마사지 동작에 관한 완전한 그림이 최초로 알려지게 된 것은 1979년에 화남지방의 서한 왕조능이 발굴되면서이다. 중국의 의사 화타(華陀)는 호랑이, 사슴, 곰, 원숭이, 새의 움직임을 본 따서 40가지의 도인동작을 만들어 실행했는데, 이것은 송 왕조 시대에 오늘날과 같은 팔단금(八鍛金) 운동으로 발전하였으며, 명나라와 청나라 시대를 거치면서 호흡운동과 마사지를 병행하였다.

(2) 인도

고대 인도의 마사지에 대해서는 기원 전 1800년경에 쓰여진 〈Veda〉라는 책에 나타나 있으며 아유르베르 비문에 서도 마사지에 관한 내용들을 볼 수 있다. 기록된 바에 의하면, 요가 제식에 종교적인 목적과 치료적 목적을 위하여 호흡운동과 마사지가 행하여졌다. 마사지는 종교적 의례로 빠뜨릴 수 없는 것으로써 취급되었다. 요가는 호흡법과 명상법에 중점을 둔 우주론적 체조시스템이라는 점은 도인과 흡사하다. 치료목적 뿐만 아니라 종교적인 것도 포함시켜 압박법과 강찰법이 주로 이용되었으며 병리학적 상태에서 행할 수 있는 것을 다루고 있다.

〈Sturuda〉라는 책에서는 치료방법으로서의 상세하게 기술되어 있고 변형된 지압에 대해 다루고 있으며, 몇 개의 병리학적 상태에서 실시되는 마사지법에 대한 주의가 나와 있을 정도로 발전되었던 것을 알 수 있다.

(3) 우리나라

우리나라의 마사지에 대한 문헌은 세종 27년(1445) 10월에 편찬 완성되어 성종 8년(1477)에 발간된 〈의방유취〉 205권 양생도인법에서 찾아볼 수 있다. 이 문헌에 의하면 1442년에 세종대왕이 바라문 안마법이 어떤 방식의 체조이며, 어떤 효과를 지닌 안마술인가를 연구하기 위하여 신하들에게 자료를 수집, 편찬하도록 한 것에서 마사지가 천축국, 인도의 안마법에서 유래되었음을 알 수 있다.

오늘날과 비슷한 여러 가지 마사지 동작과 체조 동작 등 18가지의 운동으로 구성된 이 안마법은 위장이 신체 건강의 기본이라는 생각에서 위 부위의 자극 촉진 운동을 중요시 했으며, 골격, 관절, 피부 등의 안마로 혈액순환을 촉진시키는 데 중점을 두었다. 안마와 체조를 의료적 건강법으로 시행한 바라문 안마법은 전 국민에게 보급되지는 못하였으며, 주로 학자나 고위층 사회에 국한되어 항상 실내에서 앉아서 생활하기 때문에 신체활동이 고정화되기 쉬운 특수층의 건강을 증진시키려는데 목적이 있었다.

〈의방유취〉 이외의 마사지에 관한 문헌으로서는 이황이 집필한 〈환인심방〉이 있다. 고대 중국의 의료체제에 관한 문헌을 참고했음이 나타나고 있는데, 활인심방과 도인법의 각각의 동작 도해는 중국의 팔단금 운동과 동일함을 알 수 있다.

3. 마사지 정의

마사지는 손이나 기기를 이용하여 신체의 기능을 회복시키고 건강을 지속시키기 위한 행위로 피로회복, 근육이완, 스트레스 감소 등의 효과가 있다. 또한 세포조직에 작용함으로서 체내의 정체된 수분과 노폐물을 체외로 배출시킨다. 즉 근육에 압력을 가하게 되면 근육 속의 노폐물과 체액이 빠져나가고 압력을 풀면 다시 깨끗한 혈액이 흡수되는 원리를 이용한 것이다. 즉 마사지란 인체의 연부조직을 신체의 각 부위(손, 발, 팔꿈치 등)를 이용하여 피부를 쓰다듬거나 문지르고, 주무르는 등의 물리적 자극을 줌으로써 피로의 회복과 질병에 도움을 주기 위한 목적으로 행하는 일종의 손 기술요법을 말한다.

마사지라는 용어는 1886년의 의학 사전에 그리스에서 출발했으며 근육을 주무른다는 뜻이며, 세계 각국에서 행하여지던 마사지는 스웨덴의 링에 의해서 과학적으로 체계화 되었는데, 오늘날의 마사지라는 용어는 치료와 운동 수행력 향상을 목적으로 행하는 지압, 안마 등의 수기요법을 통칭한다.

4. 마사지 분류

1) 의료 마사지(Medical Massage)

인체의 각 조직에 통증이나 이상이 있을 때 치료 및 기능의 정상화를 목적으로 행하는 마사지로 주로 병원의 물리치료실에서 실시된다.

2) 건강 마사지(Healthy Massage)

일반적으로 신체조직의 정상적 활동유지와 건강증진을 위하여 실시되어지는 마사지로 예로부터 전해 내려오는 각종 수기요법으로 일반가정에서 실시된다.

3) 미용 마사지(Cosmetic Massage)

주로 여성들의 미용상의 결점을 보완하는 것을 목적으로 실시되며 피부관리실에서 실시된다. 미용마사지의 분류는 사용되어지는 방법이나 기술의 차이에 따라 다음과 같이 구분되어진다.

(1) 스웨덴식 마사지(Swedish massage)

근육이나 피부에 두드리는 동작과 쓰다듬는 동작을 주로 사용하는 방법으로 현재 이용되는 마사지 방법 중 가장 최초로 정립되었다.

(2) 핀란드식 마사지(Finnish massage)

근육이나 피부에 주무르는 동작을 주로 사용하는 방법으로 추운 지역에서 체온손실을 예방하고, 피부 온도를 높일 수 있도록 고안된 방법이다.

(3) 유럽식 마사지(European massage)

근육이나 피부에 문지르기와 흔들기 동작을 주로 사용하는 방법으로 여러 마사지 방법 중 우리나라에 가장 먼저 도입된 방법이다.

(4) 일본식 마사지(Shiatsu massage)

지압점을 자극함으로써 혈액 순환을 원활히 하는 방법으로 압박하는 동작을 주로 사용하는 방법이다.

(5) 타이식 마사지(Tailand massage)

부드럽게 신체 조직을 눌러주고 당겨주고 비틀어 주는 동작을 주로 사용한다. 신체 각 부분의 관절과 근육의 활동 범위와 각도에 맞는 적절한 기법을 이용하기 때문에 마사지를 받는 사람이 고통이나 피로함을 느끼지 않는다.

(6) 경락 마사지(Korea massage)

경혈, 경락을 중심으로 근육의 이완과 혈액순환을 자극하는 방법으로 주무르는 동작을 주로 사용한다.

(7) 자켓 마사지(Jacquet massage)

1950년대에 유럽의 피부과 전문의인 닥터 자켓(Dr. Jacquet) 박사가 지성피부와 여드름 피부의 치료를 위해 창안한 마사지로 주로 꼬집는 동작을 사용한다. 모공 속의 노폐물 배출 및 여드름 피부관리 시 효과적이다.

(8) 림프 마사지(Lymphdrainage)

림프의 방향대로 가볍게 문지르는 동작으로 부종 및 노폐물 배출에 사용한다.

(9) 반사 마사지(Reflexzone massage)

반사구에 적당한 자극을 주거나 만지거나 하는 것으로 신경반사작용과 혈액순환원리를 통해서 직접 그 장기와 관련된 부위에 자극을 주는 것으로 각 기관과 장기의 정상적인 기능을 회복시키는 마사지로 발에 주로 사용하다.

(10) 아로마 마사지(Aroma massage)

피부나 건강상태에 맞는 아로마 정유를 이용하여 하는 마사지를 말한다.

4) 산업 마사지(Industrial Massage)

현대인들의 육체적 피로와 정신적 스트레스 등으로 인한 어깨나 목의 통증으로부터 해방시켜 원활한 작업능률을 기대할 수 있는 마사지이다.

5) 스포츠 마사지(Sport Massage)

스포츠 마사지는 의료 마사지, 건강 마사지나 미용 마사지를 종합적으로 적용시켜, 경기 전·후 선수들의 운동능력향상 및 상해예방을 위해 행하여지는 마사지이다.

5. 마사지 목적 및 관리 방법

마사지의 목적은 인체의 신진대사 균형을 상실하게 하는 원인을 생리적, 물리적, 심리적 방법을 이용하여 치료의 효과를 얻는 데 있다. 마사지의 시술 방법에는 여러 가지 방법이 있으나 기본적으로는 크게 전신 마사지(body massage), 안면 마사지(facial massage)로 분류하며, 마사지를 행하는 순서는 중추부에서 말초부로 향해서 행하는 것이 기본이다.

1) 목적

(1) 전신의 피로를 없앤다.
(2) 정신적 스트레스의 경감시킨다.
(3) 근육의 이완시킨다.
(4) 컨디션의 조절해준다.

2) 관리 방법

(1) 관리 시간과 강도

안면 관리의 시술 시간은 60분을 넘지 않도록 하는 것이 적절하고, 피부타입 등 개인차를 고려하여 너무 강한 마사지나 한 부위를 장시간 행하는 마사지는 피하도록 한다.

(2) 관리 방향

마사지의 방향으로는 근육결과 같이 하되 기본은 중앙에서 바깥으로, 신체의 중심에서 바깥쪽으로, 림프의 방향대로 해준다.

(3) 관리 시 적용 내용

마사지를 적용하기 위해서는 기본 수기 원칙과 마사지 시술 시 사용되는 기구, 자세 등을 정확히 알아야 한다. 마사지의 정확한 시술을 위해서는 직접적이고 깊은 이해가 필요하다. 다음 항목은 모든 마사지에서 가장 좋은 기술을 발휘하기 위한 기본들이며 이러한 기본은 반드시 지켜져야 좋은 마사지 효과를 기대할 수 있다.

① 속도와 리듬

리듬은 효과적인 마사지를 하기 위해 중요할 뿐만 아니라 모든 마사지 시술에 사용되는 중요한 요소이다.

② 손의 유연성

관리사는 항상 손을 부드러운 상태로 이완하여 유연하게 움직임으로서 보다 좋은 기술을 행할 수 있다.

③ 자세

관리사는 적당한 자세를 유지하여 손의 유연성을 조절할 수 있어야 한다. 다리는 펴야하며 전·후방으로 움직이는 동작은 팔과 손이 엉덩이와 척추의 작은 동작과 비교되어 넓은 부위에 걸쳐야 한다. 이로써 관리사에게 흔히 생길 수 있는 요통의 위험을 최대한 줄일 수 있게 된다. 또한 양발은 항상 균형을 유지하여야 마사지 관리를 보다 효과적으로 할 수 있으며 인체의 불필요한 동작을 피함으로써 피로도 피할 수가 있다.

④ 압력

관리사의 접촉 감각과 경험 지식만이 오직 정확한 압박을 할 수가 있다. 장기간 주의 깊은 시술은 이와 같은 능력을 개발하게 하며 이와 같이 했을 때 통증이나 미세한 조직의 손상을 예방할 수가 있게 된다. 마사지는 실시하는 사람의 손가락으로 상대의 체표에 구심성 수기를 행하는 것으로, 시술하는 부분의 넓이, 유연도, 근육의 크기 등에 의해 가하는 압의 정도, 행하는 시간 등을 고려해야 한다.

⑤ 준비 기구

▶ 침대

침대를 항상 청결해야 하며, 침대 높이는 관리사가 굽히고 치료를 하기에 적당하여야 하며 평균 높이는 약 70 cm이고, 넓이는 약 65 cm가 적당하다.

▶ 덮개와 베개

고객의 체온 유지를 위해서는 덮개용 담요나 신체의 피로도를 풀기 위해 베개를 사용한다. 관리 시 고객의 몸을 따뜻하게 해야 하므로 고객의 몸을 시트나 타올로 덮어주어 체온손실을 막도록 한다.

▶ 매개체

모든 마사지 관리에서의 매개체로서 마사지 오일, 크림 등은 고객들의 피부 자극 방지를 위해서 사용되어지는데 고객의 피부 타입별로 준비하는 것이 바람직하다. 아로마 오일은 조직 내 흡수가 용이하여 마사지 효과를 더욱 높여 주며 향 요법을 병용할 수 있어서 더 큰 효과를 볼 수 있다. 마사지하기에 적당한 오일의 양은 약 3~4 g 정도로서 관리사의 손이 피부에 부드럽게 미끄러질 정도가 좋으며, 과량을 사용하면 관리사가 고객의 근육을 잡을 수 없게 되므로 적당량을 사용하는 것이 좋다.

⑥ 고객의 자세

고객은 모든 근육이 이완할 수 있도록 편안하게 눕힌다. 관리 시 중력과 저항을 제거하여 혈류와 림프의 흐름이나 분비물 배출도 좋게 하여야 하며 인체의 손상 부위에 대한 압박은 피해야 한다. 베개를 사용해서 적절하게 받쳐 주는 것이 좋다.

6. 마사지 효과

멘넬(Mennell)은 "마사지에 의한 압력은 기계적 자극에 반사반응 뿐만 아니라 내장의 반사반응도 초래한다고 하였다. 이러한 자극의 작용은 연동운동을 증가시키고, 그것에 의하여 내용물을 비우는 것을 촉진한다. 그는 대장의 일부분은 복벽과 항상 연관관계를 가지고 있어서 십이지장내에 있는 내용물들은 일정한 방향으로 상행결장, 하행결장 그리고 직장으로 통과한다 "라고 주장했다.

통증에 대한 마사지의 효과에서는 "척수회백질의 후각에 위치한 관문에 의해서 통증이 완화된다는 관문조절설은 보다 큰 직경의 구심성 섬유에 의해 전달된 빠르고 강한 자극에 의해 특수 감각섬유에 의해 전달된 감각이 소실된다는 이론이다. 일반적으로 통증의 자극전달은 작고 늦은 전도성을 가진 신경섬유에 의해 전달된다. 하행성 자극 전달 역시 척수의 회백질에서 흥분성을 변화시킬 수 있기 때문이다."라고 웰(Wall)은 주장했다.

혈액순환에 대한 마사지의 효과에서는 "마사지를 해줄 때 그에 대한 반사적 효과는 피하조직의 혈액순환을 돕고, 특히 천정맥의 혈액순환과 림프액의 순환을 증진시킨다. 즉 조직간의 교환을 돕고, 조직에 영양분을 공급시키며, 피로나 염증으로 인한 퇴적물과 분비물을 제거해 주는 것이다."라고 브론턴(Brunton)이 주장했다. 마사지가 피부에 미치는 효과에서 마사지는 내부의 감춰진 작용을 갖고, 히스타민을 시작으로 해서 그 밖에 고도로 활성화하는데 풍부한 물질을 만들어 내는 피부하층의 여러 요소의 활력을 향상시킨다. 이것은 피부자극에 의해 활성화된 자유로운 형태로 변모된다. 이것은 부신부에서작용하여 아드레날린의 분비를 활발하게 한다. 마사지는 히스타민 합성 시 매우 신속하게 그 효과를 나타낸다. 이러한 효과로 윤활유를 이용하여 행해도 좋으며 미용마사지에 많이 사용되어진다.

켈로그(Kellogg)는 "마사지를 근육에 적용함으로써 근육의 크기를 실질적으로 크게 해주며, 그러한 영향으로 인해 근육이 견고해지고 보다 탄력성이 생긴다"고 주장했다. 마사지는 피로해진 근육에 단 10분만 행하여도 운동능력의 회복과 근육강화에 도움이 된다는 것을 알 수 있다.

이외에도 마사지는 직접 접촉한다는 점, 같은 공간에 공유한다는 상징적 의미에서 안정감, 진정작용과 전신 이완 작용 외에도 스트레스를 많이 받는 현대인들에게는 릴렉스의 효과, 정신적 안정 등의 효과가 있다.

1) 피부에 미치는 효과

(1) 표피의 노화세포 제거로 피부호흡을 개선시킨다.
(2) 피부탄력 강화시킨다.
(3) 혈액순환을 촉진한다.
(4) 림프의 활동을 강화시킨다.
(5) 물질대사를 개선시킨다.
(6) 피부를 유연하게 해 준다.

2) 근육에 미치는 효과

(1) 근육의 긴장 완화시킨다.
(2) 근육의 혈액과 영양공급을 증가시킨다.
(3) 근육의 탄력성 증가로 관절의 가동범위를 향상시킨다.
(4) 근육 내의 노폐물 배출을 도와준다.
(5) 근육 부위의 조화로운 발달을 유도시킨다.

3) 순환계에 미치는 효과

(1) 림프의 기능을 개선시킨다.
(2) 적혈구 및 백혈구의 혈구를 증가시킨다.
(3) 부종 제거 및 혈관의 활성화를 도와준다.
(4) 혈액의 영양공급 및 순환을 촉진시킨다.
(5) 혈액의 산소수용 능력을 증가시킨다.

4) 신경계에 미치는 효과

(1) 흥분된 신경을 진정시킨다.
(2) 반사 및 유도교정 작용이 있다.
(3) 통증을 완화시켜주는 작용이 있다.
(4) 신경조직에 대한 혈액공급을 촉진시킨다.
(5) 자율신경계의 조화를 도와준다.

5) 신진대사에 미치는 효과

(1) 소화흡수를 촉진시킨다.
(2) 뇨의 배설을 증가시킨다.
(3) 변비의 치료에 효과적이다.

6) 심리상태에 미치는 효과

(1) 편안함과 유쾌함을 증가시킨다.
(2) 스트레스를 해소시켜 준다.

7. 마사지 시술 방법

(1) 일반적으로 눕거나 엎드린 상태로 말초부에서 중추부로 행하는 것이 기본이다.
(2) 마사지 시 시술하지 않는 부위는 타월로 덮어 체온손실을 방지하며 경우에 따라 적외선 램프을 사용할 수도 있다.
(3) 주름은 근육결의 수직방향으로 형성되므로 마사지 시 근육결 방향으로 동작을 행한다.
(4) 적절한 압력으로 마사지를 한다. 세기가 강할 경우 피부에 자극이 되며 심할 경우 모세혈관이나 림프관의 손상이 올 수도 있다. 또한 각 동작마다 강약 조절에 주의한다. 압력은 안면 중심부에서 바깥쪽으로, 아래에서 위로 행할 때 가하며 반대의 경우는 약하게 행한다. 그리고 혈점 부위는 강한 압으로 지긋이 누르며 마사지한다. 전반적인 압력의 세기는 처음은 부드럽게 다음은 세게 그리고 마무리는 다시 부드럽게 적용한다.
(5) 일정한 속도로 리듬감 있게 시행한다. 정해진 속도가 있는 것은 아니나 지나치게 빠를 경우 고객에게 심리적 안정감을 줄 수 없으며 표면적인 효과만을 주게 된다.
(6) 시술자의 손을 고객의 피부에 잘 밀착시킨다. 마사지 시 밀착감이 좋을수록 고객이 느끼는 만족도 또한 높아진다.

(7) 시술자는 올바른 자세로 양 발에 균등하게 체중을 싣고 마사지를 한다. 마사지의 강도 역시 체중 이동으로 조절하는 것이 좋다.

(8) 한 동작은 3회 정도 반복하는 것이 보통이나 피부 민감도와 관리시간을 고려하여 회수를 결정한다. 일반적으로 안면 마사지는 10~15분, 전신 마사지는 40~50분 정도가 적당하다.

8. 마사지 시 주의사항

(1) 주변 환경은 조용하고 쾌적하게 하여 고객에게 최적의 휴식시간을 제공한다.

(2) 동작은 너무 빠르지 않도록 주의하며 전반적으로 리듬감 있게 손의 밀착력을 높여 시행한다.

(3) 마사지 시 사용되는 제품은 고객의 피부 상태에 맞는 적절한 제품을 사용하도록 하며, 광물성 오일이나 미네랄 오일이 함유된 저가의 제품은 사용하지 않는다.

(4) 마사지 시 제품이 눈, 코, 입에 들어가지 않도록 주의한다.

(5) 반복 회수와 압을 조절하여 피부에 자극이 되지 않도록 한다. 지나치게 강한 압은 오히려 긴장도와 탄력을 저하시키는 원인이 되며 심할 경우 모세혈관이나 림프관을 손상시킬 수도 있다.

(6) 악성종양, 전염성 피부질환, 화농성 여드름, 심장질환 등 전이성 질환을 가진 고객에겐 마사지를 금한다.

(7) 생리 전·후나 생리 중, 출산 전·후에는 마사지 시 주의를 요한다.

(8) 화장품 부작용으로 민감한 피부나 알러지가 있을 때, 햇볕에 자극을 받은 직후에도 마사지 시 주의하도록 한다.

(9) 마사지도 일종의 물리적 자극이므로 예민한 피부에는 주의해야 한다. 그리고 여드름 피부에는 마사지를 금한다.

(10) 개인차를 고려하여 너무 강한 테크닉이나 한 부위를 장시간 행하는 테크닉은 피한다.

(11) 테크닉은 15~20분 정도로 하고 전체 안면관리는 60분을 넘지 않도록 한다.

(12) 고객의 상태와 증상을 확인하고 실시하며, 지나치게 강한 자극으로 인하여 통증을 유발하지 않도록 한다.

(13) 악성종양, 심장질환, 전염성 질환, 화농성 피부염, 안정을 요하는 고객에게는 관리를 하지 않는다

(14) 되도록 모든 관리는 근육과 피부결에 따라 시행하도록 한다.

(15) 시술시 리듬을 타면서 테크닉은 부드럽게 연결되도록 한손을 이용하여 다음 테크닉으로 연결한다.

9. 마사지 시 관리사의 태도

(1) 시술자의 손톱은 항상 깨끗하게 정돈하고 반지나 팔찌, 시계 등은 착용하지 않는다. 메니큐어 같은 제품 역시 피부 자극의 원인이 되므로 사용을 금한다.
(2) 시술자의 손은 고객의 피부에 직접 접촉되므로 마사지 전 따뜻한 상태를 유지하는 것이 좋다. 그리고 손이 너무 건조하면 대부분이 제품이 손에 흡수되므로 항상 손 관리에 신경을 쓴다.
(3) 마사지 시 시술자는 바른 태도를 지니도록 하며 고객에게 최선을 다하는 모습을 보여주도록 한다.
(4) 관리는 정성껏 실시하며 고객이 불쾌하게 느낄 행동은 하지 않도록 한다.
(5) 관리 전에 손을 따뜻하게 하여 고객의 체온에 맞춘다.
(6) 관리사는 장신구 착용을 하지 않아야 하며 단정하고 청결한 느낌을 주도록 한다.
(7) 관리사의 손톱은 짧고 청결해야 한다.
(8) 관리사의 유니폼은 깨끗해야 하고, 구취나 약취가 나지 않도록 유의하여야 한다.
(9) 관리사의 손은 항상 따뜻하고 부드럽게 하여 관리 시 고객이 불쾌하지 않도록 한다.

10. 마사지 일반 동작

1) 쓰다듬기 : 경찰법(effleurage), 무찰법(stroking)

손바닥과 손가락을 이용하여 마사지하려는 부위를 가볍게 쓰다듬거나 문지르는 동작이다. 일반적으로 마사지의 시작과 마무리 또는 연결동작으로 사용되며, 전신의 어느 부위라도 사용할 수 있으며, 고객에게 편안한 느낌을 주는 마사지 동작이다. 얼굴의 좁은 면적은 손가락의 쿠션 부분을, 얼굴 전체나 바디는 손바닥을 사용한다. 혈액순환과 림프순환을 촉진시키며 근육을 이완시키고 심리적 안정감을 주는 효과가 있다. 또한 피부 표면의 온도를 상승시켜 노폐물 배출을 돕는 작용을 한다.

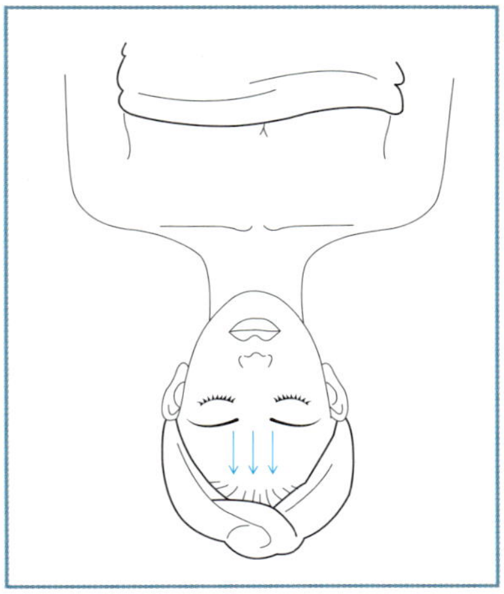

경찰법 또는 무찰법은 혈관이나 림프관의 흐름에 따라 말초(손이나 발끝)에서부터, 중심부(심장)의 방향으로 가볍게 쓰다듬는 방법이며 그 압력은 손바닥과 피부와의 접촉을 유지하며 체중을 실지 않고 가볍게 행한다. 진정, 안정, 근육이완의 목적이 있다.

(1) 적용 부위

안면이나 전신의 모든 부위에 사용할 수 있으며, 신체의 넓은 부위인 등과 가슴, 팔과 허벅지 및 종아리 부분에 많이 사용된다.

(2) 적용 효과

① 모세혈관의 확장과 함께 혈액순환을 촉진시킨다.
② 림프의 순환을 촉진시킨다.
③ 상쾌한 기분에 의한 정신안정효과를 준다.
④ 근육을 이완시키는 효과를 준다.

(3) 적용 방법

① 수장 무찰법

한 손 또는 손바닥 전체를 상대의 피부에 딱 붙이고 쓰다듬는 방법으로 복부, 허리, 상완, 전완, 대퇴, 하퇴부 등 비교적 넓은 부위에 사용된다.

② 모지 무찰법

엄지 손가락을 이용하여 쓰다듬는 방법으로 손가락, 발가락, 손등이나 발등의 골간부위에 사용된다.

③ 2지 무찰법

엄지와 검지와의 사이에 마사지하는 부분을 끼워 쓰다듬는 방법으로 손가락이나 발가락 등에 사용된다.

④ 4지 무찰법

엄지를 뺀 검지, 중지, 약지와 소지 안쪽을 사용하여 쓰다듬는 방법으로 목부위, 안면, 가슴, 팔, 다리 등에 사용된다.

⑤ 지과 무찰법

인지에서 새끼손가락의 등쪽의 기절이나 중절로 쓰다듬는 방법으로 다리, 손바닥이나 발바닥에 사용된다.

2) 문지르기 : 마찰법(friction)

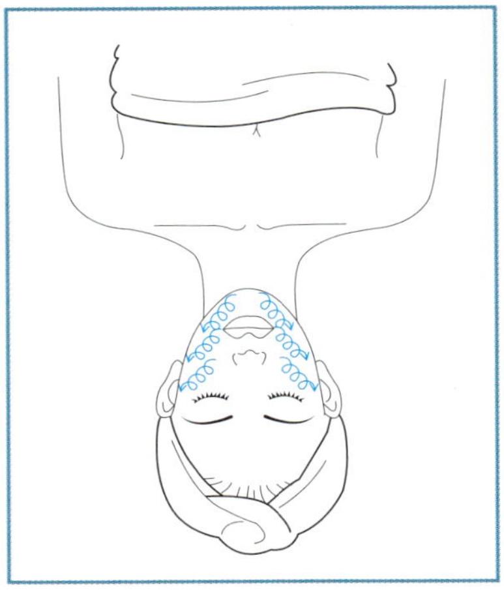

손가락과 손바닥을 이용하여 피부내층에 적절한 압력을 가하면서 문지르는 동작으로 경찰법보다는 강하며 유찰법보다는 강도가 약하다. 얼굴에 적용할 경우 주름이 생기기 쉬운 부위에 나선형을 그리듯 마사지한다. 모세혈관을 확장시켜 혈액순환을 촉진하며 피지선의 활동을 돕는 효과가 있다. 손과 팔 마사지에도 많이 적용하는 동작으로 근육을 이완시키는 효과가 있다. 또한 마찰법은 반흔, 유착, 강직이 일어난 근육, 근막 등 특히 딱딱한 조직의 굳어진 부분은 부드럽게 풀어주며, 관절이나 조직이 얇은 부위에 사용되어 지방조직의 분해를 돕는다. 마찰법은 마찰방향이 아래쪽에서 위쪽으로 즉, 구심적, 원심적, 원형, 나선형 회전으로 손바닥 전체가 피부 위를 미끄러지듯이 한다.

(1) 적용 부위

관절 부위와 머리를 제외한 신체의 모든 부위에 사용한다.

(2) 적용 효과

① 모세혈관을 확장시키는 효과가 있다.
② 근육의 유착을 방지하는 효과가 있다.
③ 근육을 이완시키는 효과를 준다.

(3) 적용 방법

① 롤링(rolling)

굴리기로 손가락이나 손바닥을 피부를 누르며 둥글게 원으로 그리듯이 굴리는 동작이다.

② 링잉(wringing)

짜듯이 비틀기하는 방법으로 강한 압박으로 근육을 비틀러 피부에 눌러 붙이는 듯한 동작이다.

③ 처킹(chucking)

가볍게 치듯이 문지르기로 한 손은 받쳐 고정시키고, 다른 손은 근육을 잡아 피부결을 따라 상하운동을 하는 동작이다.

3) 반죽하기 : 유찰법(petrissage), 유날법(kneading)

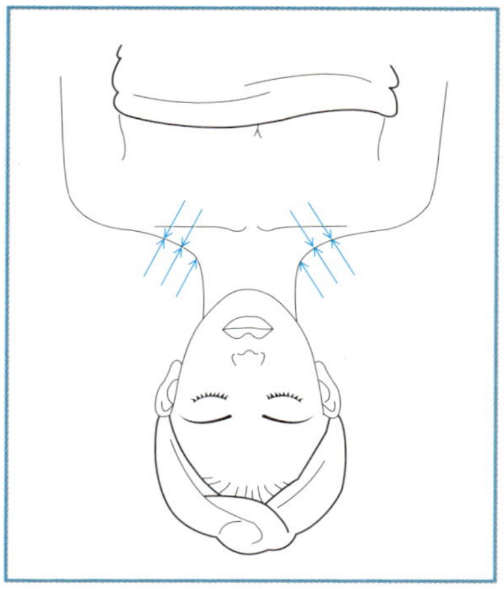

엄지와 검지 또는 엄지와 사지로 피부를 잡아 반죽하듯 주무르는 동작이다. 유찰법은 피부조직을 사선으로 리듬감 있게 잡아주는 동작이고, 유날법은 밀착감을 크게 하여 반죽하듯 깊게 잡는 동작이다. 이때 시술자는 어깨에 힘을 빼고 손목을 유연하게 하여 동작을 크게 하는 것이 요령이다. 주로 근육을 대상으로 하나 피하지방층까지 잡아 올리게 되며 부위별로 강한 또는 가벼운 국소 자극을 주게 된다.

유찰법은 양손으로 피부와 손가락과 함께 움직이며 굴리는 동작, 근육과 피부가 손사이에서 압착되어 손이 피부에서 미끄러지기도 한다. 혈액순환의 목적, 유착된 근육을 풀어주는 목적이 있다. 유날법은 두 손으로 조직을 끌어 올리면서 손이 피부 표면에 미끄러지는 방법이다. 혈액순환의 목적, 근육이완의 목적이 있다. 또한 쥐어짜기(squeezing)는 근육을 쥐어짜듯이 두 손이 교대로 하며 진행방향은 반대로한다.

(1) 적용 부위

무릎 관절이나 머리 부분을 제외한 신체의 어느 부위나 적용할 수 있으며, 특히 복부 마사지에 효과적이다.

(2) 적용 효과

① 혈관과 림프의 흐름을 촉진시킨다.
② 체내 각 조직의 노폐물을 제거하고, 순환을 개선한다.
③ 근육 마비나 경련에 효과적이다.
④ 약한 피부나 근육에 탄력성을 증가시킨다.
⑤ 근육 피로를 풀어준다.

(3) 적용 방법

① 수장 유찰법

적당히 힘을 가하면서 근육을 짜듯이, 반죽하듯이 주물러 가는 방법으로 말초에서 중추부를 향해 마사지한다. 어깨, 팔, 다리, 가슴과 배 등의 큰 근육에 대하여 실시한다.

② 모지 유찰법

엄지 안쪽을 상대로 피부에 세우고, 적당하게 힘을 가하면서 원모양 또는 선모양으로 주물러가는 방법이다. 머리, 안면과 어깨 등 허리부분을 비롯하여 손등, 발등, 전완이나 하퇴부 근육에 사용한다.

③ 2지 유찰법

엄지와 2지로 근육을 끼우고 '뜯듯이 주무르는' 방법으로 목, 어깨와 손가락 등에 사용된다.

④ 4지 유찰법

엄지를 뺀 4개의 손가락 안쪽으로 주무르는 방법으로 머리, 안면, 등, 가슴과 배부분 등에 사용한다.

⑤ 쌍수 유찰법

양손을 동시에 사용하여 주무르는 마사지 방법으로 그 중 양손의 엄지와 검지로 크게 근육을 쥐고, 좌・우로 손을 서로 교환하여 움직이는 방법이다.

4) 두드리기 : 경타법(percussion), 고타법(tapotememt)

이 방법은 손가락, 손등, 손바닥 등으로 가볍게 두드리는 기법이다. 어깨에 힘을 빼고 팔꿈치부터 손바닥을 조금씩 움직이면서 1초에 5~6회 정도의 속도로 두드린다. 이 동작은 경직된 근육을 이완시키며 모세혈관의 순환을 증가시키는 효과가 있다. 또한 신경과 근육의 활동능력을 향상시킨다. 이때 관절 부위는 행하지 않으며 고객의 상태에 따라 압을 조절한다.

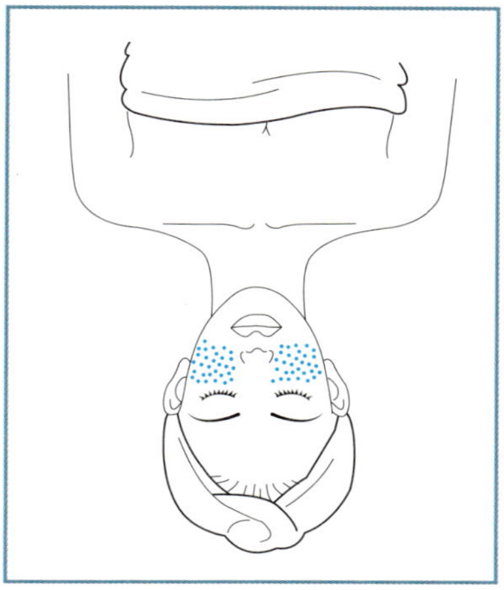

(1) 적용 부위

주로 어깨 주위의 근육과 등의 대퇴부위 및 크고 넓은 근육 부위에 사용된다.

(2) 적용 효과

① 경직된 근육을 이완시켜 준다.
② 호흡기 계통에 문제가 있는 환자에게 많은 도움이 된다.
③ 신경과 근육에 원기를 회복시켜 활동 능력을 향상시킨다.

(3) 적용 방법

① 탭핑(tapping)

가볍게 스치듯 두드리기와 피아노 치기하는 방법이다.

② 핵킹(hacking)

손의 측면으로 두드리는 방법이다.

③ 스랩핑(slapping)

손바닥으로 두드리기

④ 비팅(beating)

주먹을 쥐고 끌어올리듯이 두드리는 방법이다.

⑤ 컵핑(cupping)

컵을 거꾸로 놓은 듯한 모양으로 손바닥을 오무려서 양손교대로 두드리는 방법이다.

5) 눌러주기 : 압박법(compression)

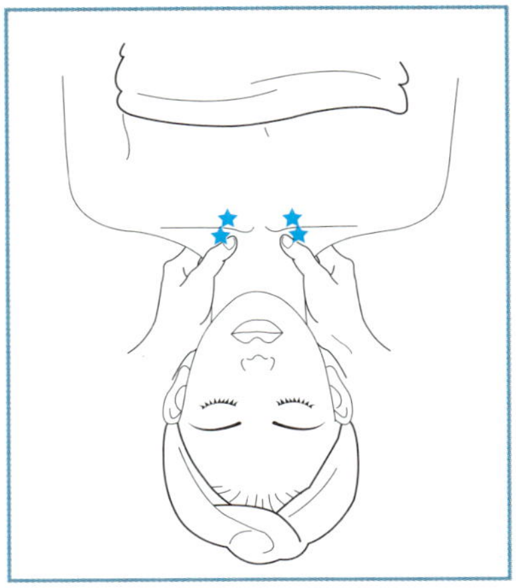

이 방법은 엄지 손가락이나 손바닥 전체를 이용하여 혈점을 자극하는 지압과 비슷한 방법이다. 엄지의 배 부분 또는 손의 여러 부분을 사용하여 정확히 누르는 기술을 필요로 한다. 마사지 중 가장 자극적인 방법으로 상황에 따라 양 엄지를 포개어 강하게 누르기도 한다. 그러나 강한 자극은 오히려 고객을 힘들게 하므로 가능한 아프지 않게 3~5초간 지긋이 누르며 시술자는 고객과 호흡을 맞추도록 한다. 근육의 기능 향상을 위해서는 가볍고 빠른 압박이 좋으며 혈점을 자극하기 위해서는 깊으면서도 지속적인 압박을 가하는 것이 좋다.

주의할 점은 손끝으로 하는 마사지이므로 손톱을 짧게 다듬어야 하며 손가락에 압력을 가할 때는 힘보다도 체중을 싣도록 한다. 또한 인체의 정확한 해부도를 염두에 두고 생리학적 차원에서 정확한 경혈점을 누르도록 한다.

(1) 적용 부위

안면이나 전신의 모든 지압점에 사용하는데, 특히 스트레스를 많이 받는 척주 부위에 자주 사용된다.

(2) 적용 효과

① 긴장을 줄일 수 있다.
② 신경계통을 민감하게 한다.
③ 근육의 경련이나 통증을 줄여준다.
④ 내장기능을 회복하는 도움을 준다.

(3) 적용 방법

① 간헐 압박법

간격을 두고 압박과 이완을 반복하는 방법이다. 관절 부분의 간헐 압박은 한 손의 손바닥을 마사지하는 관절 위에 또 하나의 손은 관절 아래에 대고 적당히 눌러 관절을 끼워 넣듯이 압박을 가한다. 복부에서는 부위가 넓기 때문에 4개의 손가락 끝이나 작은 주먹을 쥐고 실시한다.

② 지속 압박법

엄지 손가락 또는 검지, 중지와 약지의 3개 손가락 끝을 사용하여 일정한 시간 동안 지속적으로 압박하는 방법으로 지속시간은 한 곳에서 7~10초 정도로 한다.

6) 떨어주기 : 진동법(vibration)

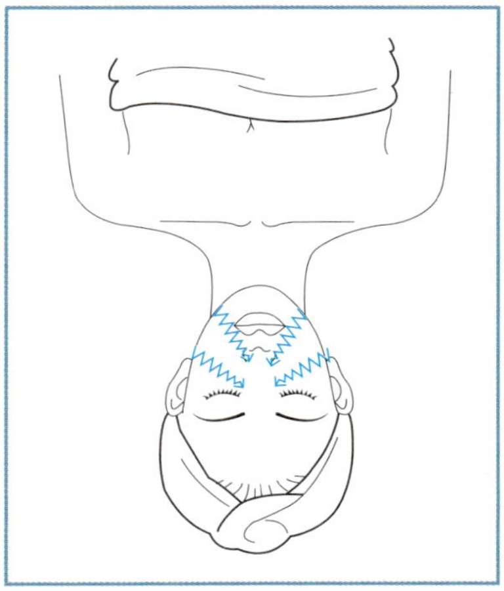

손끝이나 손바닥 전체를 해당부위에 밀착시켜 근육이나 신체를 부분적으로 흔들어주는 동작으로 진동법이라 한다. 상완에 힘을 주어 자연스럽게 떨어주는 방법으로 조직에 고른 진동 자극을 주어 빠르게 근육의 이완을 돕는다. 팔이나 다리와 같은 부위는 들어 올려 흔들어주기도 하나 양손으로 근육을 잡고 흔드는 방법도 사용한다. 고객에게 시원한 느낌을 주며 강한 효과를 위해 진동기계를 사용하기도 한다.

흔듦법(shaking)은 진동법에 비교하여 그 속도가 빠르고 한 부위에 집중적으로 행하는 방법이다.

(1) 적용 부위

안면의 볼, 턱 부위, 복부, 팔, 다리 등에 사용한다.

(2) 적용 효과

① 무딘 감각과 자율신경에 자극을 주어 감각기능을 향상시킨다.
② 근육 진정과 이완효과를 준다.
③ 긴장을 제거하는데 우수한 효과가 있다.
④ 완전한 마사지를 위해 시작과 마무리에 사용하면 보다 좋은 효과를 줄 수 있다.

(3) 적용 방법

① 견인 진동법

끌어당기면서 흔들어 주는 방법이다.

② 지단 진동법

압박하면서 흔들어 주는 방법이다.

7) 기타

(1) 늘리기 : 신전법(stretching)

근육과 인대를 늘여주는 방법으로 근육의 이완을 확인하여 천천히 당긴다. 근육이완에 효과적이다.

(2) 꼬집기 : 닥터자켓법(Dr. Jacquet, pinching)

손끝을 이용하여 근육을 작게 잡아 빠르게 끌어올려 꼬집듯이 튕겨준다. 모세혈관 확장, 림프와 혈액순환 촉진, 영양공급을 활성화시켜주며, 복부순환을 도와준다. 하지만 민감, 여드름 피부, 모세혈관 확장 피부에는 시술하지 않는다.

(3) 누르기 : 지압법(pressure)

피부의 국소부위에 자극을 주는 동작으로 체중을 실어서 적당한 압을 가한다. 혈액순환 촉진, 근육이완, 자율신경 조절이완, 세포를 재생시키고, 큰 근육(승모근, 종아리 근육) 등을 이완시킨다. 경혈을 잘 찾아서 지압을 함으로써 혈액순환을 도와준다.

2 경락 마사지

1. 경락의 정의

경락(經絡)이란 인체에서 생명의 기본물질인 기혈(氣血) 및 진액(津液)의 운행통로로 경맥(經脈)과 낙맥(絡脈)의 총칭이다. 경맥은 인체를 종행하여 비교적 심층에 분포된 것을 말하며, 경맥의 분지로 횡행하여 비교적 표층에 분호된 것이 낙맥이다. 경락은 해부를 통해서 발견할 수 없는 기의 순환로이다.

2. 경혈의 정의

경혈은 경락을 따라서 일정한 원리에 의해 분포되어 있는 작은 구멍에 해당하는 곳으로 몸 밖의 기운과 경락 및 장부의 기운이 서로 통하는 자리이다. 즉 질병의 반응이 피부 및 피하조직에 나타나는 점혈로 기혈의 통로가 되며 오장육부의 반응점과 치료점의 역할을 한다.

3. 경락의 분류

1) 12경맥

경맥은 음(陰)과 양(陽)으로 나뉘는데 음은 태음, 소음, 궐음으로 양은 태양, 소양, 양명으로 나뉜다. 이 삼음과 삼양이 손과 발에 배분되어 모두 12경맥이 되는 것이다.

2) 12경별

12경별은 12경맥에서 분출한 중요한 분지로 기혈운행에 대한 보조역할을 한다.

3) 기경8맥

기경이란 독단으로 흐르고 수행하는 경맥으로 특정 경혈들이 고유의 특유성을 가지고 개별적 흐름을 주관하는 경맥이다. 12경맥과는 순행하며 기혈운행에 대하여 조절작용을 한다.

4) 15낙맥

12경맥의 외부의 주요분지로 횡행하는 중요한 노선이며, 각 경맥의 상호표리가 되는 경맥을 소통시켜 경맥 간의 연락을 더욱 강화시키고 전신경맥의 작용을 통솔한다.

5) 12경근

12경맥이 인체 내에서 깊이 순행하는 것이라면 12경근은 체표부분의 근육을 지배하며 12경맥에 귀속성을 가진 것으로 근육과 사지관절 아래에서 시작하며 순행한다.

6) 12피부

12경맥을 인체표면의 일정구역에 소속시킨 것으로 그 구역의 피부이상현상과 색채, 발진, 민감반응, 점 등을 통해 어느 장부의 경락에 사기가 침범을 당했는지 알 수 있게 해준다.

4. 경락의 작용

1) 반응작용

경락은 어떤 원인에 의하여 장부 기능에 이상이 오면 경맥상에서 '병리적인 변화'를 반영한다. 주로 피부표면에서의 색채변화, 압통점, 함몰 또는 돌출 부위에서 질병에 대한 진찰과 진단을 할 수 있다.

① 압통반응 - 누르면 몹시 아프다.
② 열감반응 - 뜨거운 것을 못 느낀다.
③ 전기양성반응 - 전자침을 가까이 댄다.
③ 함하반응 - 누르면 쑥 들어가고 살이 다시 나오지 않는다.
⑤ 종기반응 - 부풀어 오른다.
⑥ 탈설반응 - 비늘가루 같은 것이 생긴다.
⑦ 발진반응 - 여드름 같은 것이 돋는다.

2) 전도작용

경락은 체표의 모든 자극을 인체의 오장육부로 전달하는 구실을 한다. 그러므로 경락에 자극을 가하면 '전도작용'에 의해 그 기운을 병소로 전달하므로 질병의 발생 및 치료와 예방에 중요한 작용을 한다.

3) 운수작용

경락은 일정한 장부에 소속되어 일정한 시간에 체표부위를 순행하여 끊임없이 순행함으로써 신체를 건강하게 유지토록 한다. 따라서 경락의 운수작용은 전신의 각 조직과 기간의 정상적인 생리활동과 상호간의 협동하는 것을 유지토록 한다.

5. 경락 마사지의 효과

음양을 조화시키고, 경락을 소통시키며 기와 혈을 활성화시킨다. 경락은 내장과 체표를 밀접하게 연결하고 있으므로 체표를 자극하면 그 작용이 내장기관 및 전신에 골고루 도달하기 때문에 미용에 영향을 주는 오장육부의 조화로운 상태를 조절하여 미용적 목적을 이루게 된다.

6. 경락 마사지의 수기법

(1) 추법

손가락 또는 손바닥에 힘을 주면서 일정한 방향으로 밀어주는 방법이다.

(2) 나법

엄지 손가락과 나머지 네 손가락을 마주하면서 꼬집어 올리는 방법이다.

(3) 안법

손가락이나 손바닥으로 압을 가해 누르는 방법이다.

(4) 마법

손가락이나 손바닥으로 누른 채 이동하면서 쓰다듬거나 문지르는 방법이다.

(5) 유법

피부의 마찰없이 근육만 문지르거나 손바닥 또는 손가락 끝을 이용해 비교적 부드럽고 완만한 회전운동 기법이다.

(6) 진법

손가락이나 손바닥으로 피부에 대고 떨어주는 기법이다.

(7) 압법

엄지손가락이나 손바닥으로 서서히 압을 가하는 방법이다.

(8) 곤법

주먹이나 손날을 중심으로 손을 굴리는 방법이다.

(9) 고법

손끝이나 손바닥 그리고 주먹으로 톡톡 두드리는 방법이다.

(10) 날법

손가락으로 꼬집는 방법이다.

(11) 찰법

손바닥이나 손날부분으로 왕복하면서 마찰하는 방법이다.

(12) 발법

근육을 잡고 튕기듯이 빼주는 수기법이다.

(13) 반법

척추나 관절을 최대한 늘리거나 벌이는 방법이다.

(14) 요법

팔다리 끝을 잡고 관절을 축으로 돌리거나 굴절시키거나, 흔들어 주는 방법이다.

(15) 괄법

긁어서 표피를 자극하는 방법이다.

3 림프드레니쥐

1. 정의

에밀 보더(Emil Vodder)박사에 의해 창안된 수기법으로 림프순환을 촉진시켜 세포의 대사물질 및 노폐물의 체외 배출을 도와주는 기법으로, 조직의 영양대사를 원활히 하고 신체의 부종과 통증, 개선에 도움을 주는 방법으로, 정서적인 안정감을 주고 신진대사를 원활히 하며 체형관리에도 효과적인 마사지 방법이다.

2. 림프드레니쥐 시술이 적용되는 피부

(1) 자극에 민감한 피부와 알러지성 피부인 경우에 시술하면 효과적이다.
(2) 노화피부, 여드름피부, 모세혈관 확장피부에 가능하다.
(3) 부종이 심한 경우에 시술하면 효과적이다.
(4) 수술 후 흉터 등에 대하여 피부 재생을 돕와 상처 회복에 적용하면 효과적이다.
(5) 노폐물의 배액으로 셀룰라이트(cellulite) 관리와 비만관리에 적용하면 효과적이다.
(6) 산모의 정체정 다리 부종을 완화시켜준다.
(7) 생리 전 긴장감이나 유방통증을 완화시켜준다.

3. 림프드레니쥐 시술이 적용되지 않는 피부

(1) 모든 악성종양이나 급성적인 염증질환이 있는 경우는 금한다.
(2) 혈전증이 있거나 갑상선 기능 항진증이 있는 경우는 금한다.
(3) 심부전증, 천식이 있는 경우는 호흡에 곤란이 오므로 금한다.
(4) 결핵, 혈전증, 저혈압이 있는 경우에도 시술할 수 없다.

4. 림프드레니쥐의 기본 원칙

(1) 쓰다듬기 동작에서 시작하여 고정원 그리기, 펌프 기법, 퍼올리기 기법 등으로 림프가 흐르는 방향으로 배농시켜 준다.
(2) 피부에 가하는 압력은 30~40 mmHg 정도로 한 부위에 5~7회 정도 반복한다.
(2) 림프절부터 먼저 풀어준 후 시행하는 것이 중요하다.
(3) 압력방향은 림프흐름에 반드시 일치하도록 한다.

5. 림프드레니쥐의 기본 동작

1) 고정원 그리기 기법(stationary circles)

(1) 손바닥 전체나 손가락의 끝 부위를 이용한다.
(2) 피부 위에서 일정한 주기로 연속적으로 시행한다.
(3) 원형을 그리는 동작으로 한 부위를 여러 번 반복하여 실시한다.
(4) 림프 배출방향으로 압을 주는 방법이다.
(5) 림프의 흐름에 역행하지 않도록 주의한다.
(6) 목이나 얼굴, 주요 림프절 부위에 적용한다.

2) 펌프 기법(pump technique)

(1) 엄지 손가락과 네 손가락을 둥글게 해서 엄지와 검지 부분의 안쪽 면을 피부에 닿게 하고 손목을 움직여 위로 올릴 때 압을 주어 림프의 흐름을 도와주는 기법이다.
(2) 손등을 위로 향하게 하고 손바닥의 전면이 피부에 완전히 닿도록 손을 컵 모양으로 만들어 마사지 한다.
(3) 팔이나 다리에 적용한다.

3) 퍼올리기 기법(scoop technique)

(1) 엄지를 제외한 네 손가락을 가지런히 하고 손바닥을 이용해 손목을 회전하여 위로 쓸어 올리듯이 압을 주는 기법
(2) 엄지가 축이 되어서 나선형의 움직임을 만드는 방법이다.
(3) 주로 팔이나 다리에 적용한다.

4) 회전 기법(rotary technique)

(1) 손가락 전체를 피부에 대고 피부를 약간 늘린 후 손바닥 전체를 피부에 밀착시켜 림프의 순환방향을 따라 압을 주고 손목을 움직여 옆으로 회전하는 기법
(2) 손바닥을 편 상태에서 피부를 팽팽하게 당긴다.
(3) 엄지는 림프액이 흐르는 방향으로 원형의 동작을 만들어 피부를 당긴다.
(4) 흉곽, 등, 둔부, 복부에 적용한다.

6. 림프드레니쥐의 목적

(1) 림프순환을 촉진시켜 혈관을 건강하게 한다.
(2) 노폐물의 배출을 도와준다.
(3) 세포의 대사물질 및 결체조직의 노폐물을 제거한다.
(4) 과잉 수분을 제거하여 부종을 해결한다.
(5) 독소를 제거해 준다.
(6) 자율신경계의 작용을 균형시켜 준다.
(7) 통증을 가라앉히고 진정시켜준다.
(8) 면역기능을 강화시켜준다.
(9) 피부미용의 이상 증세 등과 같은 문제점을 개선시켜준다.
(10) 조직액을 10~20배 정도 빨리 림프관으로 흐르게 한다.

4 베이비 마사지

1. 마사지 정의

동물들이 새끼들을 핥아 주는데서 시작되어 남인도 지방에서 시작되었고, 서양으로 건너가 정리되었다고 본다. 1920년대 미국 영아원 수용원 아기들의 유아기 사망률이 100%여서 그 사망의 원인을 역학 추적한 결과 사랑의 접촉의 없었기 때문으로 확인되었다. 이에 1970년대 인도의 마사지가 서양에 알려져, 80년대 초 Touch research institate에서 베이베 마사지에 대한 방법 연구가 시작되었다. 1982년 미국에서 공인을 받게 되었으며 1988년도 부모에 의한 love touch가 중시되었다. 일본, 한국, 홍콩에서 행해어져 온 도리도리, 짝짜꿍, 곤지곤지, 까꿍, 눈맞추기, 섬마섬마, 분무불무(옆으로 걷기), 몽고가리 등이 베이비 마사지의 기본이라 할 수 있겠다.

2. 마사지 시작 시기

베이비 마사지는 빠를수록 아기에게 효과적이다. 하지만 아기들에게 베이비 마사지를 길들이기 가장 좋은 시기는 생후 2개월에서 6개월이다. 그러나 생후 2~3일에서 10세 정도, 그 이후까지도 마사지를 해주면 더욱 좋은 효과를 얻을 수 있다.

태어나서 생후 2개월 이전까지는 아기의 몸 전체를 모두 다 마사지하려 하지 말고 다리나 발, 손 등을 부분적으로 시도하도록 한다. 특히 이 시기에는 마사지라는 개념보다는 사랑스러운 손길로 만져 주고 쓰다듬어 주는 방법을 택한다. 신생아의 경우에는 배꼽이 다 아물지 않았으므로 배 부위는 피하도록 한다.

아이가 기거나 걷기 시작하면 베이비 마사지를 해주면 더 효과적이므로 생후 4~6주부터 꾸준하게 마사지를 해주면 아이 스스로가 마사지하는 시간을 좋아하고, 만족스러운 표정을 볼 수 있으며, 이렇게 마사지에 길들어지게 되어 걸을 수 있는 아이가 되면 한참을 놀다가도 마사지를 요구하는 경우가 종종 있다.

3. 마사지 시기

태어난 지 4주 이내인 신생아일 경우에는 목욕할 때의 시간을 이용하여 마사지를 하는 것이 좋다. 갓난 아이들은 목욕을 할 때 긴장이 풀리고 가장 편안한 느낌을 갖게 된다. 아기의 욕조에 따뜻한 물을 받아 놓고 목욕을 시키면서 간단하게 오일을 발라 주고 타월로 닦아 주는 방법을 택하도록 한다. 신생아 시기의 아기는 목욕을 하고 나면 빨리 잠을 자게 되고, 이 잠은 아주 깊은 숙면으로 이어지기 때문에 목욕과 함께 마사지도 끝내는 것이 좋다.

생후 1개월 이후에는 아기가 배가 고프지 않을 때, 또 우유나 젖을 먹었을 경우에는 30분 정도 지난 뒤에 한다. 되도록이면 항상 일정한 시간에 마사지를 해 주는 것이 좋고, 마사지가 끝난 후 30분에서 1시간 정도는 편안하게 쉴수 있도록 해주어야 한다. 아기의 활동이 점차 많아지는 4개월 이후에는 마사지 전에 목욕을 하는 것이 좋다. 목욕을 하는 동안 아이가 물속에서 많은 움직임을 갖게 되고 지치게 되기 때문에 지친 피부를 풀어 주는 방법으로 목욕 후 30분에서 1시간 정도는 편안히 쉬게 한 다음 마사지를 하는 것이 효과적이다.

4. 마사지 조건

아기들은 주변의 환경 변화에 민감하고, 익숙하지 않은 환경에서는 긴장을 하게 되므로 오히려 두려움을 갖게 되기도 한다. 베이비 마사지를 하는 동안 조용하고 편안한 곳에서 방해 받지 않아야 거부 반응이 없다. 그리고 항상 같은 장소에서 해 주어야 아이가 즐거워하고, 쉽게 적응할 수 있다. 옷을 벗고 있어도 될 정도로 따뜻한 곳이어야 한다. 실내 온도는 최소한 22℃ 정도 이상이 되어야 아기의 피부에 적당하다.

베이비 마사지를 할 때에는 바닥에 두툼한 타월을 깔고 엄마의 다리 앞쪽에 아기를 눕히거나 엄마의 다리 위에 타월을 깔고 눕힌다. 책상이나 의자 위에서는 마사지의 효과가 줄어든다. 엄마와 아기가 최대한으로 가까운 거리를 유지하고 항상 눈을 보면서 마사지한다.

마사지를 할 때는 엄마와 아이 모두가 편안한 자세이어야 하고 아기가 말을 알아듣지 못하거나 표현하지 못한다 하더라도 사랑의 마음을 가진 눈으로 무언의 대화를 나누고, 자주 말로 의견을 물어 보며 대화를 나누도록 한다. 마사지를 할 때 노래도 불러주고, 비발디·모차르트·베토벤 등의 좋은 음악을 들려주면 베이비 마사지의 효과도 더욱 증가한다. 엄마가 노래를 불러 주는 것은 더욱 좋다. 엄마의 스트레스가 손을 통해 아기에게 전달되므로 평온한 마음으로 사랑의 손길을 주어야 한다.

1) 아기가 원하는 만큼

아기가 조용히 깨어 있는 상태일 때 하는 마사지가 가장 효과적이다. 마사지를 할 때에는 아기가 보내는 신호를 잘 살펴야한다. 아기가 미소를 짓고 부모를 바라보며 행복하고 이완되어 보인다면 마사지에 잘 응하고 있다는 뜻이다. 아기가 울거나 고개를 돌리거나 몸을 돌리거나 손으로 얼굴을 가리거나 잠이 든다면 마사지를 받기 싫다는 뜻으로 이해하면 된다.

2) 편안한 자세

따뜻하고 조용한 방에서 부모와 아기 모두 편안함을 느낄 수 있도록 한다. 더운 날씨에는 실내가 아닌 밖의 그늘에서 해도 된다. 평평한 바닥 위에 타월을 깔고 아기를 누여 편안한 자세로 마사지해 준다. 부모가 앉아서 마사지 할 수 있고 모서리에 부딪히거나 떨어질 위험이 없는 곳을 택한다.

3) 적당한 세기

쓰다듬을 때에는 정당한 세기로 부드럽고 깊이 누르되 속도는 느려야 한다. 항상 아기의 신호에 따라 마사지하도록 한다. 아기의 반응을 보고 그에 맞춰 쓰다듬는 압력을 조절한다. 아기들은 너무 가벼운 압력은 싫어하고 짜증내지만 아기의 피부가 붉어질 정도로 하면 안된다.

5. 마사지 오일

젖먹이 아기들의 피부는 세포의 영양분을 빨아들이는 동시에 내뿜는 분비물도 많으나, 피부가 민감하고 저항력이 없기 때문에 항상 순하고 부드러운 오일을 사용해야 한다. 석유에서 추출한 광물성 성분의 오일은 아기의 피부를 자극하게 되고 또한 아기의 입이나 눈에 닿았을 때 부작용을 일으킬 수도 있기 때문에 순수 천연 성분의 오일을 사용하는 것이 좋다.

마사지에 이용하는 베이스 오일은 향이 없어야 한다. 아기는 엄마의 냄새를 가장 좋아하고 엄마의 냄새만으로도 안정감을 얻을 수 있으므로 지나치게 강한 향은 아기에게 자극적이어서 좋지 않을 수도 있다. 마사지에 이용하는 오일은 실내 온도와 비슷한 정도의 온도로 따뜻하게 하여 사용하는 것이 좋다.

아기의 피부는 민감하고 저항력이 없기 때문에 항상 순하고 흡수력이 좋은 100% 식물성오일을 쓰는 것이 좋다. 마사지 도중 손과 발을 입에 대고 빨 수도 있으므로 입에 조금대어도 이상이 없는 오일을 선택하는 것이 좋다. 어떤 오일이나 크림을 쓰든지 간에 아기의 피부에 이상이 없는지를 반드시 확인하고 사용하도록 한다. 아기의 귀 뒤나 팔목 등 부드러운 피부에 조금 바르고 1시간 이상 경과한 후 아무 이상이 없을 때 사용한다.

적당량의 베이비 오일은 마사지를 할 때 민감한 아기 피부의 마찰을 줄여 주고 손의 움직임을 더욱 부드럽고 자연스럽게 만들어 준다. 마사지 오일은 아기의 피부를 부드럽게 하고 아가의 긴장을 풀어 주는 작용을 하며 마사지의 효과를 증대시키는 역할을 한다.

베이비 마사지 오일로 많이 쓰이는 오일은 다음과 같다.

1) 올리브 오일(olive oil)

스페인과 이탈리아 등의 지중해 연안이 주산지이며, 구하기 쉽고 값도 저렴하며, 흡수력이 좋다. 올리브 오일의 지질 성분은 모유 성분과 유사해서 인체에서 100% 흡수하여 피부표면의 수분증발을 억제시킨다. 올리브유에는 단순 불포화지방산과 항산화 물질 등 다량 함유하고 있어 피부미용 관리에 아주 탁월한 효과가 있다. 일반적으로 식물성 씨앗에서 채취된 식용유는 화학처리 과정을 거쳐서 생산되나 좋은 품질의 올리브 오일은 물리적 압착 방법에 의해 생산이 된다.

2) 스위트 아몬드 오일(sweet almond oil)

지중해 연안과 미국 캘리포니아 지방에서 자라는 아몬드 씨에서 추출한 오일이다. 필수지방산이 풍부하게 들어있어 예민한 피부와 유아 피부의 유연작용에 효과적이다.

스위트 아몬드 오일은 고전적인 화장품용 오일이다. 오래 전 부터 그리스인과 로마인이 부드러운 보호작용이 있어 의료 및 피부 보호에 사용하였다. 아몬드 오일은 70%의 올레인산과 15%의, 필수지방산인 리놀레산으로 구성되어 있다. 아기의 피부를 비단결처럼 부드럽고 매끄럽게 만들어주고, 피부의 탄력성을 높여준다.

3) 포도씨 오일(grape seed oil)

향이 없고, 끈적임이 없으며, 흡수가 빠르다. 포도씨 오일에는 항산화제인 비타민 E와 필수지방산인 리놀레산이 풍부하다. 땅콩, 호두 등 견과류에 많이 함유된 리놀레산은 노화방지 효과가 있다. 포도씨 오일은 피부를 젊게 유지시키는 비타민 E가 풍부하게 함유되어 있을 뿐 아니라 보습 효과가 뛰어나 로션, 샤워 젤, 비누 등 다양한 미용 제품에 활용되고 있다. 모공 속까지 씻어낼 만큼 세정 효과가 뛰어나며, 물에 잘 녹아 피부에 끈적거림이 남지 않는 장점이 있다.

4) 코코넛 오일(coconut oil)

코코야자의 껍질을 제거한 종자를 압출하여 얻은 지방유로 열대 각지의 해안지역에서 생산된다. 오일류 중 지방산화에 대해서 비교적 안정한 오일이다.

코코넛이란 이름은 스페인 사람들이 코코(coco : 원숭이 얼굴이라는 뜻)라고 부르는데서 유래되었습니다. 코코넛의 밀크, 주스, 오일, 과육은 오랫동안 전 세계 사람들에게 훌륭한 영양공급원으로 애용되었으며, 섬유질과 비타민, 미네랄이 풍부하다. 국부적으로 피부사용은 피부감염을 막아주는 화학적 차단막을 만든다. 건선, 습진, 피부병 관련증상을 완화한다. 피부의 자연 화학적 균형을 돕는다. 피부를 부드럽게 하고, 피부건조와 각질화 증상을 완화한다. 주름살과 노화반점, 피부노화를 방지한다.

6. 장점

1) 아기에게 주는 긍정적인 영향

(1) 안정감 증대

부모와 아기가 서로 애정 어린 접촉을 하게 되면 아기는 사랑받는다는 느낌을 충분히 갖게 되어, 자신이 소중하다는 느낌을 받는다. 이러한 느낌은 아기의 자긍심과 자신감의 밑거름이 된다.

(2) 전체적인 건강 증진

마사지는 체내에서 림프액이 순환하도록 도와 해로운 성분이 빠져나가게 하기 때문에 순환작용을 촉진하고 면역체계를 증진한다. 마사지는 통증을 완화하고 이완효과를 도모하여 우는 아기를 진정시키는데 일조할 수 있다.

(3) 신체발달

마사지는 아기에게 신체적 인지감을 갖도록 해주고, 근육을 발달시키며, 관절이 유연하게 움직이게 해준다.

(4) 사회성 발달

아기에게 접촉을 한다는 것은 아기에게 의사소통에 대해 가르치는 것이다. 마사지는 아기에게 비언어적 의사소통을 하는 법을 익히게 해주어 부모와의 초기 유대감이 형성되도록 도와주고 결국 사회성 발달에 도움을 준다.

2) 부모에게 주는 긍정적인 영향

(1) 이완 효과

아기를 마사지 할 때 부모는 아기에게만 전적으로 초점을 두고 아기와 상호 작용을 하게 된다. 부모들은 이러한 상호작용을 통해 그들 자체가 즐겁고 긴장이 풀어진다.

(2) 민첩성 발달

부모가 마사지를 해줄 때 아기는 마사지 압력이 적당하다거나 특정한 동작을 좋아한다는 말을 할 수 없기에 부모는 아이의 반응을 관찰하고 해석할 수 있어야 하는데 마사지를 실행하면서 아기를 더 잘 알게 된다. 이것은 아기를 감정상태에 대해 민감해져, 양육하는 데 큰 도움이 된다.

(3) 상호 관계의 밑거름

마사지를 통해 부모와 아기가 나누는 비언어적인 의사소통은 아이가 자라서도 지속될 수 있는 상호관계의 밑거름이 된다. 마사지는 부모와 아기가 친밀한 시간을 갖게 해준다.

7. 마사지 금해야 할 때

아기가 마사지를 원하지 않을 때는 이유를 찾아보자. 옷을 벗고 있는 것을 싫어하면 천으로 몸을 감싸 놓고 시작해보고, 만지는 것을 싫어하면 발부터 차츰차츰 위로 올라가면서 마사지 해 준다.

신생아는 집중력이 매우 짧으므로 가능한 연속적인 동작으로 마사지를 해주고, 마사지 시간은 약 10~15분 정도로 한다. 아기에게 피부 접촉은 매우 중요하고 좋은 것이지만 아기가 배가 고프거나 몸이 상태가 좋지 않을 때 무리하게 마사지를 시도하는 것은 좋지 않다. 마사지는 엄마와 아기가 가장 편안한 상태로 피부 접촉의 기쁨을 받아들일 수 있을 때 시작하는 것이 좋다.

(1) 아기가 아플 때
(2) 억지로 잠에서 깨었을 때
(3) 피부염증이나 피부 변화가 있을 때
(4) 우유나 젖을 먹인 직후
(5) 예방 접종하고 48시간 이내:48시간 이후의 상태를 봐서 이상이 없을 때 주사 맞은 부위는 빼고 마사지하고 일주일이 지난 다음에는 주사맞은 자리도 관계없이 마사지한다.
(6) 마사지를 하는 동안 심하게 울거나 거부할 땐 중단하였다가 상태가 좋아지면 다시 시작한다.

8. 마사지 시 주의 사항

1) 손과 손톱은 청결하게 한다.

손은 여러 곳을 만지는 부분이므로 아가의 피부를 만자기 전에는 꼭 손을 깨끗이 씻어 청결하게 유지해야 한다. 또한, 손톱 밑은 세균이나 이물질이 많이 끼는 부분이기 때문에 항상 깨끗하게 관리하도록 한다.

2) 손톱을 짧게 깎고, 반지나 귀금속은 뺀다.

마사지를 할 때는 예민한 아기 피부를 다루기 때문에 길고 거친 손톱은 아기 피부에 상처를 낼 수 있다. 손톱을 짧게 깎고 손톱 끝을 매끈하게 유지한다.

반지 또는 귀금속 역시 아기 피부를 손상 시킬 수 있다. 호기심이 많은 아기들은 목걸이나 귀걸이처럼 새로운 것이 눈에 띄면 잡아당겨 보거나 입에 넣으려 하기 때문에 위험할 수가 있다.

3) 온도와 습도를 조절한다.

아기들은 체온 조절 능력이 어른에 비해 훨씬 떨어진다. 기관지나 호흡기 계통이 완전히 성숙하지 않은 상태이므로 너무 건조하거나 추우면 감기에 걸리기 쉽다. 또한 마사지를 받는 아기의 옷을 벗고 있기 때문에 더 민감하게 추위를 느끼게 된다. 실내 온도는 22℃ 이상, 습도는 50~70%를 유지하도록 한다.

4) 식전과 식후는 피한다.

배가 고플 때는 아기는 마사지뿐 만 아니라 어떠한 것도 받아들이지 않는다. 어느 정도 배가 불러 만족감을 느껴야 마사지를 할 수 있다. 젖이나 우유를 먹은 직후에는 아직 소화흡수가 되지 않았으므로 바로 마사지를 하면 젖이나 우유를 토할 염려가 있다. 최소한 식후 30분 정도가 지난 후에 시작하는 것이 좋다.

5) 마사지를 하는 동안에는 편안해야 한다.

아기가 마사지를 하는 동안 불안정하고 어수선하다면 아기는 안정감 대신 산만함을 느끼게 되고, 마사지 자체가 불편해서 거부하게 된다. 항상 편안하고 즐거운 분위기를 만든 상태에서 시도하는 것이 중요하다.

6) 항상 일정한 시간에 마사지를 한다.

식사 시간이나 잠을 자는 시간을 규칙적이고 일정하게 해 주면 아기 나름대로의 리듬 있는 생활을 할 수 있다. 마사지 역시 항상 일정한 시간에 해주면 스스로 생활의 리듬을 조절할 수 있게 된다.

7) 오일은 미지근하게 만들어 사용한다.

아기의 피부는 연약하고 민감하다. 외부의 자극에 쉽게 반응하기 때문에 마사지 오일을 사용할 때는 엄마의 손이 차지 않도록 주의하고, 오일 역시 실내온도와 비슷한 정도로 미지근하게 하여 사용한다.

8) 아이가 울거나 싫어할 때는 마사지를 중단한다.

아기가 운다는 것은 무언가 불편하고 싫다는 표현이다. 누워 있는 것이 싫을 수도 있고, 옷을 벗고 있는 것이 싫을 수도 있다. 너무 덥거나 너무 건조하거나 너무 추워도 아기는 싫어한다. 아프거나 배가 고플 때도 아기는 울음을 표현한다. 이럴 때에는 마사지를 잠시 중단하고 불편한 부분이 무엇인지 원인을 찾아 해결해야 한다. 아기가 싫어하는 데도 억지로 마사지를 진행하면 아기가 마사지에 대해 거부감을 느끼거나, 마사지 자체를 하기 싫은 것으로 기억해 버리기 때문이다.

9) 눈과 입에 오일이 들어가지 않도록 한다.

마사지를 할 때 아기의 눈이나 입에 오일이 들어가면 사야가 흐려지고 따갑기 때문에 공포감이나 통증을 느낄 수가 있다. 특히, 얼굴을 마사지할 때는 사용하는 오일의 양을 조절하여 적당량만 쓰도록 한다.

10) 청결하고 두툼한 면타월을 깔고 아기를 눕힌다.

베이비 마사지는 주로 옷을 벗고 하기 때문에, 마사지를 하는 동안 신진대사 촉진으로 인해 아기가 소변이나 대변을 보기도 한다. 이럴 때를 대비하여 피부에 닿아도 영향이 없는 면 타월을 깔고 가제 수건도 준비한 상태로 마사지를 시작하자.

11) 다른 생각을 하지 말고 호흡 조절을 한다.

아기는 엄마와 눈을 맞추며 무언의 대화를 나눈다. 엄마의 눈빛으로 웃기도하고 관심을 보이기도 하며 엄마가 무관심하고 다른 곳을 보거나 혹은 다른 사람과 이야기 하면서 마사지를 해 주게 되면 아기도 금방 무관심 해진다. 엄마가 고민이 있거나 스트레스를 받았을 때 아기에게 마사지를 해 주면 엄마의 손끝과 눈빛을 통해 우울함과 절망감이 아기에게 전달되기 때문에 마사지를 하는 동안은 아기와 마사지에 집중하여야 한다.

12) 한 번에 전체 마사지를 다 하려고 하지 말자.

한 번 시작하면 전체를 끝까지 다 하겠다는 엄마의 욕심으로 마사지를 하지 말고 아기의 컨디션을 보아 가며 조금씩이라도 매일 일정한 시간에 즐거운 마음으로 하는 것이 중요하다.

9. 마사지 방법

엄마의 자세가 편안해야 아기도 편안하다. 베이비 마사지를 할 때는 엄마와 아기 모두 편안한 상태에서 시작하는 것이 중요하다. 아기의 엄마의 감정 상태를 즉각적으로 느끼고 그대로 받아들이기 때문에 스트레스가 쌓일 때나 아기의 몸이 불편할 때는 기분 전환을 한 다음에 즐거운 마음으로 해야 효과가 좋다. 엄마는 마사지를 할 때 편안한 자세를 위해 다리 사이에 쿠션을 넣고 앉을 수 있고 다리를 뻗고 앉을 수도 있다. 또한 엄마의 다리 위에 두툼한 타월을 깔고 아이를 눕힐 수도 있다.

그리고 아기와 엄마의 평상시 숨쉬는 속도를 파악하여, 긴장을 푼 상태에서 평온하게 숨을 고른 다음 배와 가슴이 함께 호흡할 수 있도록 한다.

엄마와 아기가 최상의 상태에서 시작하고 기저귀와 갈아입힐 옷, 닦아줄 가제수건, 미지근한 오일을 미리 준비한다. 엄마의 어깨에 긴장이 없어야 하고, 힘들 때는 팔과 손을 털어주고 시작한다.

1) 다리 마사지

다리는 아기의 몸에서 관절의 힘과 유연성을 기르는 중요한 부분이다.

출생 후 아기에게서 처음 보는 몸의 움직임은 아마도 발길질일 것이다. 신생아 때부터 다리를 접었다 폈다 하면서 하는 발길질은 관절에 유연성을 길러준다. 누워서 하는 발길질은 다리 전체와 허리 밑 근육이 발달에 큰 도움을 준다. 앉는 것과 서는 것은 중심에 따라 달라지고, 중심은 몸의 체중이 고루 분배되었을 때 이루어진다. 안정적인 중심은 튼튼한 발목과 다리, 유연한 엉덩이에 달려 있다. 다리를 마사지해 줌으로 해서 다리가 휘는 것을 예방할 수 있고, 근육과 뼈의 장을 도와 긴 다리를 만들 수 있다.

다리를 마사지할 때는 아이를 바닥에 눕힌 상태에서 하는 것이 좋다. 아이에게 있어서 다리 마사지는 만족감을 안겨 주고, 특히 다리에서 성장발육의 어려움이 있을 때에 자주 마사지를 해주면 효과적이다.

2) 발 마사지

아이에게 있어서 발은 매우 민감한 부위로 몸의 받침대이다.

우리 몸의 모든 부위는 발의 어느 한 지점과 연관이 되어 있어서 발을 마사지 해 준다는 것은 신체 전체에 에너지와 혈액순환을 순조롭게 도와 신진대사를 좋게 하는 것이다. 발가락은 아이 몸의 중심을 잡아주고, 발바닥은 무게를 좌우하고 발뒤꿈치는 몸 전체를 지탱해 주며 긴장을 풀어준다. 즉, 발을 마사지하는 것은 역사적으로 전해 내려오는 한 방법으로 발에는 온몸의 기관이 분포하며 치료법으로 쓰이기도 했다. 발에는 장기 부위가 크게 분포하여 신체발육에 큰 도움을 준다. 또한 발가락 부위는 두뇌에 연결된 반사 부위로 머리가 좋아지고 집중력을 기르는 데 도움이 된다.

3) 배 마사지

배에는 많은 장기가 집중되어 있으며, 배를 마사지해 주는 것은 뱃속의 소화기관이나 배설기관의 기능을 자극하여 원활한 활동을 할 수 있게 만들어 준다.

"배포가 크다" 혹은 "배짱 좋다" 이런 이야기들은 바로 뱃속의 장기가 튼튼해야 과감하게 일을 처리할 수 있고 그런 능력이 있어야 가슴도 펴지고 활력을 찾을 수 있기 때문이다. 아기의 배를 마사지할 때는 특히 힘의 조절에 유의하도록 한다. 배를 너무 세게 누르게 되면 아이가 통증을 느껴 괴로워하고, 너무 약하게 하면 마사지의 효과가 떨어지기 때문이다.

4) 가슴과 어깨 마사지

숨을 편히 쉰다는 것은 사물을 느끼는 기본 감각이다. 심장이 중요한 만큼이나 가슴 부위도 중요하다. 가슴 부위가 편안해야 아기에게 평온함과 포근함, 만족감을 느끼게 해줄 수 있다.

불편한 기분으로 우는 아이에게 가슴 마사지는 좋은 방법이며 가슴이 편안해야 어깨도 잘 펴진다. 또한 부드럽게 가슴과 어깨를 연결해서 마사지를 해주면 아이의 심장과 폐의 기능을 자극하여 원활한 활동을 하도록 돕는다. 이유 없이 잠을 자지 못하고 악몽을 꾸는 아이에게 가슴 마사지는 평온을 찾을 수 있게 도와준다. 가슴을 마사지할 때는 아이를 편안한 장소에 눕힌 상태에서 엄지손가락과 손바닥을 이용하여 갈비뼈를 따라가면서 위에서 아래로 약간 눌러주면서 하는 것이 좋다. 리듬감 있고 부드러운 접촉을 받아들이는 아이는 늘 안정을 갖게 된다. 아이의 반응을 보아 가면서 너무 힘을 주지 않도록 하자.

5) 팔과 손 마사지

발과 마찬가지로 손의 부위도 반사요법을 사용한다. 팔과 손 마사지는 특히 근육을 단단하게 하고, 뇌와 신경 계통의 발달을 촉진시킨다. 또한 혈액순환을 도와주고 손을 따뜻하게 보호해 준다.

가슴과 어깨를 마사지하고 나서, 팔과 손을 부드럽게 마사지한다. 항상 중요한 것은 마사지를 하는 동안 부드럽게 눌러 주면서 아이의 충족감이 엄마에게 느껴지는지의 반응을 보는 것이다. 마사지를 불편해 하거나 거부하는 태도가 보이면 곧바로 중단하고 편안하게 해 주도록 한다. 손바닥에는 장기 부위가 분포하고 있어 손바닥을 고루 마사지해 주면 장기를 튼튼하게 할 수 있고, 손가락은 말초 신경이 모여 있어 두뇌 부위의 반사 지역으로 혈액순환과 두뇌 발달에 직접적인 영향을 미치게 되므로 손가락 하나하나를 정성들여 세심하게 마사지한다.

6) 등 마사지

등 마사지는 척추를 곧게 하고 성장을 돕는다. 그러므로 베이비 마사지에서 등 부위는 가장 중요한 마사지 부위이다.

왜냐하면, 아이의 거의 대부분의 긴장들이 등의 척추를 따라서 집결되어 있기 때문이다. 젖먹이 아이들에게 있어서는 이런 긴장들을 곧바로 해소시켜 주지 않으면 긴장이 풀어지는 속도가 더뎌지게 되고 긴장감이 계속 남아 있어 아기가 불안감을 갖게 돈다.

척추는 머리의 받침이자 심장, 간 오줌보를 뒷받침하며 33개의 유연한 뼈로 만들어져 4가지 방향으로 구부려져 있다. 그리고 뼈 마디마다 2개의 신경이 이어져 몸 전체를 지탱하는 작용을 한다. 유연한 척추 뼈는 우리 몸의 신경 기관을 건강하게 해주고, 자세를 똑바로 지닐 수 있게 하며 가슴, 호흡기, 소화 기관, 장기 부위의 긴장을 해소시킨다. 척추뼈가 곧고 바르면, 머리도 좋아지고 집중력도 생기고 키가 잘 자랄 수 있고 건강해질 수 있다.

베이비 마사지를 할 때 특히 등 부위를 마사지하면서 주의를 기울이도록 하고, 되도록이면 엄마의 허벅지 위에 두툼한 타월을 깔고 아이를 엎드리게 한 다음 머리가 왼쪽으로 향하도록 자세를 취한다.

7) 머리와 얼굴 마사지

아이의 얼굴 근육은 젖을 빨고, 음식을 씹는 동작을 할 때 필요하므로 얼굴 마사지는 얼굴 근육을 단련시키고, 긴장을 이완시킨다.

대부분의 아기들은 볼을 만지는 것을 싫어하고, 얼굴의 접촉을 원하지 않는다. 그래서 머리와 얼굴을 만지게 되면 울음으로 싫증을 나타내거나 머리를 돌려 버리게 된다. 그렇다고 마사지를 하지 않는 것은 아이의 건강을 외면하는 결과를 초래하게 된다. 아이가 머리를 돌리면 억지로 바로잡으려 하지 말고, 아이를 보고 웃거나 이야기를 하여 얼러 주면서 마사지에 익숙해지도록 하자. 아이가 마사지에 친숙해지면 스스로 머리를 똑바로 하게 된다. 한 번에 모든 마사지를 끝내려고 하지 말고 머리에 조금, 이마에 조금, 볼에 조금씩 마사지해서 마사지를 즐겁게 받아들이게 해 주는 것이 좋다.

젖먹이 아기 얼굴 마사지에서 입 주의를 마사지할 때는 검지 손가락과 중지를 이용해 윗입술 위와 아랫입술 밑을 약간 누르듯이 해야 젖을 빨 때에 생긴 경련을 해소해 주고 음식을 먹을 수 있게 될 때 잘 씹을 수 있게 근육이 단련된다. 볼을 마사지하고 나서는 반드시 귀도 전체를 꼼꼼하게, 천천히 눌러 주면서 마사지하도록 한다.

아기의 얼굴에 쓰는 오일은 특히 햇빛과 추위로부터 보호를 해 주는 역할을 하는데, 눈과 입에 들어가지 않도록 주의하고 적은 양의 오일을 쓰도록 한다.

8) 마무리 스트레칭

마무리 스트레칭은 근육을 이완시켜 아기를 편안하게 건강하게 해 주고, 관절의 활발한 움직임으로 뼈의 고른 성장을 돕는다. 아기에게 베이비 마사지를 시작했으면 끝날 때 반드시 가벼운 스트레칭을 하여 마무리를 하도록 한다.

마무리 동작으로 스트레칭을 할 때는 항상 양쪽을 똑같이 해 주어야 균형 잡히고 탄력 있는 몸을 만들어 준다. 스트레칭을 할 때는 아이의 월령에 따라 엄마가 손의 힘을 조절하는 것이 중요하다. 마사지를 할 때는 되도록이면 부드러운 손길로 하고, 마무리 스트레칭을 할때는 마사지를 할 때보다는 조금 더 힘을 가해하는 것이 아기가 가뿐함을 느낄 수 있게 된다.

아기의 스트레칭은 주로 교차방법이 이용된다. 팔과 팔, 팔과 다리, 다리와 다리를 중심으로 서로 교차시키면서 근육, 뼈, 심장, 장기, 신경 등을 자극시켜 마사지를 하면서 있을 수 있는 가벼운 경련을 해소 시키고 숨을 쉬는 데 좋은 영향을 준다.

Ⅱ 마사지 실기

1 일반 마사지 테크닉

1. 안면 경혈도

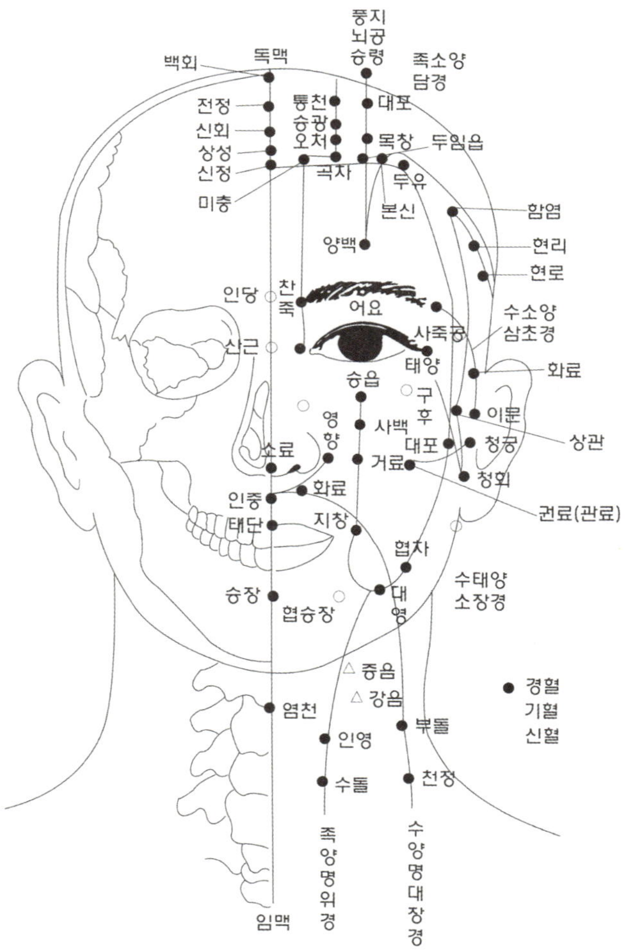

2. 안면 근육도

모상건막 Galeal aponeurotica
내측안검인대
Medial palpebral ligament
비근근 Procerus
두개표근 Epicranius
측두근 Temporalis
안륜근 Orbicularis oculi
추미근 Corrugator
상안검거근 Levator palpebtae
상순비익거근 Levator labii
superioris alaeque nasi
상순거근 Levator labii superior
대소협골근
Zygomaticus minor and major
소협골근 Zygomaticus minor
비근 Nasalis
이하선 Parotid gland
구각거근 Levator anguli oris m.
협골근 Zygomaticus
교근 Masseter
소근 Risorius
협근 Buccinator
구각거근 Levator anguli oris
구륜근 Orbicularis oris
구각하체근
Depressor anguli oris
이근 Mentalis
하순하체근
Depressor labii inferioris
광경근 Platysma

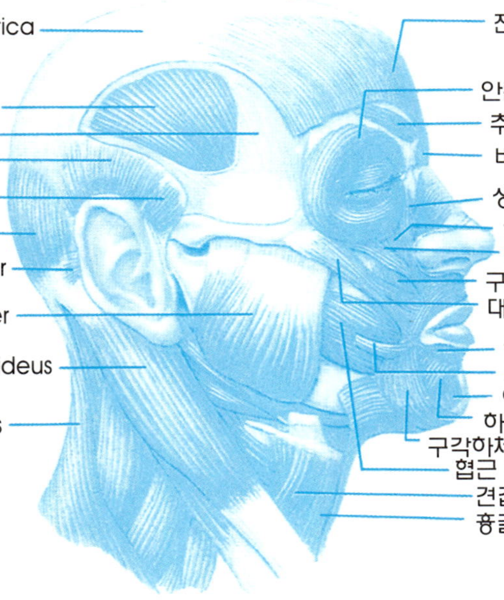
모상건막 Galea aponeurotica
전두근 Frontalis
측두근 Temporalis
안륜근 Orbicularis oculi
측두근막 Temporalis fascia
추미근 Corrugator supercilii
상이개근 Auricularis superior
비근근 Procerus
전이개근 Auricularis anterior
상순비익거근 Levator labii superioris
후두근 Occipitalis
상순거근 Alaequenasi
소협골근 Zygomaticus minor
후이개근 Auricularis posterior
구각거근Levator anguli oris
교근 Masseter
대협골근 Zygomaticus major
구륜근 Orbicularis oris
흉쇄유돌근 Sternocleidomastoideus
소근 Risorius
이근 Mentalis
승모근 Trapezius
하순하체근 Depressor labii inferioris
구각하체근 Depressor anguli oris
협근 Buccinator
견갑설골근 Omohyoideus
흉골설골근 Sternohyoideus

3. 안면 마사지 테크닉

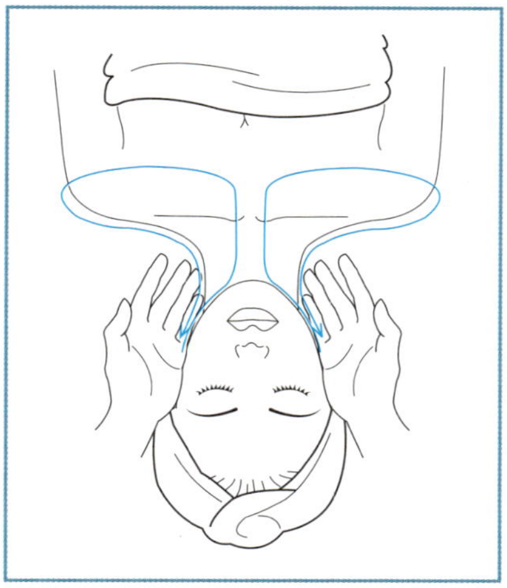

(1) 손날로 예풍에서 턱까지 밀어주고, 손끝으로 인후부 양쪽으로 내려와서 손바닥으로 가슴, 승모근을 지나 다시 예풍으로 올라온다.

광경근과 흉쇄유돌근, 승모근을 스트레칭 함으로서 림프의 순환을 도와주고, 근육을 이완시키고 피로를 풀어주는 효과가 있다.

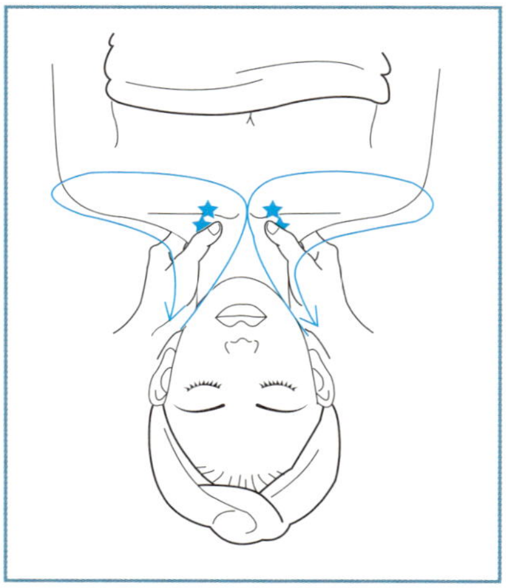

(2) 다시 손날로 동시에 예풍에서 턱을 지나 목으로 내려오면서 엄지로 결분과 기사에서 압을 준 후 가슴과 승모근을 지나 귀 옆을 스트레칭한다.

악하, 목 림프절을 자극하여 림프 순환을 도와주며 심리적 안정감을 주는 효과가 있다. 또한 쇄골라인을 예쁘게 해준다.

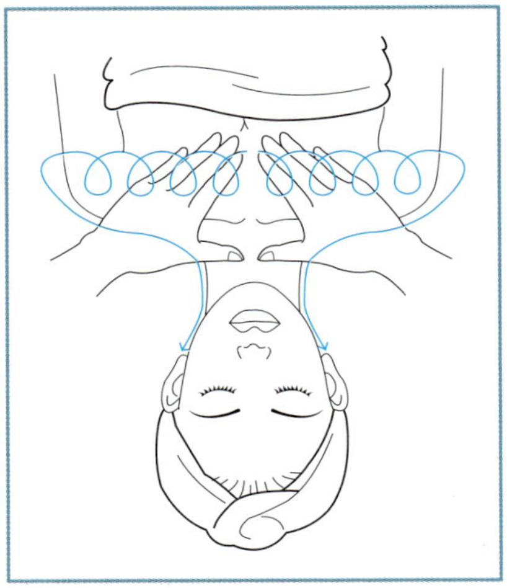

(3) 양손으로 가슴을 나선형을 그리듯 문지르고 어깨, 승모근, 예풍 순서로 쓸면서 당겨준다.

> 광배근과 흉골을 약한 압으로 마사지함으로서 심리적 안정감을 주며, 승모근의 피로를 풀어주는 효과가 있다.

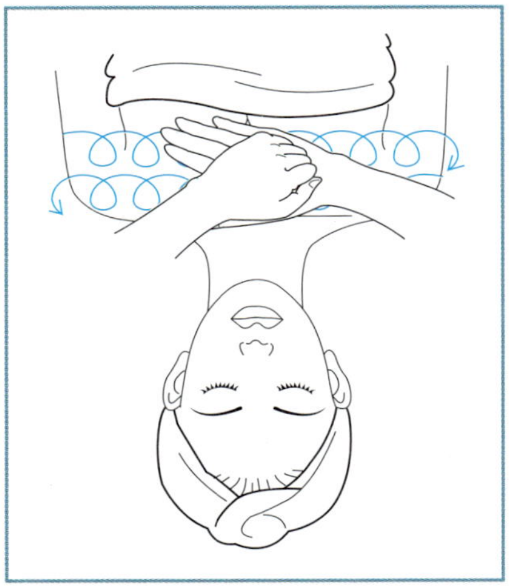

(4) 한 손바닥을 편 후, 그 위에 가볍게 주먹을 쥐고, 주먹의 무게만큼 나선형을 그리듯 번갈아가면서 마사지한다.

> 림프 배농을 도우며 가슴에 탄력을 주는 효과가 있다.

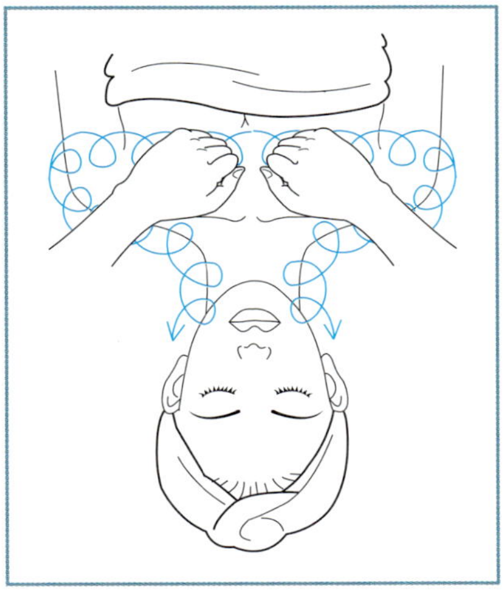

(5) 주먹을 가볍게 쥐고 가슴, 액와, 상완, 승모근, 견갑상부, 귀끝까지 나선형을 그리면서 마사지한다.

> 가슴과 어깨, 목의 노폐물을 제거하고 근육을 강화시키는 효과가 있다.
> 마사지(1)~마사지(5)로 갈수록 마사지의 강도는 강해지며 노화나 탄력이 떨어질수록 강도가 높은 것을 선택한다.

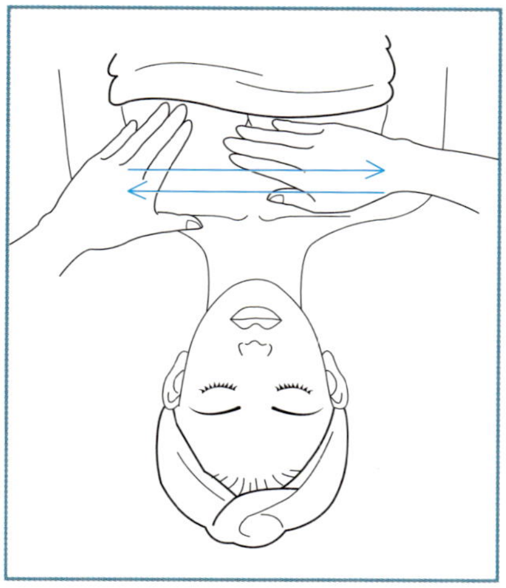

(6) 양 손바닥을 이용하여 가슴을 교대로 스트레칭 하듯 마사지한다.

가슴 근육을 이완시키는 효과가 있다.

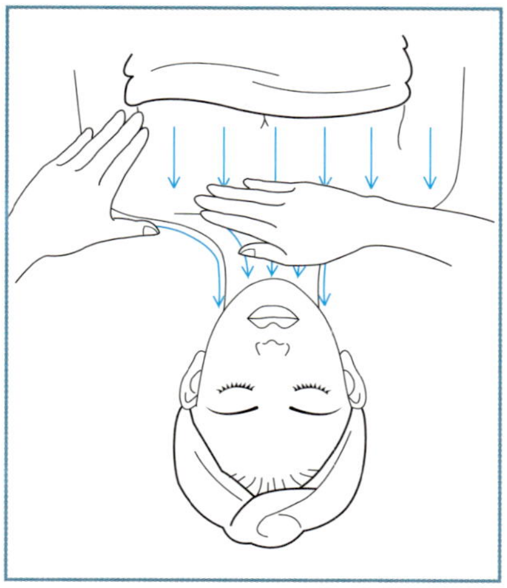

(7) 가슴 중앙에서 목까지 좌·우·액와로 이동하면서 쓸어올려준다.

가슴와 목 근육에 리프팅 및 탄력을 주는 효과가 있다.

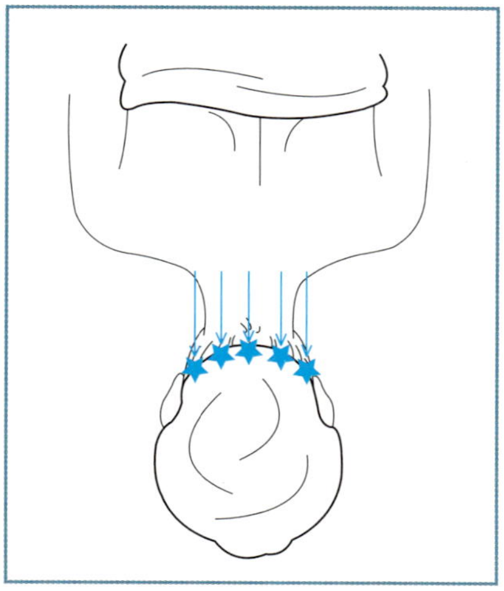

(8) 기립근, 견갑근과 승모근 등 목 뒷부분과 경추 양옆을 사지로 동시에 엇갈려가면서 쓸어준다. 이때 연수, 풍지, 완골에 압을 넣는다.

목 근육을 이완시켜 목과 머리의 피로를 풀어주는 효과가 있다.

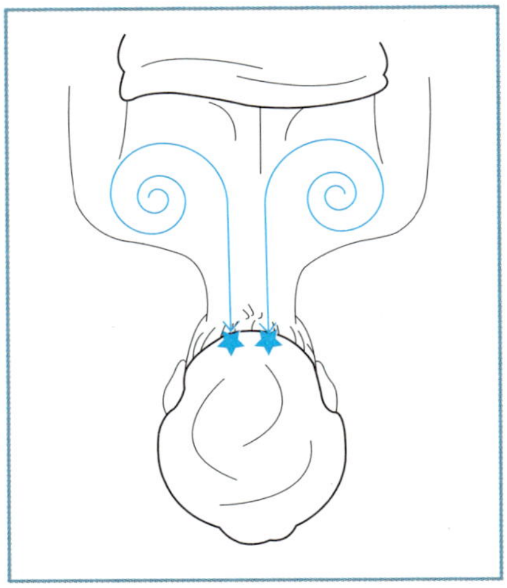

(9) 견갑골 주위를 나선형을 그리면서 마사지하고, 척추를 따라서 경추 양옆을 지나 천주에서 압을 준다.

견갑골의 노폐물 배출 및 등과 목 근육을 이완시키는 효과가 있다.

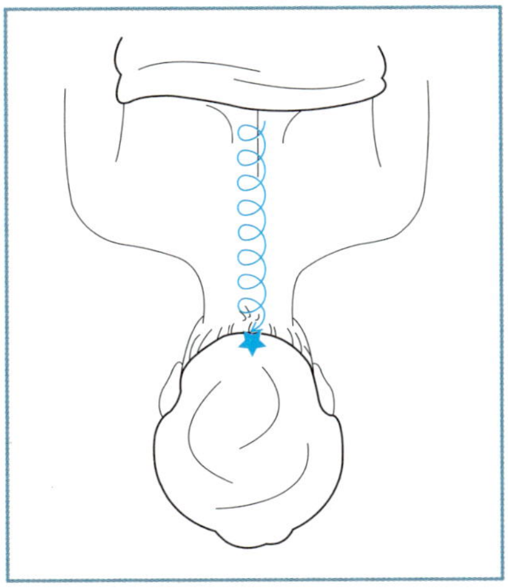

(10) 한손은 어깨를 바치고 사지로 흉추, 경추, 연수(아문)까지 압을 주면서 나선형을 그린다.

상완기립근의 긴장을 풀어주는 효과가 있다.

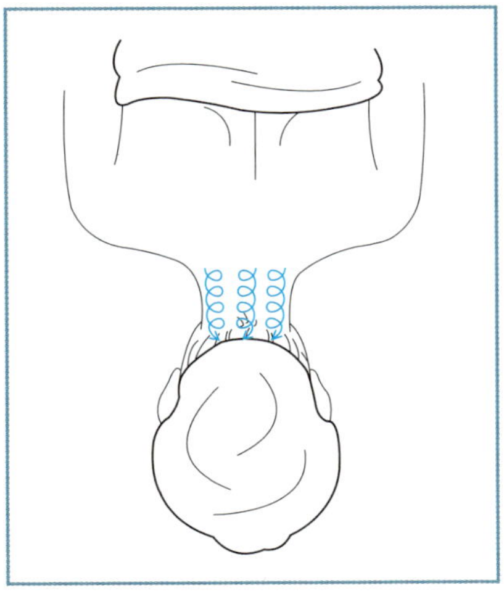

(11) 사지로 목 뒷부분을 엇갈려가면서 경추 중앙과 경추 좌・우를 나선형을 그리듯 가벼운 압으로 마사지한다.

뒷목의 혈액순환을 촉진하고 피로를 풀어주는 효과가 있다.

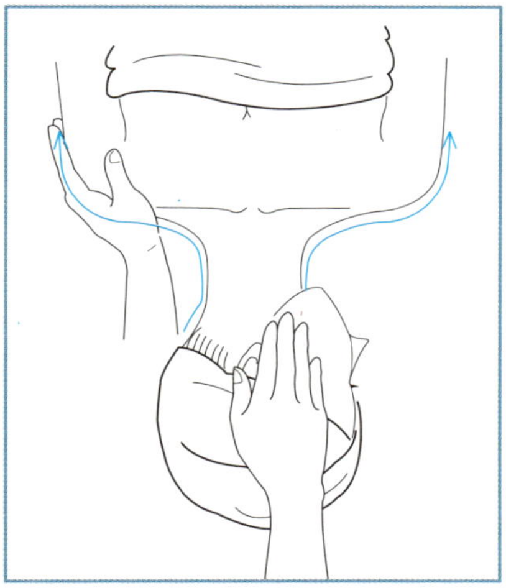

(12) 목을 옆으로 돌려놓은 후 흉쇄유돌근, 상완, 승모근을 좌우 교대로 스트레칭한다.

근육 내 젖산을 제거하고 목 근육을 이완시켜 피로를 풀어주는 효과가 있다.

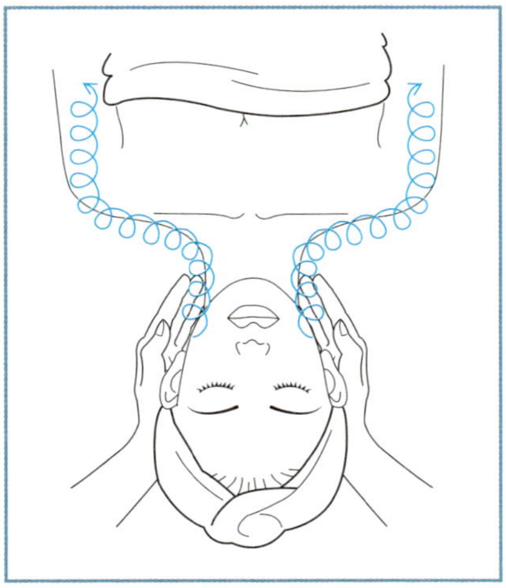

(13) 목 양옆과 상완을 손바닥으로 나선형을 그리듯 좌우 교대로 마사지한다.

12번 동작보다 좀 더 강한 동작으로 근육이 많이 경직된 경우 적용하면 효과적이다.

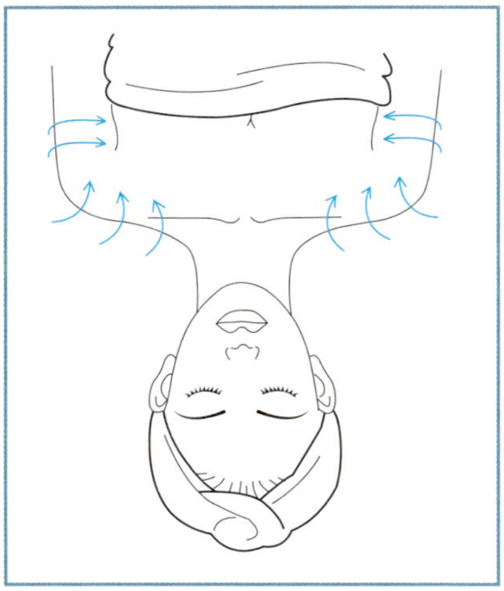

(14) 사지를 이용하여 견갑골에서 승모근쪽으로, 상완바깥에서 안쪽 방향으로 롤링을 반복하며 마사지한다.

승모근과 등 근육에 탄력을 주는 효과가 있다.

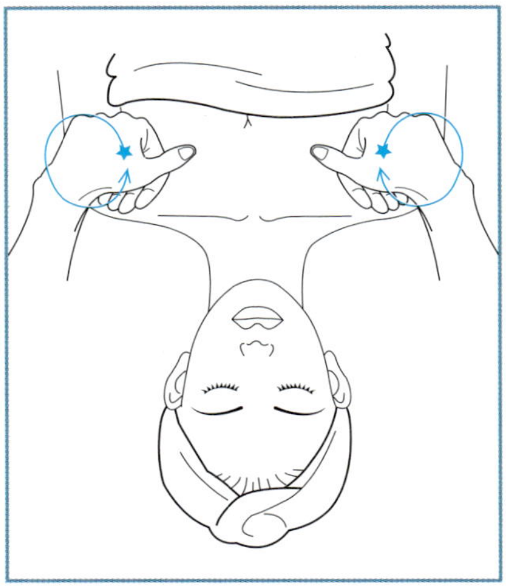

(15) 주먹으로 액와 부위에 압을 준 후 가볍게 어깨를 감싸듯 마사지한다.

림프 순환을 촉진시켜 노폐물을 배농하는 효과가 있다.

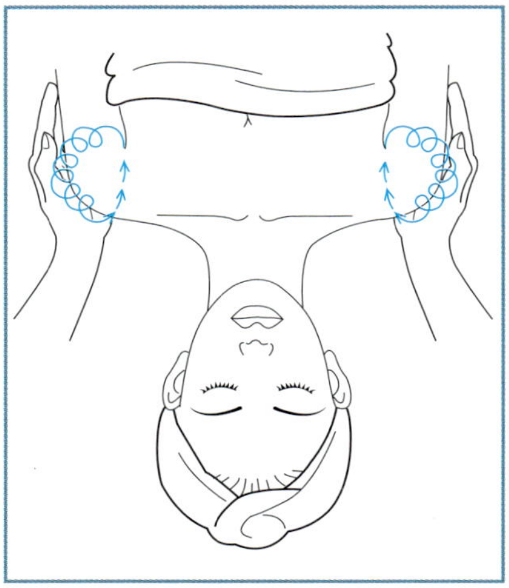

(16) 손끝으로 어깨에서 액와로 내려오고, 손바닥 전체로 상완부위를 나선형을 그리듯 마사지한다.

상완의 근육을 강화시키고 림프 순환을 촉진하여 액와의 독소를 배출하는 효과가 있다.

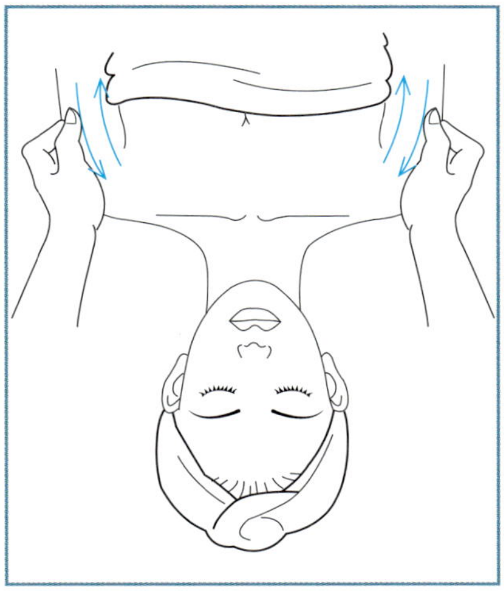

(17) 상완을 손등으로 내려주고, 다시 손바닥으로 위로 쓸어올려준다.

상완의 지방을 분해하는 효과가 있다.

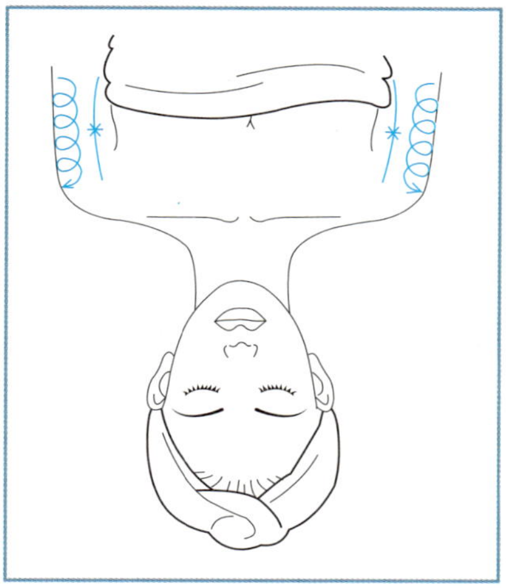

(18) 상완을 양 손으로 위·아래로 쓸어주고, 주먹을 이용하여 같은 부위를 돌리면서 마사지한다. 상완을 맞잡아 빼준다.

상완의 지방을 분해하고 노폐물을 배출하며 근육의 피로를 풀어주는 효과가 있다.

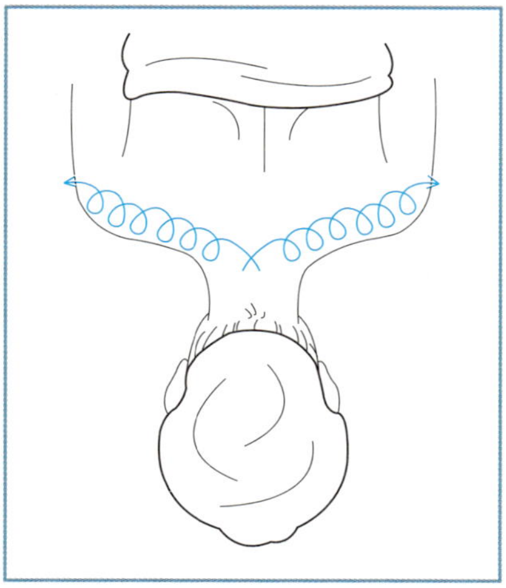

(19) 주먹이나 사지를 이용하여 목 뒷부분에서 상완부위까지 나선형 그리듯 마사지한다.

목과 상완에 가벼운 압을 가함으로써 심리적인 스트레스를 완화시켜주는 효과가 있다.

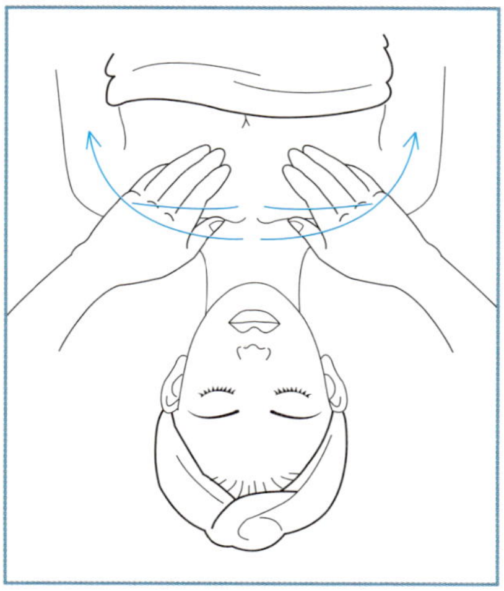

(20) 쇄골부위를 엄지와 사지로 쓸어 액와 쪽으로 밀어내듯 마사지한다.

쇄골주변 림프를 순환시킴으로서 안면의 노폐물을 배출시키는 효과가 있다.

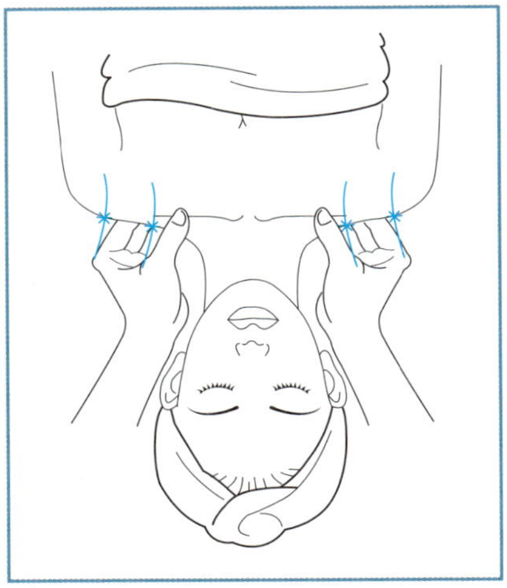

(21) 엄지와 사지로 견갑상부를 잡고 꼬집듯이 밖으로 튕겨준다.

승모근의 젖산을 제거하고 근육의 긴장을 풀어주는 효과가 있다.

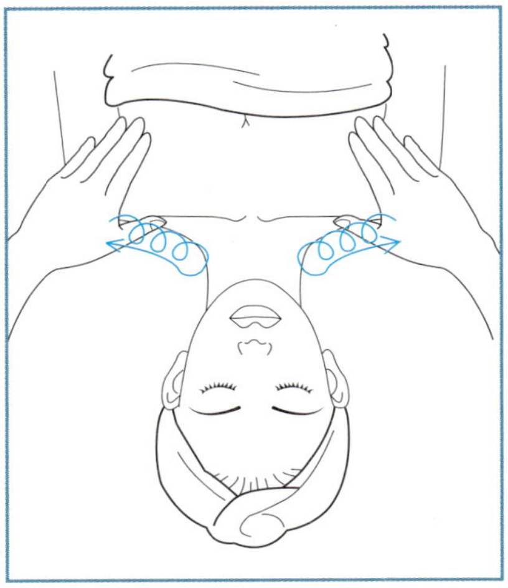

(22) 주먹이나 엄지로 견갑상부를 바깥쪽에서 안쪽으로 들어오면서 나선형을 그리듯 쓸어주고, 다시 엄지로 바깥으로 빼준다.

승모근의 젖산을 제거하고 견갑상부의 피로를 풀어주는 효과가 있다.

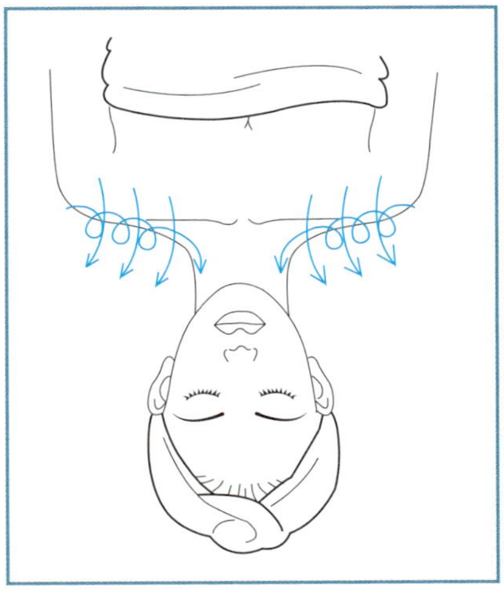

(23) 사지로 견갑상부를 3등분(견우, 견정, 견외유)하여 어깨 바깥쪽으로부터 나선형으로 마사지 한 후 승모근 밑으로 사지를 넣고 롤링한다.

21번과 22번을 동시에 행하는 동작으로 어깨를 많이 사용하여 근육이 뭉친 경우 효과적이다.

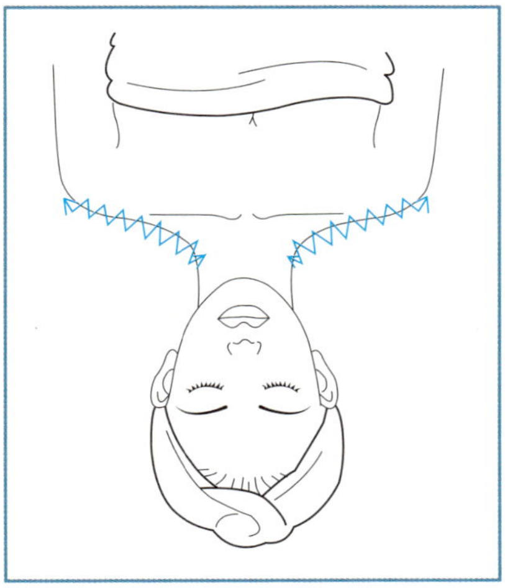

(24) 견갑상부를 엄지로 쓸어준 후 vibration 한다.

견갑상부의 긴장을 풀어주고, 어깨라인을 다듬는 동작이다.

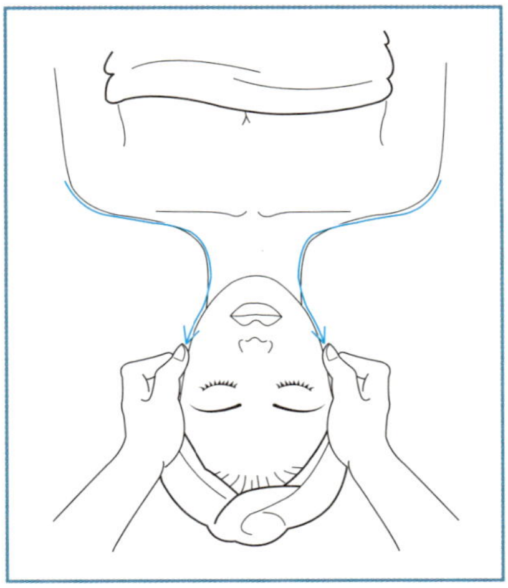

(25) 주먹을 가볍게 쥐고 견갑상부에서 횡경부를 지나 예풍까지 교대로 쓸어준다.

21~24번을 가볍게 행하는 동작으로 견갑상부의 통증을 완화시키는 효과가 있다.

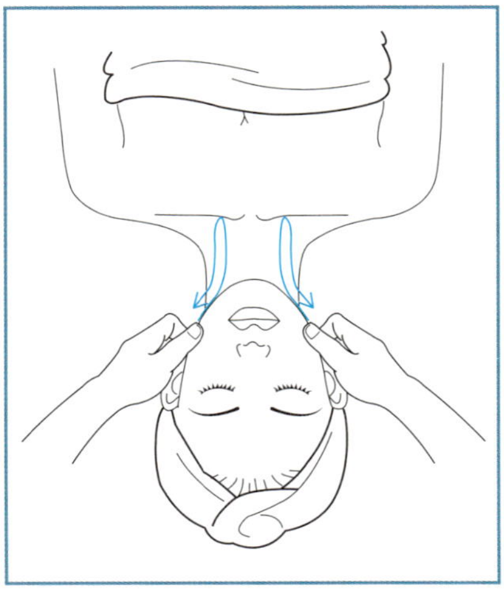

(26) 엄지와 검지로(엄지는 펴고, 검지는 구부린 체로) 흉쇄유돌근을 위에서 아래쪽으로 쓸어내린다.

목 림프를 순환시키고 흉쇄유돌근의 피로를 풀어주어 목 근육을 유연하게 하는 효과가 있다.

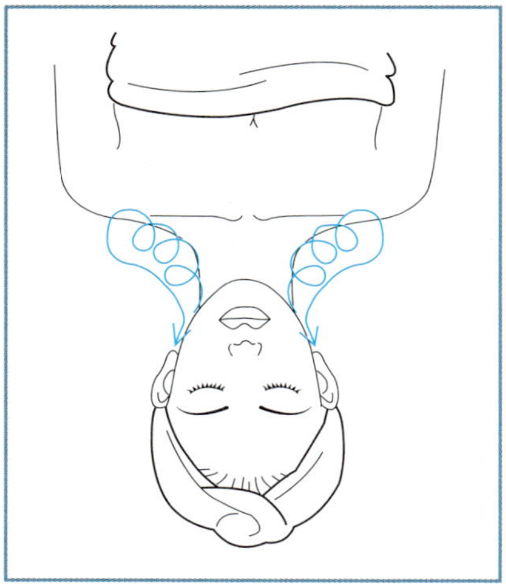

(27) 흉쇄유돌근을 사지로 나선형을 그리면서 내려간 후 목 뒤로 다시 올라가 예풍에서 압을 준다.

> 림프 배농을 도우며 흉쇄유돌근의 탄력 강화에 효과가 있다.

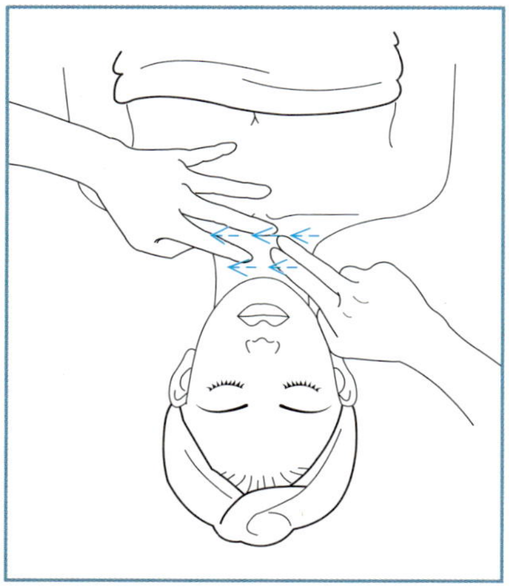

(28) 왼손 검지와 중지를 벌려 목주름 부위에 놓고 오른손 중지를 이용하여 미끄러지듯 들어가서 빼주는 동작을 반복한다.

> 목주름 예방에 효과가 있다.

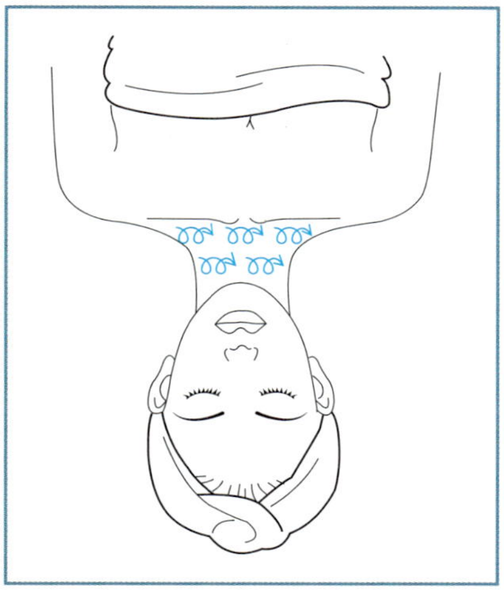

(29) 왼손 검지와 중지를 벌려 목주름 부위에 놓고 오른손 중지로 나선형을 그리듯 마사지한다.

> 목의 깊은 주름 완화에 효과가 있다.

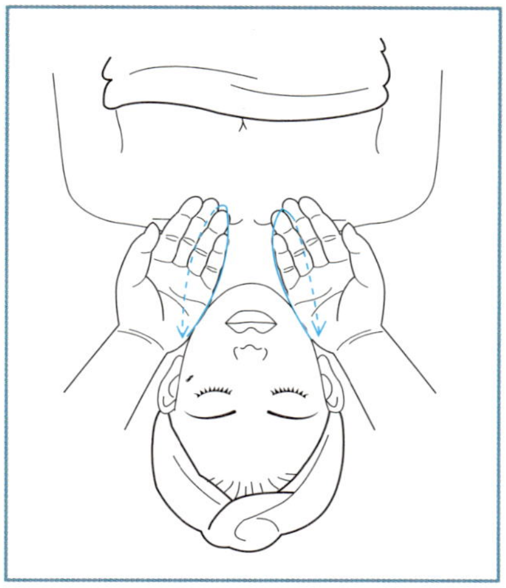

(30) 흉쇄유돌근를 손등으로 쓸어내린 후 다시 손끝으로 뒷목을 쓸어올려준다.

> 목의 림프와 혈액순환을 촉진시키는 효과가 있다.

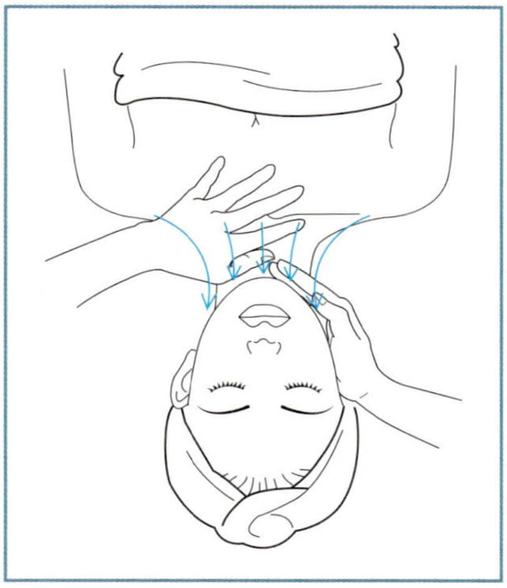

(31) 양 손으로 번갈아가며 목에서 턱을 향해 가볍게 쓸어올린다.

> 목의 탄력을 주며, 목선을 아름답게 하는 효과가 있다.

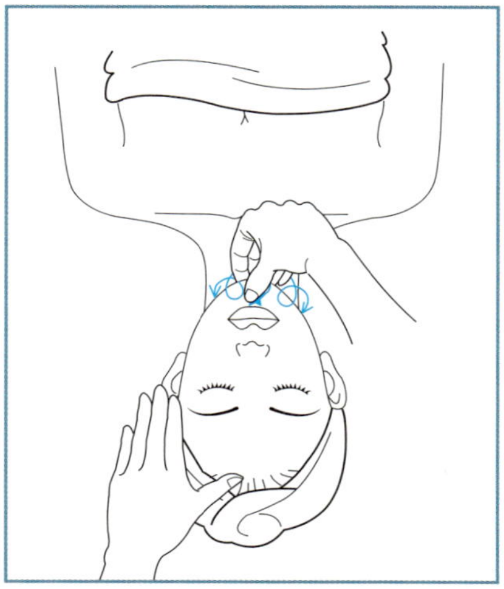

(32) 엄지로 승장 부위에 압을 준 후 사지로 턱밑을 나선형으로 마사지한다.

> 턱밑의 지방 제거와 이중턱 완화에 효과가 있다.

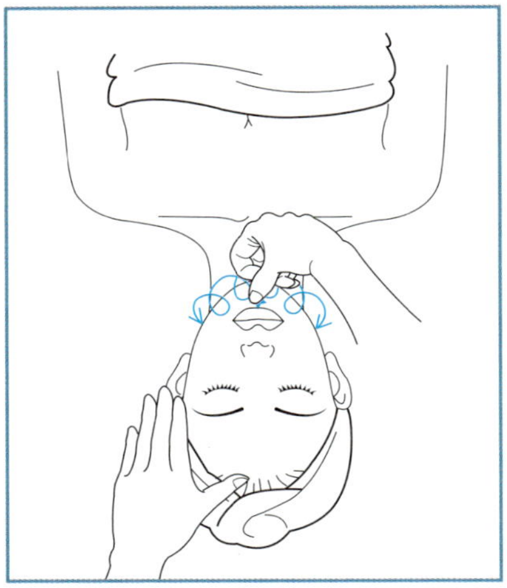

(33) 엄지로 승장 부위에 다시 압을 준 후 사지(검지, 중지, 약지와 새끼손가락)를 구부려 손관절로 턱밑을 굴리듯 마사지 한다.

32번 동작보다 좀 더 강한 동작으로 이중 턱 관리에 효과가 있다.

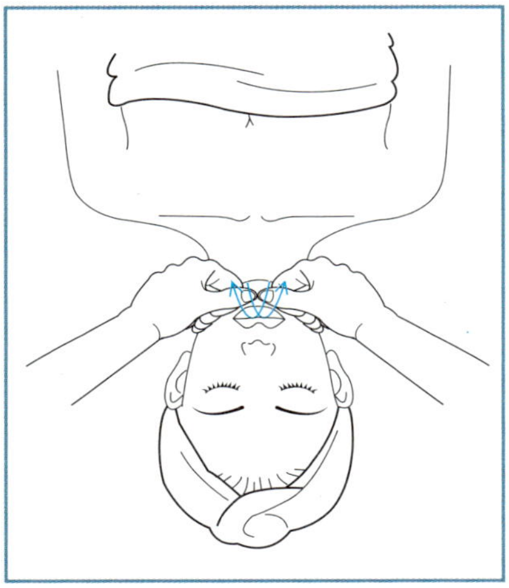

(34) 사지는 턱밑을 바치고 양 엄지로 이근을 위로 당기듯 쓸어 올려주고 하순하제근은 가볍게 쓸어내려준다.

턱 처짐과 주름을 예방하는 효과가 있다.

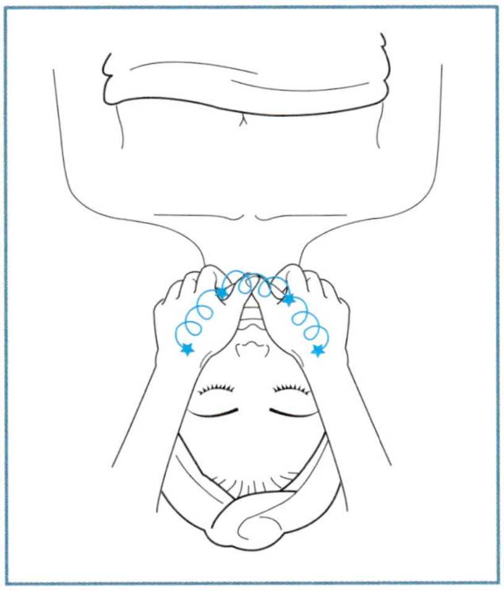

(35) 사지로 하악골을 들어 올리면서 턱 선을 나선형을 그리듯 마사지 한다. 이 때 턱선 외에는 손이 얼굴에 닿지 않도록 한다

악하 림프 순환을 도우며 턱 선을 아름답게 하는 효과가 있다.

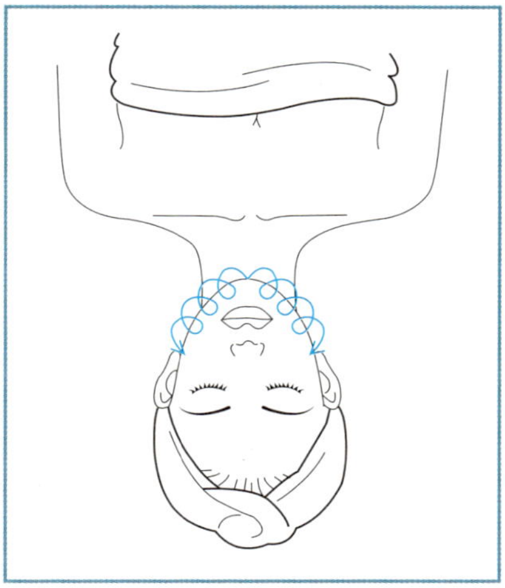

(36) 손가락을 구부려서 턱 라인을 굴리듯 나선형으로 마사지한다.

턱 선을 아름답게 하는 효과가 있다.

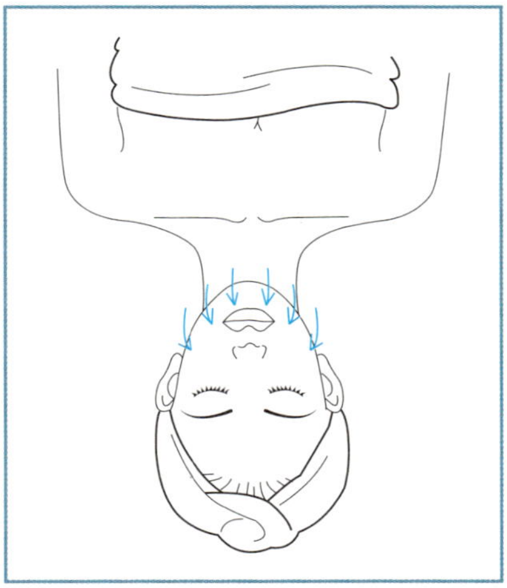

(37) 사지를 이용하여 턱 선을 터치하듯 쓸어올려준다.

얼굴 처짐을 예방하며 리프팅 효과가 있다.

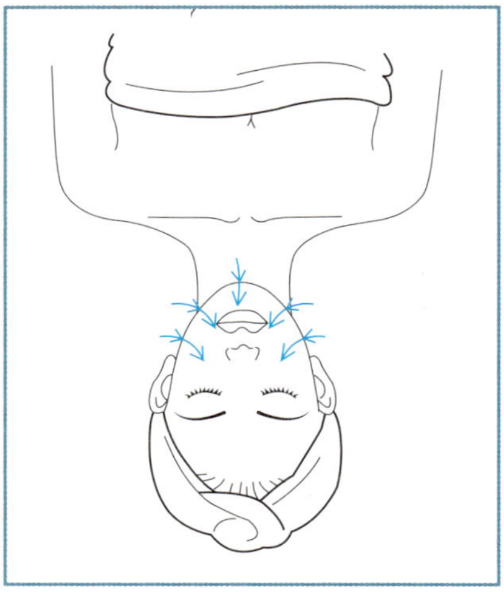

(38) 엄지와 검지로 턱 라인을 빠르고 리드미컬하게 꼬집듯이 잡아서 위로 튕겨준다.

혈액순환을 촉진하며 리프팅 효과가 있다.

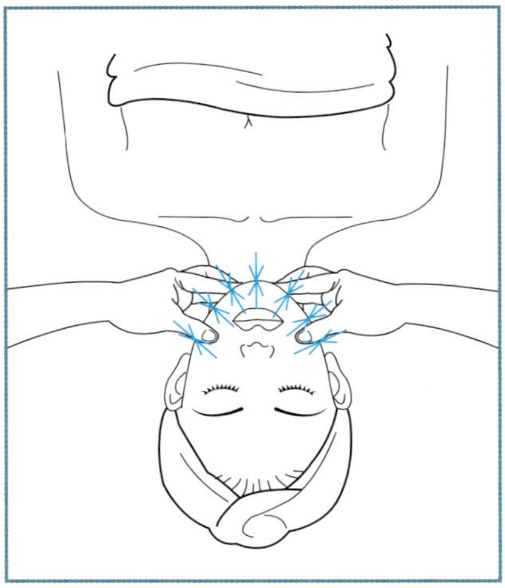

(39) 양 엄지를 턱 선의 교근 착시점에 고정시킨 후 엄지와 사지로 맞잡아 끌어 올려준다. 이때 반드시 아래에서 위로 쓸어 올리면서 마사지한다.

얼굴 처짐을 예방하는 효과가 있다.

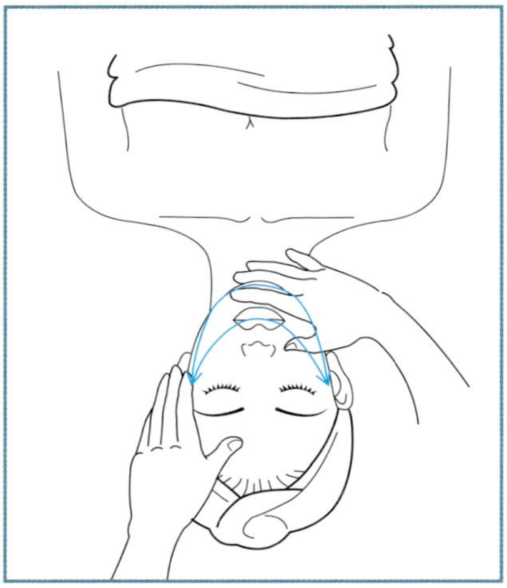

(40) 검지와 중지를 턱 라인에 끼우고 좌·우로 쓸어준다.

턱 라인을 아름답게 하며 림프 순환에 효과가 있다.

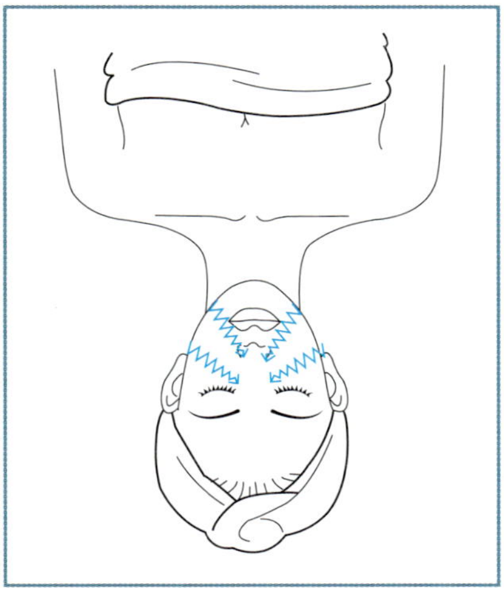

(41) 볼 결체조직의 구각하제근에서 교근까지 사지를 이용하여 vibration 한다.

볼 결체조직을 강화시키고, 턱의 처짐을 방지하는 효과가 있다.

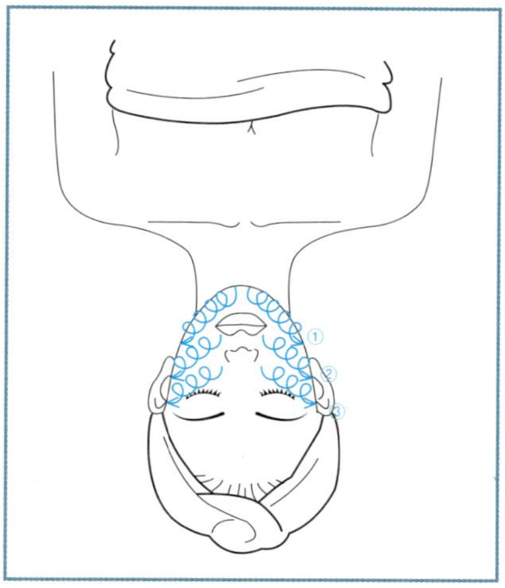

(42) ① 이근에서 귀끝까지 나선형을 그리고 예풍에서 압준다.

② 소근을 나선형으로 마사지하고, 하관을 압준다.

③ 상순거근 아래 안륜근, 측두근 순으로 나선형을 그리고 관자놀이 압준다.

얼굴처짐을 예방하는 효과가 있다.

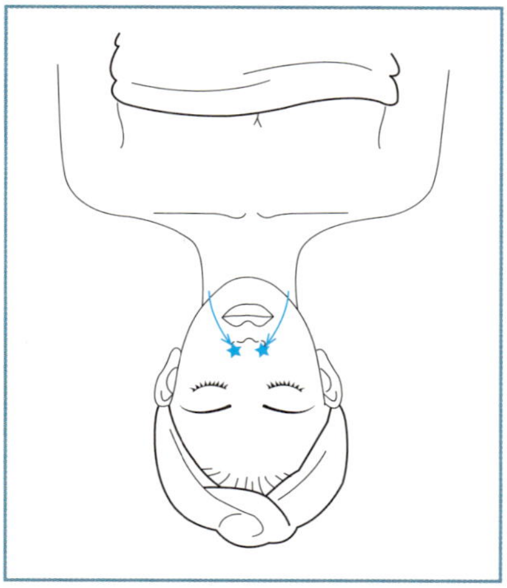

(43) 구각하제근을 동시에 중지로 쓸어 준 다음 영향에서 압을 준다.

구각하제근의 처짐을 예방하는 효과가 있다.

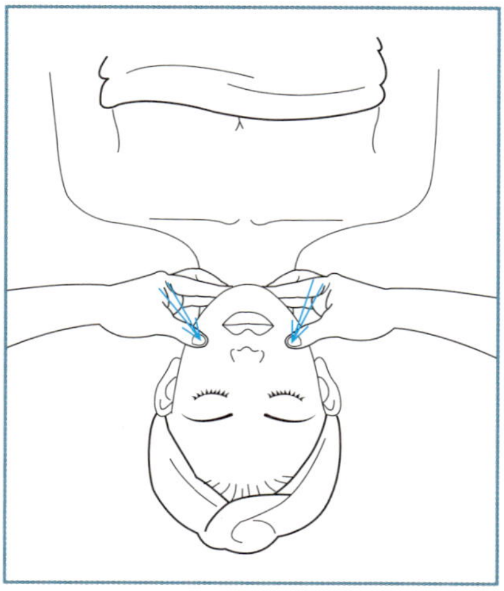

(44) 사지를 턱선에 대고 두 엄지로 구각하제근을 쓸어올리듯 튕겨준다.

구각하제근에 탄력을 주는 효과가 있다.

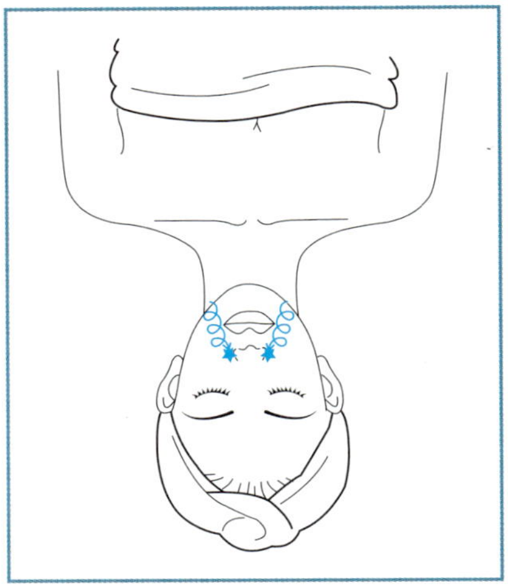

(45) 중지로 구각하제근을 나선형을 그리듯 마사지한 후 영향 부위에 압을 준다.

구각하제근의 주름 예방에 효과가 있다.

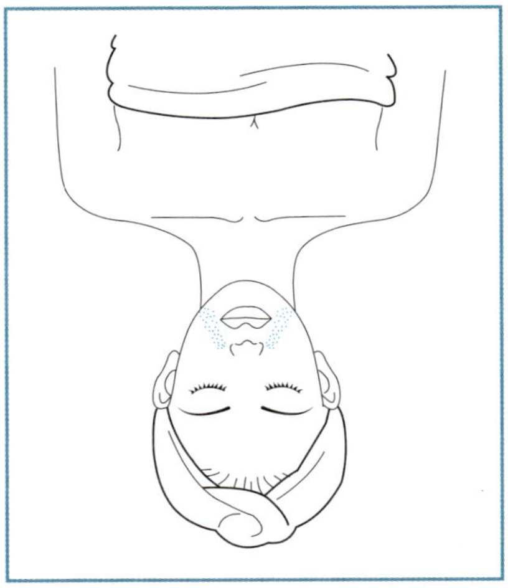

(46) 검지와 중지 약지의 첫째 마디와 손가락 전체를 번갈아 가며 구각하제근을 피아노치듯 두드린다.

입주변 림프 순환을 촉진시키고 구각하제근의 주름을 완화시키는 효과가 있다.

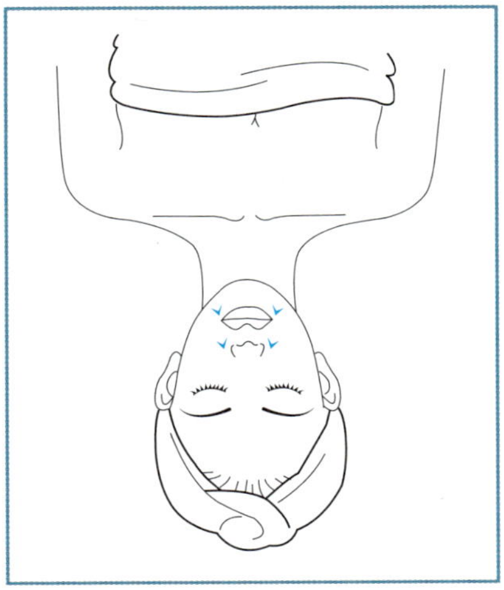

(47) 엄지와 검지로 구각하제근을 가볍게 잡으며 위로 튕기듯 마사지한다.

구각하제근에 탄력을 주는 효과가 있다.

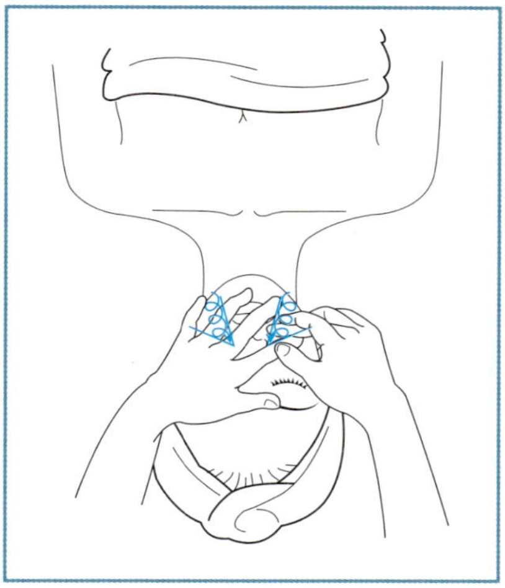

(48) 왼손 검지와 중지를 벌려 구각하제근을 잡고 오른손 중지를 이용하여 나선형을 그리듯 가볍게 마사지하며 내려간다(왼쪽과 오른쪽을 번갈아가며 마사지한다).

구각하제근의 깊은 주름을 완화시키는 효과가 있다.

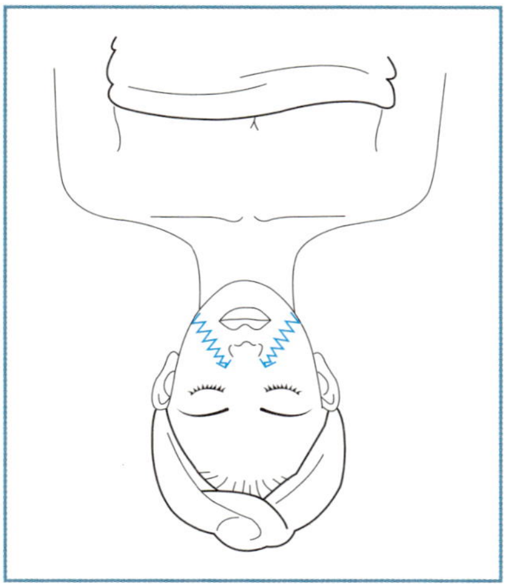

(49) 양 중지를 구각하제근에 밀착시켜 가볍게 vibration 해준다.

안면 전체의 혈액순환과 림프순환을 촉진하는 효과가 있다.

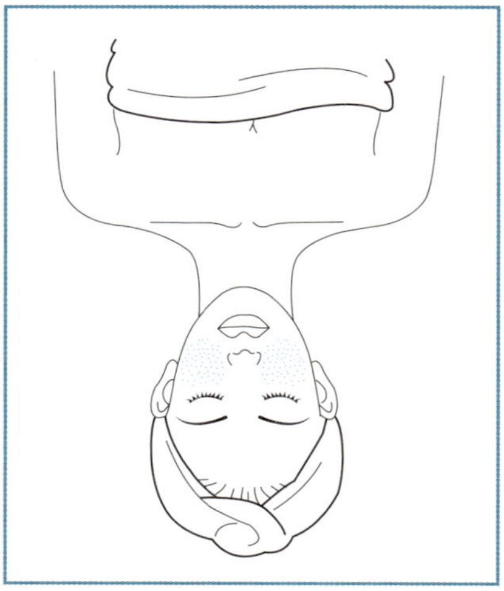

(50) 볼 결체조직을 사지 전체로 피아노 치듯 가볍게 두드려준다.

볼 근육을 강화시키는 효과가 있다.

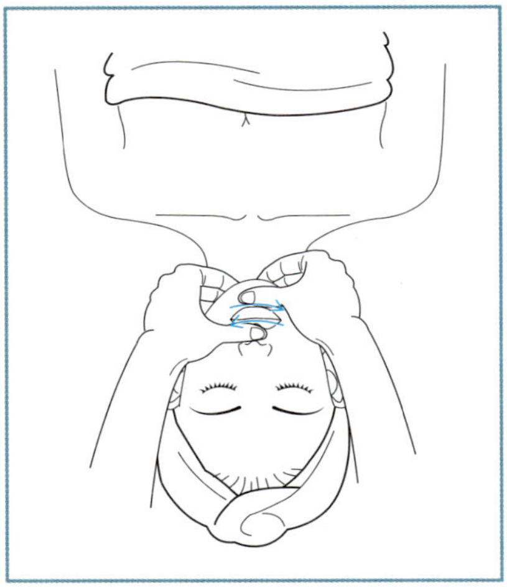

(51) 양 엄지로 윗입술과 아랫입술 좌, 우를 엇갈려가며 쓸어준다.

이 신경을 자극하여 구륜근 전체를 이완시키는 효과와 입술의 혈액순환에 도움이 된다.

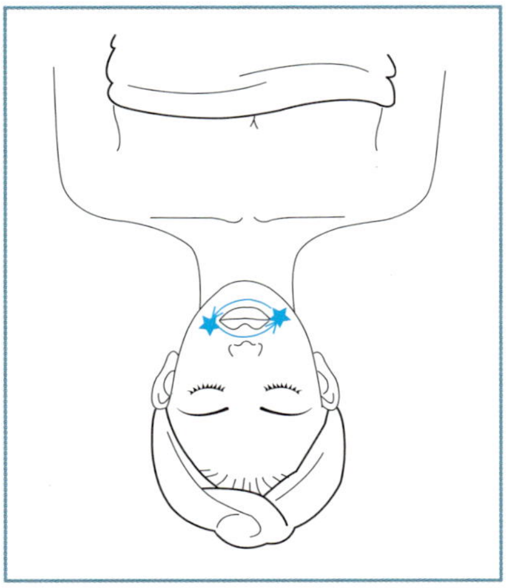

(52) 중지를 이용하여 입술 위와 아래를 양 옆으로 쓸어준 후 지창 부위에 압을 준다.

잇몸의 림프절의 순환을 촉진시키는 효과가 있다.

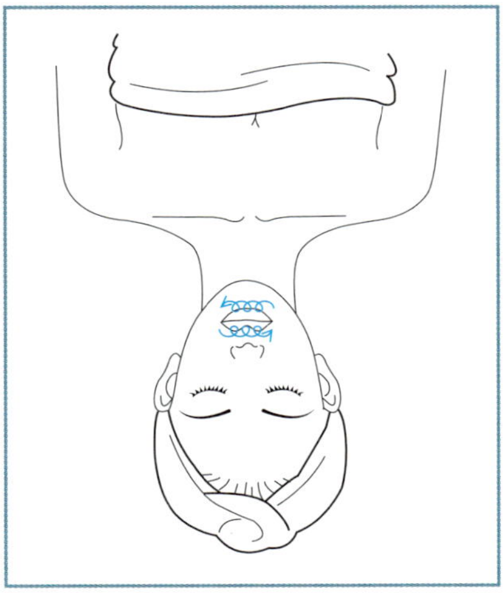

(53) 검지, 중지, 약지를 이용하여 입술 위와 아래를 양옆으로 쓸어준다.

입술 주변의 림프 배농을 도우며 근육을 강화시키는 효과가 있으며, 잇몸 마사지도 함께된다.

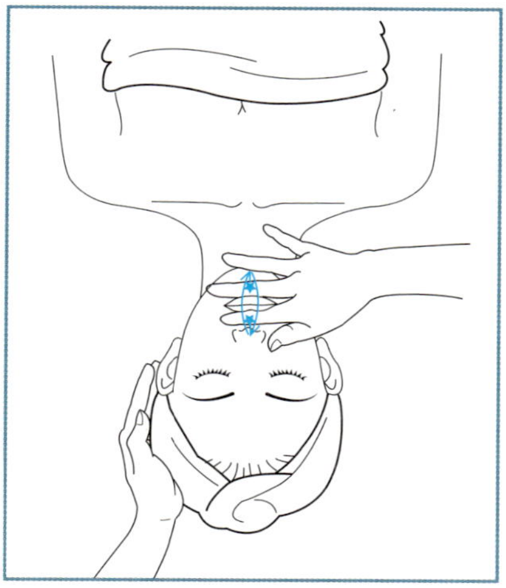

(54) 검지와 중지를 이용하여 수구와 승장부위에 압을 준 후 검지, 중지 사이에 입술을 끼워 위로 빼준다.

구륜근을 강화시키는 효과가 있다.

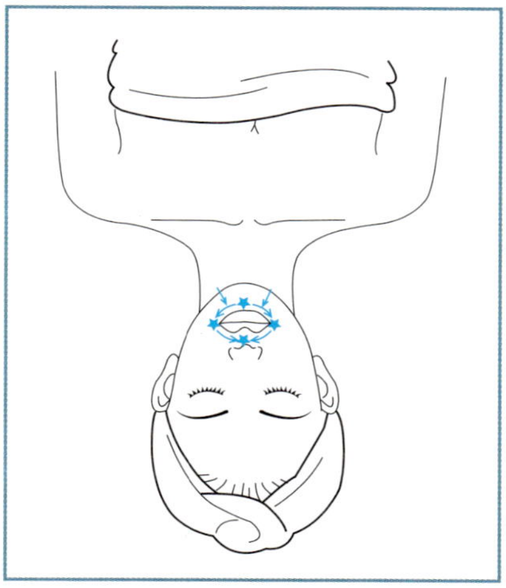

(55) 중지로 하순하제근을 쓸어올려준 후 승장과 지창, 수구 부위에 압을 주며 나선형을 그리듯 마사지한다.

구륜근의 주름을 완화시키는 효과가 있다.
* (51)~(55)까지는 공통적으로 입매를 예쁘게 해준다.

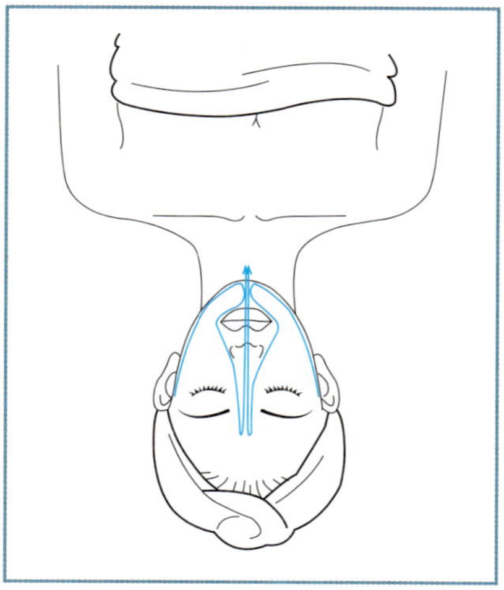

(56) 손날로 얼굴 외곽선에서 턱으로 내려와 코 벽을 타고 올라왔다가 다시 코 중앙으로 내려간다.

림프 순환을 촉진시키며, 하악신경·협신경·이신경의 흐름을 유연하게 하여, 입매를 아름답게 하는 효과가 있다.

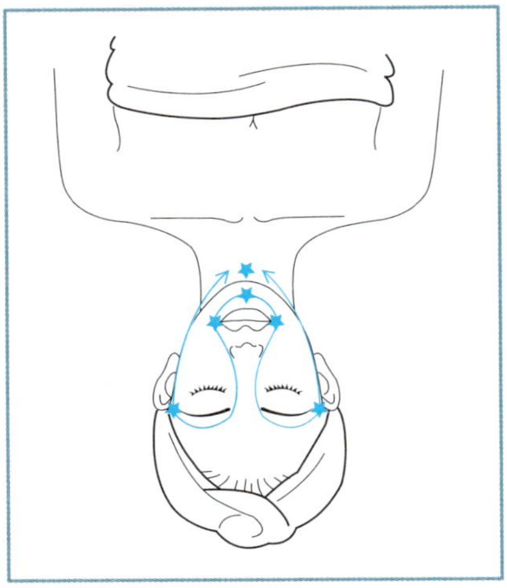

(57) 엄지로 승장, 중지로 지창과 비근으로 쓸어 올리고 관자놀이 부위에서 압을 준 후 얼굴 외곽으로 내려준다.

안면 림프절을 자극하여 노폐물 배출을 도우며 혈액순환을 촉진하는 효과가 있다.

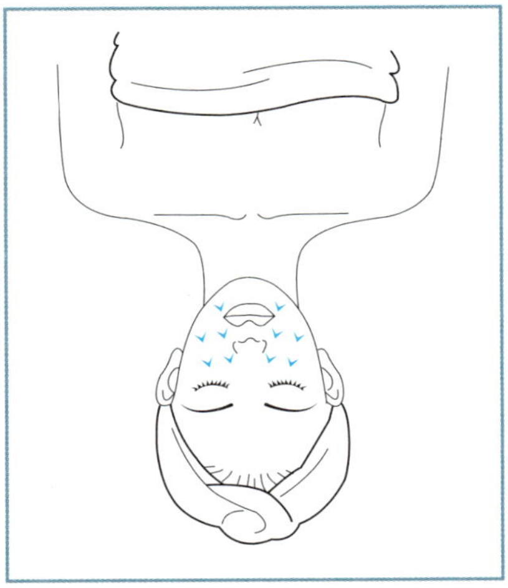

(58) 엄지와 검지를 이용하여 볼 결체조직을 꼬집듯 잡아 튕겨준다.

볼 조직의 탄력을 강화하는 효과가 있다.

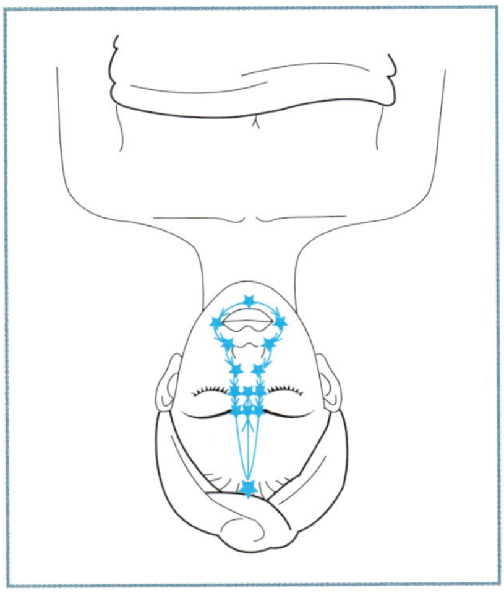

(59) 중지를 이용하여 얼굴 중앙의 주요 혈점인 승장(엄지를 겹쳐서), 지창(중지), 영향(중지), 비천(중지), 정명(중지), 찬죽(중지), 인당(엄지를 겹쳐서), 신정(엄지를 겹쳐서), 산근(엄지를 겹쳐서) 순서로 압을 준다.

임맥을 자극하여 혈액순환을 원활하게 하며 안색을 맑게 하는 효과가 있다.

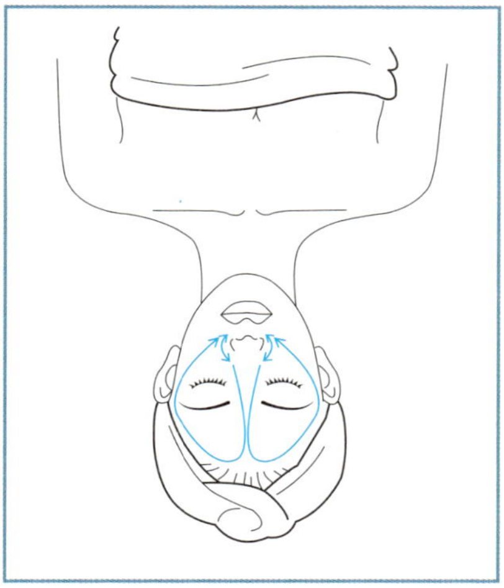

(60) 중지로 콧망울 주변을 세심하게 쓸어준 후 코 벽을 지나 이마, 협골 밑으로 돌리며 내려온다.

코 주변의 블랙헤드를 제거를 도와주고, 볼 부종을 완화하며 볼 조직에 탄력을 주는 효과가 있다.
* 안와상신경, 활차 상·하신경, 비신경, 협골신경의 흐름을 도와준다.

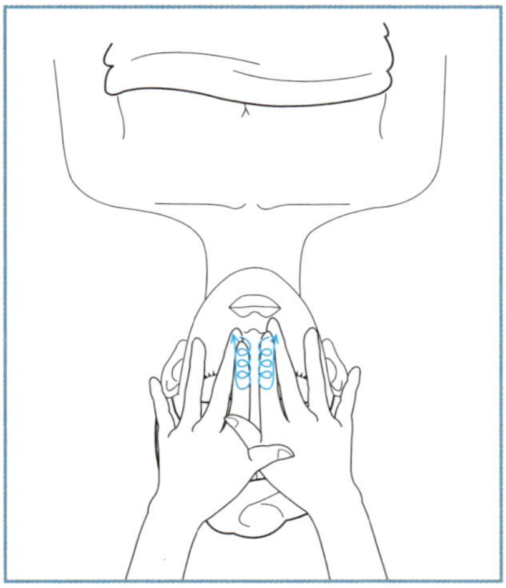

(61) 영향 부위에 압을 준 후 중지로 코 벽을 나선형을 그리며 내려간다.

비신경을 자극하여 비근을 강화하며 코질환이나 코감기를 완화하는 데에도 효과가 있다.

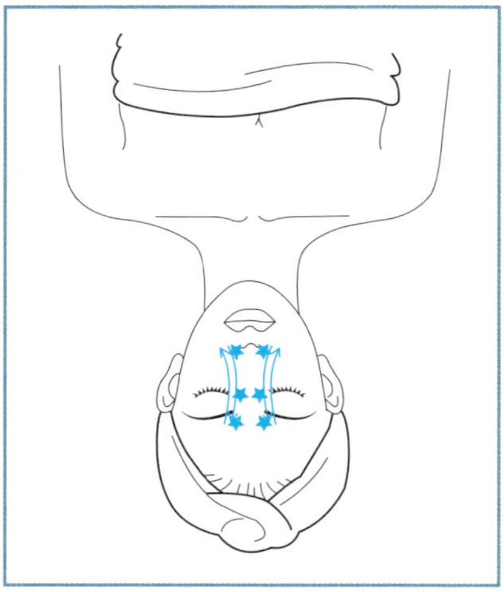

(62) 영향에서 비천, 정명, 찬죽 그리고 다시 정명 순으로 중지를 이용하여 압을 주면서 아래에서 위로 쓸어준다.

활차 상·하신경, 비신경을 자극하여 코라인을 아름답게 잡아주고 눈을 맑게하는 효과가 있다.

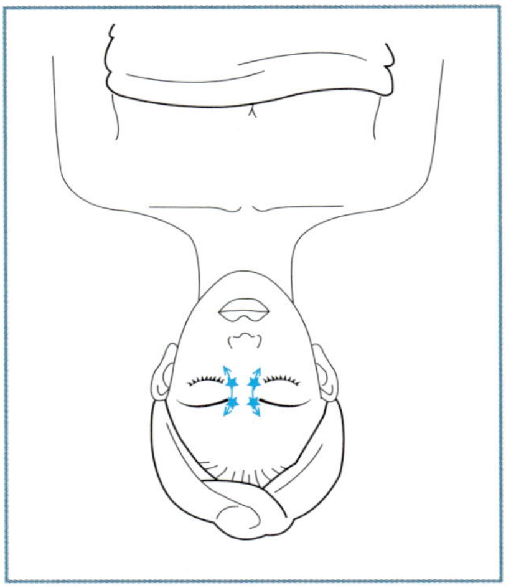

(63) 중지로 청명과 찬죽 부위에 압을 주면서 아래, 위로 반원을 그리듯 쓸어준다.

눈을 맑게 하는 효과가 있다.

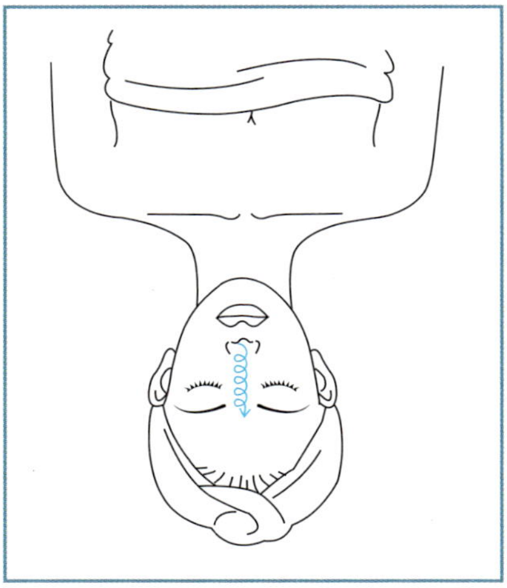

(64) 양 중지와 약지를 번갈아 가며 콧등을 나선형을 그리듯 손을 바꿔서 마사지한다.

코선과 콧등의 주름을 완화하는 효과가 있다.

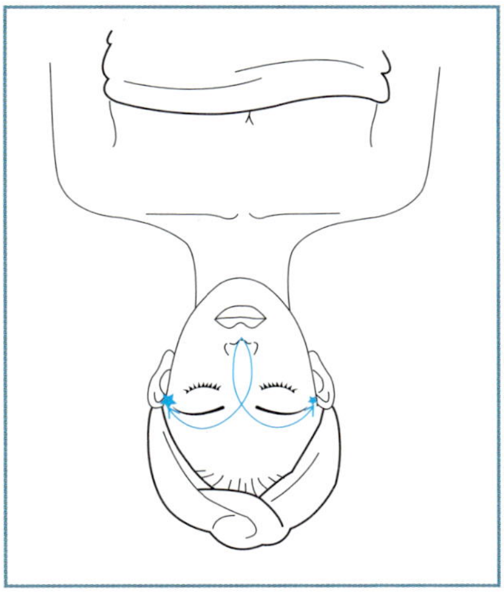

(65) 검지와 중지 사이에 코를 끼워 튕겨준 후 눈썹을 지나 관자놀이에 압을 준다.

코 라인과 눈썹 라인을 아름답게 잡아주는 효과가 있다.

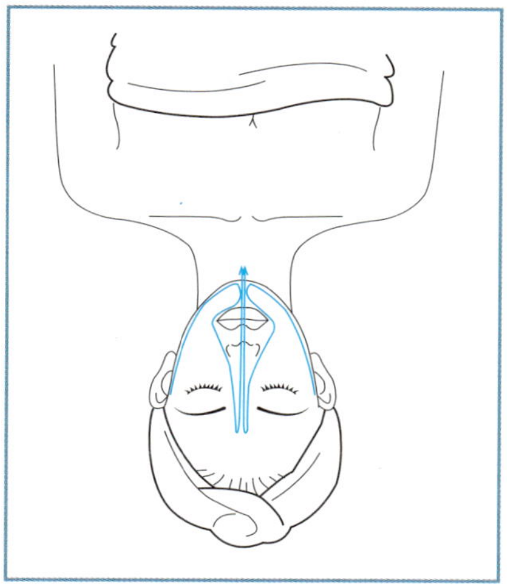

(66) 얼굴을 지나 이근에서 구각하제근, 비근, 인당, 콧등을 지나 턱 끝까지 쓸어준다.

안면 림프절을 자극하여 노폐물을 배출하여 안색을 맑게하는 효과가 있다.

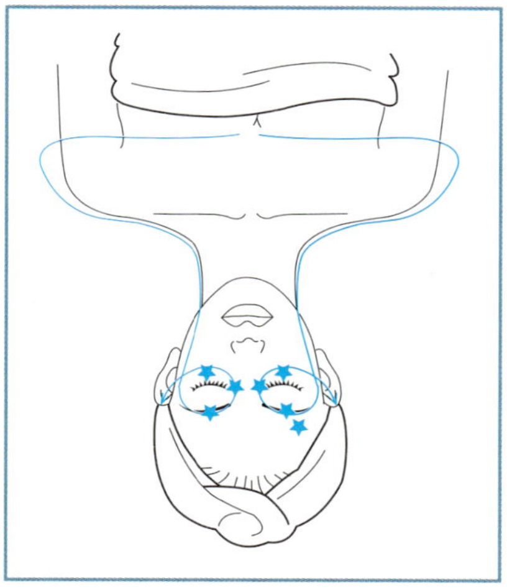

(67) 가슴, 견갑상부, 관자놀이, 안륜근을 쓰다듬듯이 마사지한다. 이때 눈 주위의 승읍, 정명, 어요, 광명 등은 지압한다.

눈의 피로 회복과 부기를 내리는데 효과가 있다.

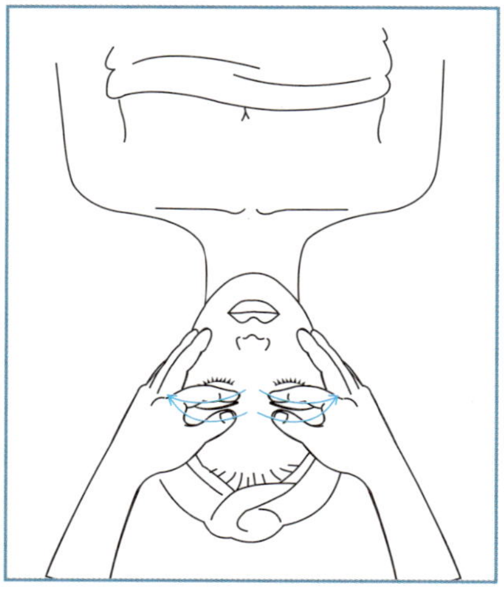

(68) 눈썹을 검지와 중지로 집듯이 하여 바깥으로 잡아당기듯 쓸어준 후 관자놀이에서 압을 준다.

추미근의 주름을 펴 주고, 시신경의 긴장을 완화시켜 눈을 맑게 하는 효과가 있다.

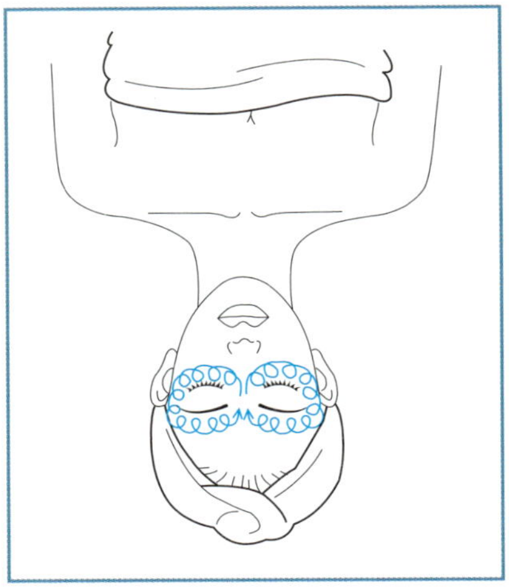

(69) 중지로 안륜근을 나선형 그리듯 마사지한다.

눈주변의 노폐물을 없애고, 안륜근의 주름을 완화시키는 효과가 있다.

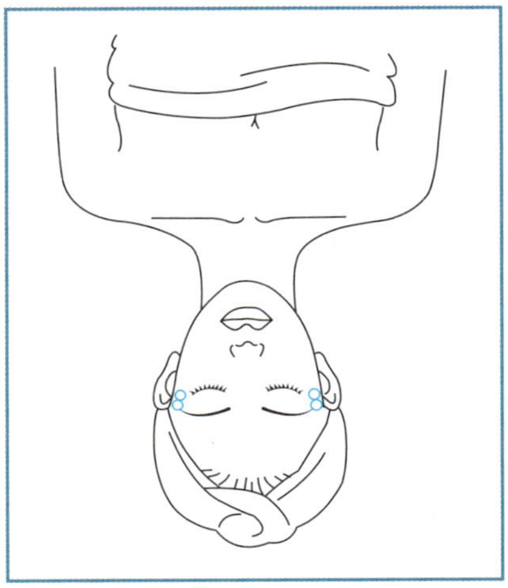

(70) 중지로 관자놀이에 8자를 그린다.

눈가의 주름을 완화시키는 효과가 있다.

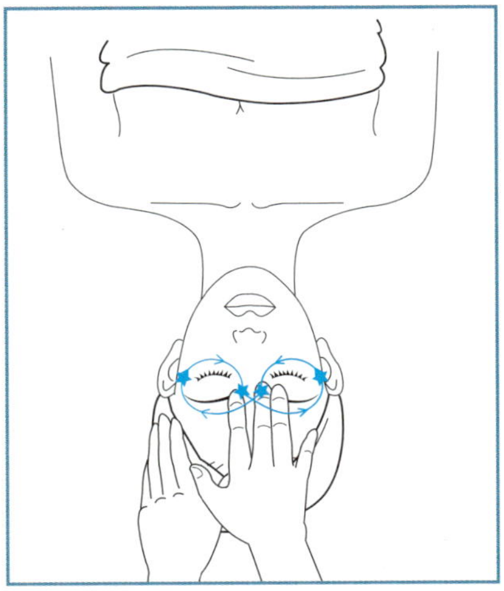

(71) 중지를 이용하여 눈 밑, 찬죽, 반대편 눈썹 위를 크게 8자 모양으로 마사지한다.

눈가의 주름과 부종을 완화시키는 효과가 있다.

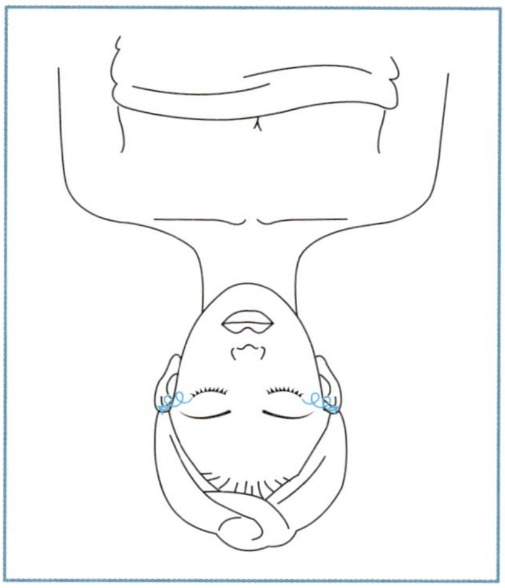

(72) 중지와 약지를 이용하여 나선형을 그리고눈 꼬리 부위와 관자놀이에서 압을 준다.

눈꼬리의 처짐을 예방하고, 눈과 머리를 맑게 하는 효과가 있다.

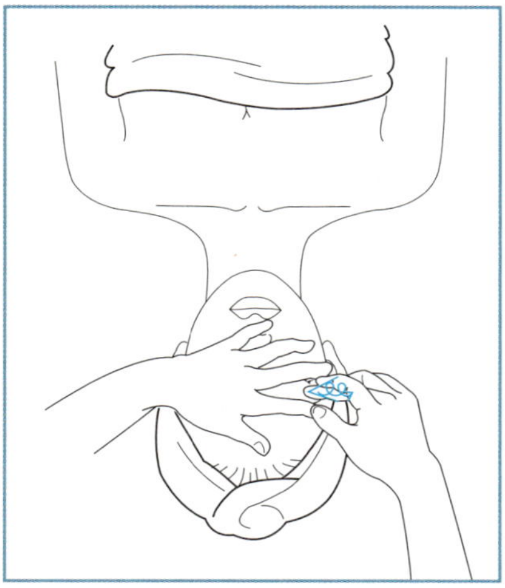

(73) 왼쪽 검지와 중지로 눈꼬리와 측두근 부위를 벌려주고 오른손 중지를 이용하여 나선형을 그린 후 다시 쓰다듬듯 마사지한다. 반대편도 같은 방법으로 시행한다.

눈꼬리의 주름을 완화시키는 효과가 있다.

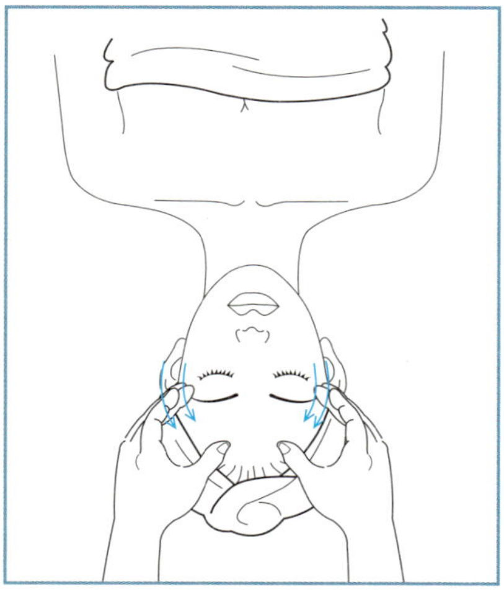

(74) 중지와 약지를 이용하여 교대로 측두근을 쓸어올린다.

눈꼬리, 귀앞의 주름과 편두통을 완화시키는 효과가 있다.

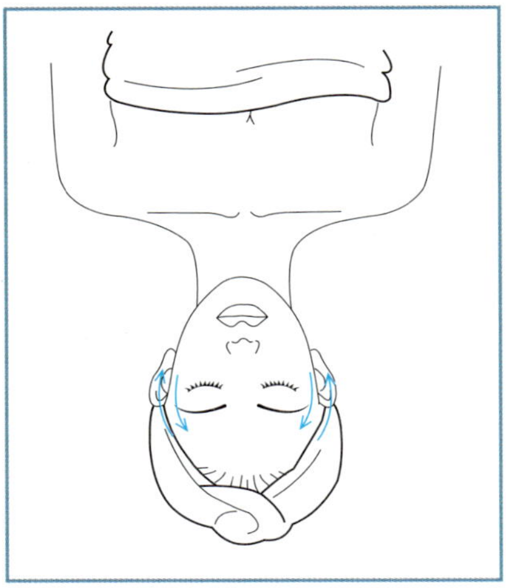

(75) 중지와 약지를 이용하여 측두근을 위로 올릴 때는 압을 주고, 아래로 내릴 때는 힘을 빼면서 쓸어준다.

눈 림프절을 자극하여 노폐물 배출을 촉진시키며 측두근의 주름을 완화하는 효과가 있다.

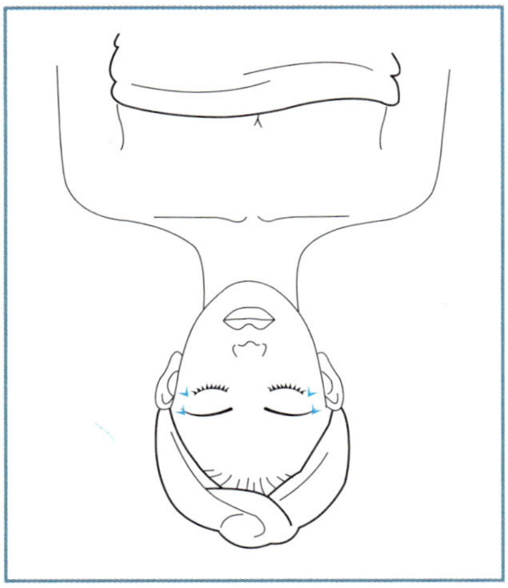

(76) 엄지와 중지를 이용하여 관자놀이 부위를 튕기듯 잡아올린다.

눈꼬리에 탄력을 주는 효과가 있다.

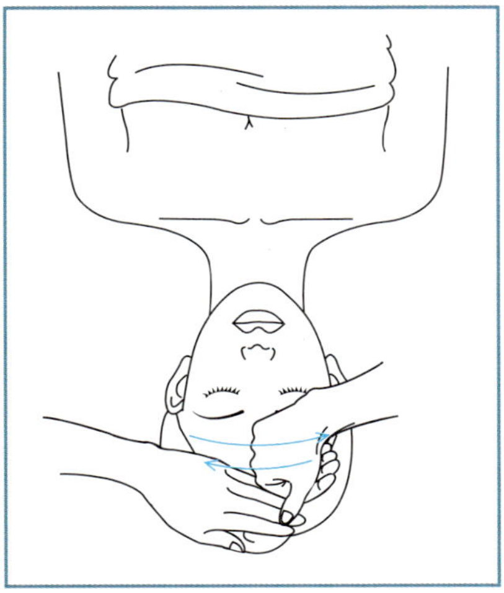

(77) 양 손바닥을 교대로 이마를 좌우로 쓸어준다.

이마 전체 근육을 스트레칭하는 효과가 있다.

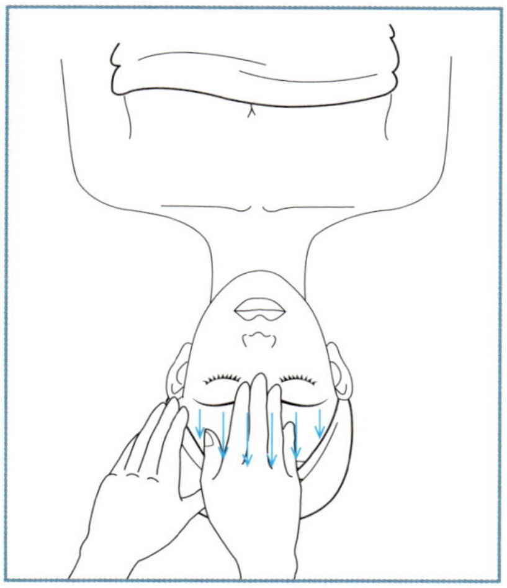

(78) 양 손바닥으로 전두근을 위로 쓸어올려준다.

이마 전체 근육을 리프팅하는 효과와 11차 신경의 자극으로 머리로 가는 림프순환을 도와준다.

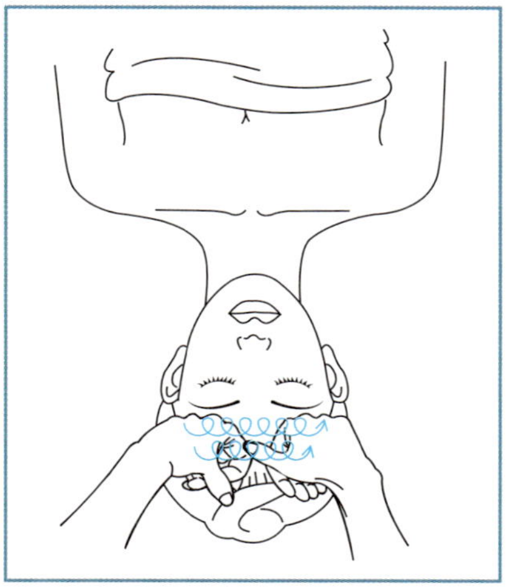

(79) 주먹을 가볍게 쥐고 전두근을 굴리듯 마사지한다.

안와상신경을 자극하여 피로회복과 이마의 주름완화에 효과가 있다.

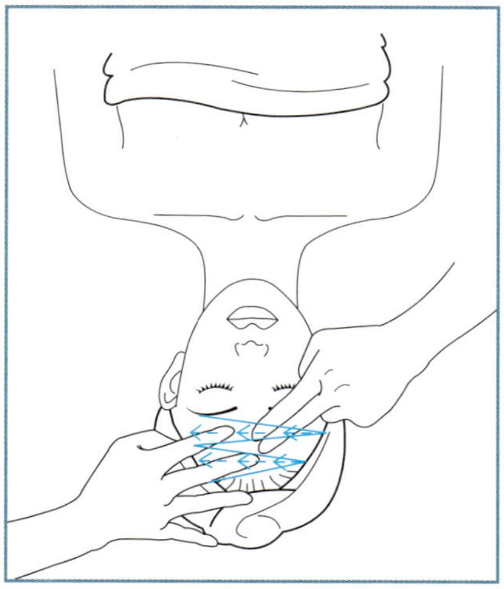

(80) 왼손 검지와 중지로 이마의 주름 부위를 벌린 후 오른손 중지를 이용하여 주름을 펴듯 마사지한다.

이마의 깊은 주름 완화에 효과가 있다.

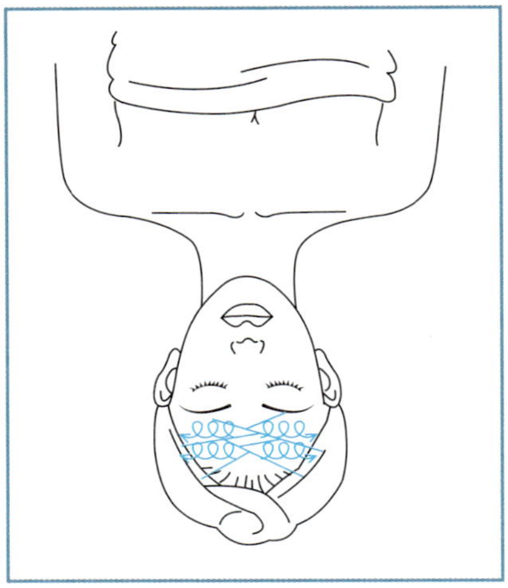

(81) 검지와 중지로 이마 주름을 펴주면서 반대쪽 중지로 나선형을 그린 후 왼쪽 검지와 중지로 다시 한번 쓸어준다.

이마의 주름 완화에 효과가 있으나 잔주름이 많을 경우엔 동작을 줄여준다.

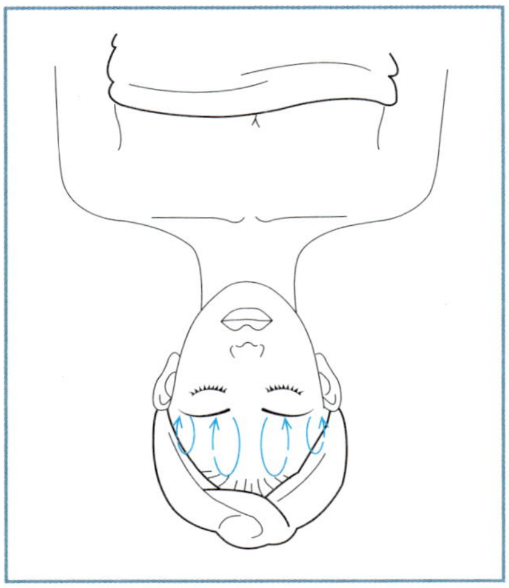

(82) 양 중지를 이용하여 전두근을 중앙에서 바깥쪽으로 이동하면서 위로 쓸어올린다.

이마의 안색을 맑게 하며 전두근에 탄력을 주는 효과가 있다.

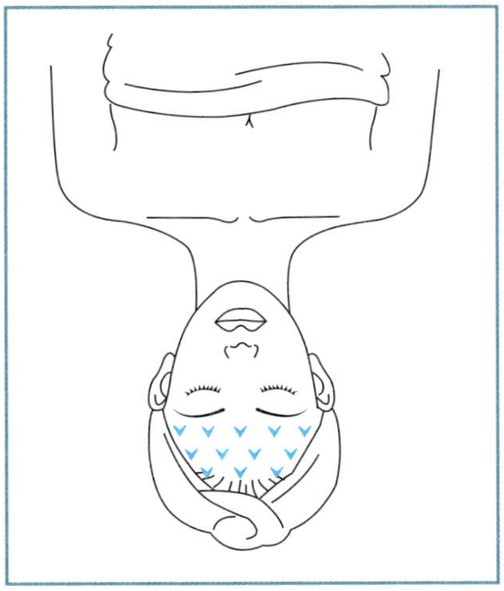

(83) 검지와 중지로 이마를 위로 튕겨주듯 마사지한다.

전두근에 탄력을 주는 효과가 있다.

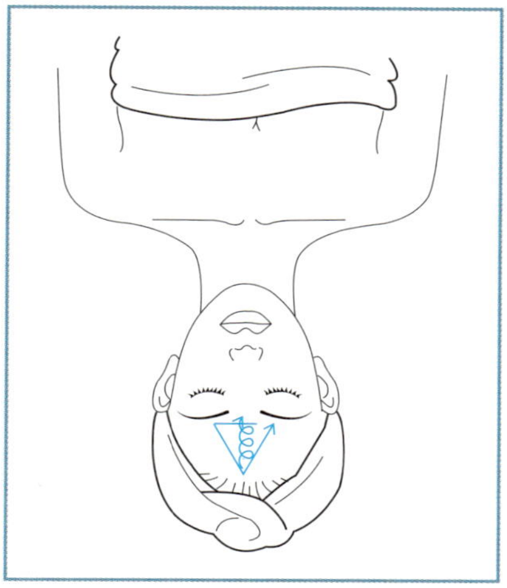

(84) 왼쪽 중지는 고정시키고, 검지로 미간을 펴 주면서 오른쪽 중지로 나선형을 그리며 올라간 후 인당 부위에 압을 준다.

이마의 안색을 맑게 하며 추미근의 주름 완화와 피로회복에 효과가 있다.

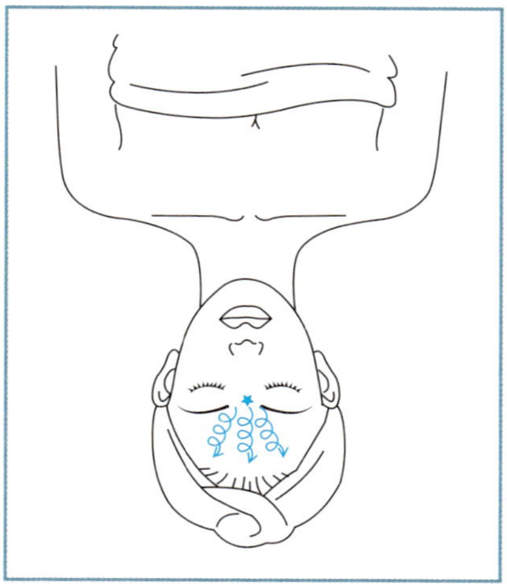

(85) 추미근을 3등분 하여 나선형으로 마사지 한 후 인당 부위에 압을 준다.

추미근의 깊은 주름에 효과가 있다.

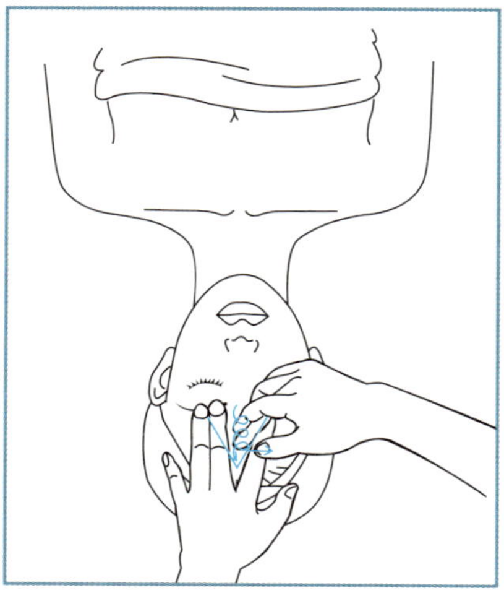

(86) 오른손 중지와 약지로 미간을 나선형을 그리듯 마사지 한다.

추미근의 주름을 완화시키는 효과가 있다.

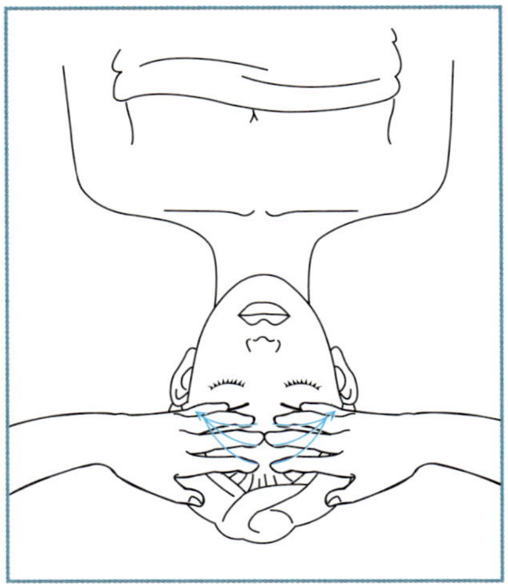

(87) 2, 3, 4지로 서로 마주보면서 이마에 압을 준 후 옆으로 쓸어준다.

이마의 림프 배농을 촉진하여 노폐물 배출에 효과가 있다.

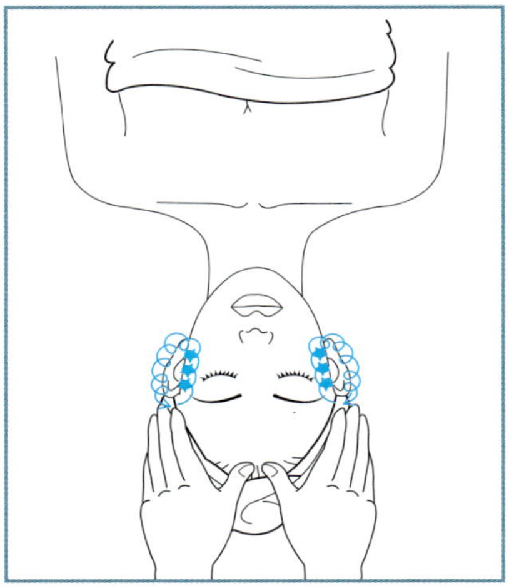

(88) 귀 주위를 나선형을 그리듯 마사지 한 후 이문, 청궁, 청회에 압을 주면서 쓸어준다.

귀 림프절을 자극하여 안면의 노폐물 배출을 도우며 긴장을 완화시키는 효과가 있다.

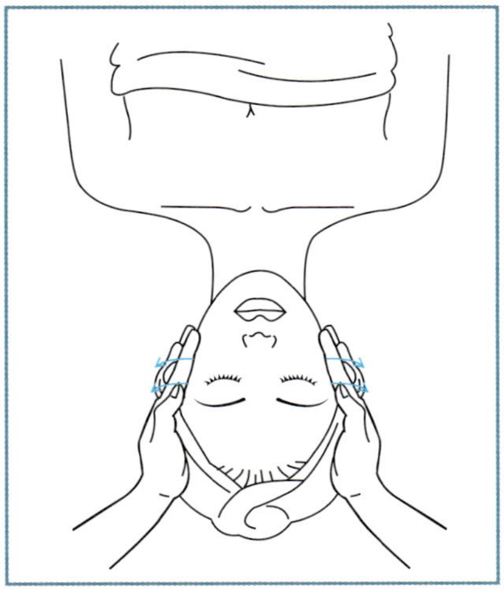

(89) 검지와 중지 사이에 귀를 끼우고 귀바퀴를 밖으로 빼준다.

심리적 안정감을 주며 이명증을 예방하는 효과가 있다.

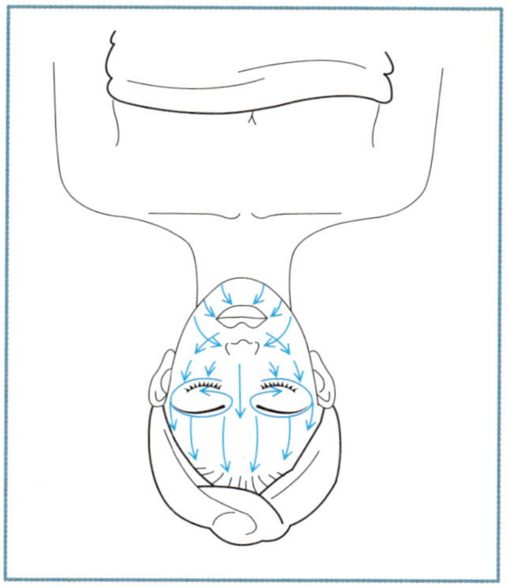

(90) 양 손바닥과 손가락을 이용하여 이근부터 시작하여 하순하제근, 구각하제근, 교근, 소근, 상순거근, 안륜근, 측두근, 비근, 전두근 순으로 쓸어준다.

안면 전체 근육을 리프팅하는데 효과가 있다.

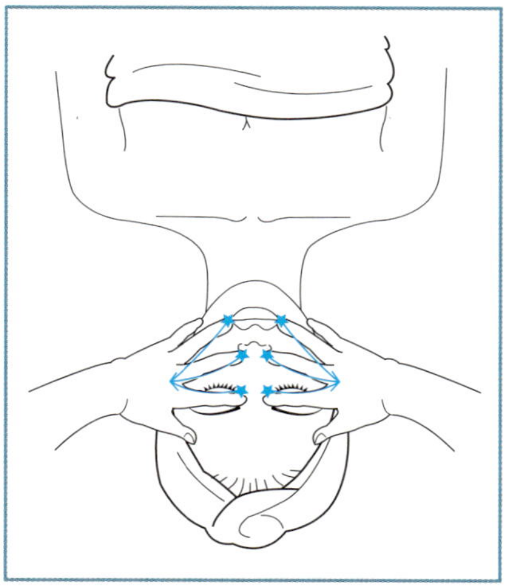

(91) 양 엄지와 중지, 검지로 각각 지창과 영향, 청명에 압을 준다. 그리고 손바닥으로 감싼 후 가볍게 얼굴 외곽쪽으로 쓸어주며 하관에 압을 준다.

안면의 혈액순환을 도우며 림프절을 자극하여 노폐물 배출을 돕는다.

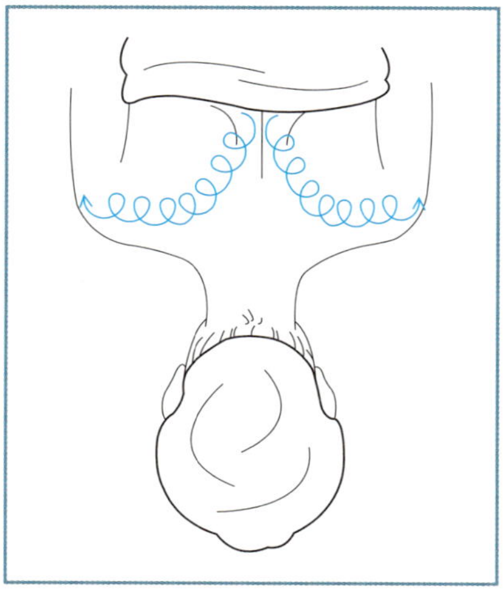

(92) 견갑골 주위를 나선형으로 마사지하고 쓸어준다.

오십견을 예방하고, 견갑골의 노폐물 배출을 돕는다.

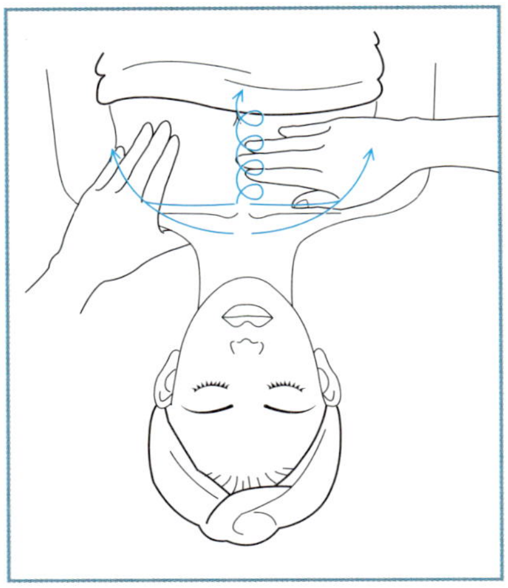

(93) 손끝으로 흉골을 나선형으로 마사지 한 후 엄지와 검지로 쇄골을 쓸어준다.

> 흉선과 쇄골하림프절의 순환을 도우며 긴장을 완화시켜주는 효과가 있다.

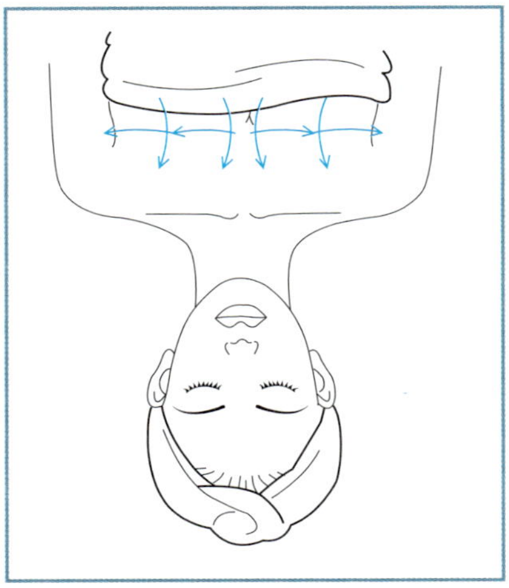

(94) 오른손 바닥으로 가슴 전체를 위로 쓸어 올리면서 왼손바닥으로 옆으로 쓸어준다.

> 가슴 근육 전체의 리프팅 효과와 심리적 안정감을 준다.

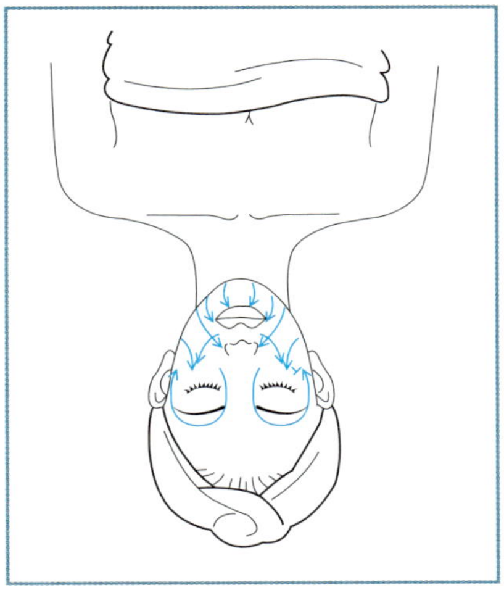

(95) 양 중지와 약지를 이용하여 구륜근을 중심으로 이근, 하순하제근, 구각하제근, 교근, 소근을 쓸어준다. 그리고 상순거근과 비근은 외곽으로 쓸어주며 마사지한다.

> 안면의 근육과 림프절을 자극하여 노폐물 배출을 도우며 탄력을 주는 효과가 있다.

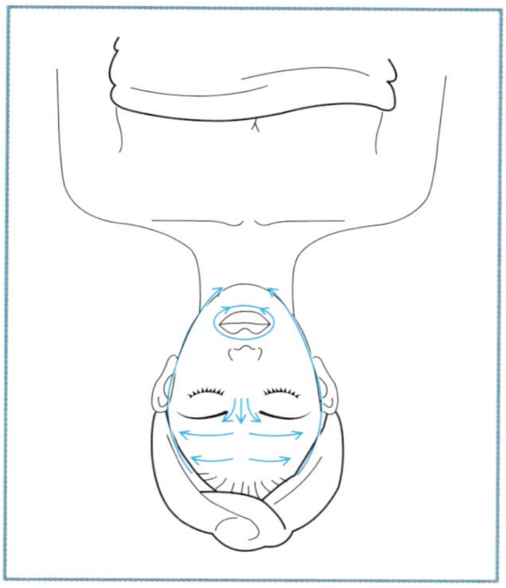

(96) 양 손으로 추미근과 전두근, 얼굴 외곽, 구륜근 악하 쪽으로 쓸어주며 마사지한다.

안면 정맥혈을 자극함으로서 혈액순환을 촉진하는 효과가 있다.

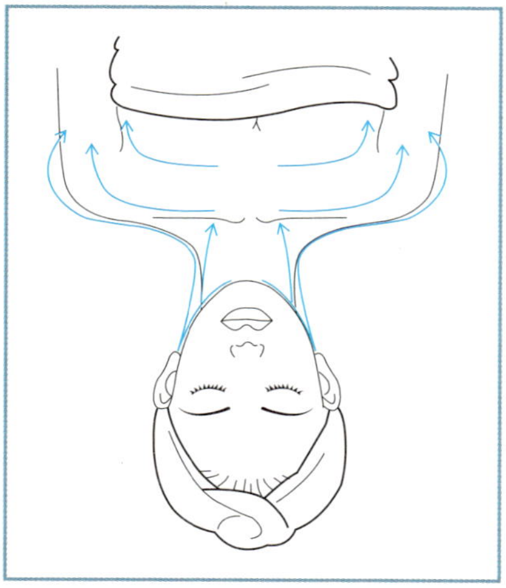

(97) 양 손바닥으로 가슴과 쇄골, 대흉근, 흉쇄유돌근 그리고 상완삼각근을 향해 쓸어내린다.

가슴 전체 근육을 강화하고 긴장을 완화시키는 효과가 있다.

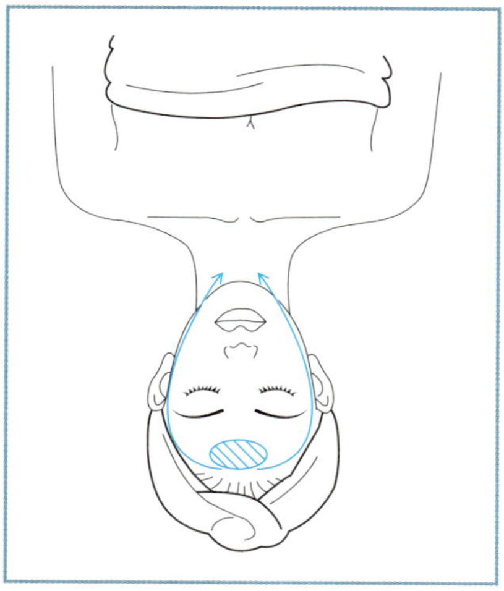

(98) 양 손으로 이마를 가볍게 감싼 후 얼굴 외곽을 향해 쓸어내린다.

안면 근육의 스트레칭으로 피로 회복과 전두근을 이완시켜 안면 노폐물 배설 효과가 있다.

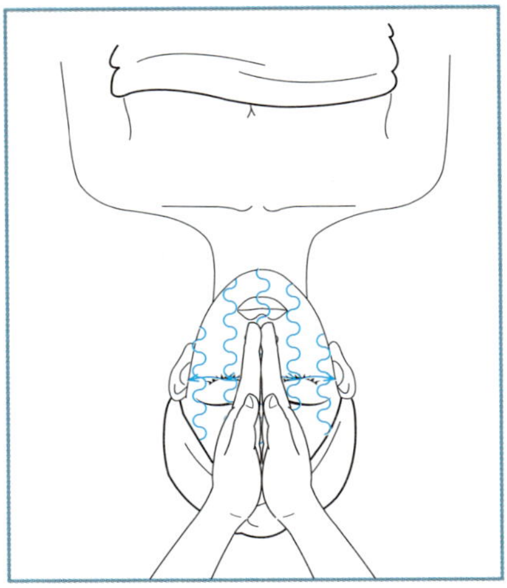

(99) 양 손바닥을 얼굴 중앙에서 외곽으로 펴주면서 전체적으로 흔들기 한다.

얼굴 전체에 탄력을 주는 효과가 있다.

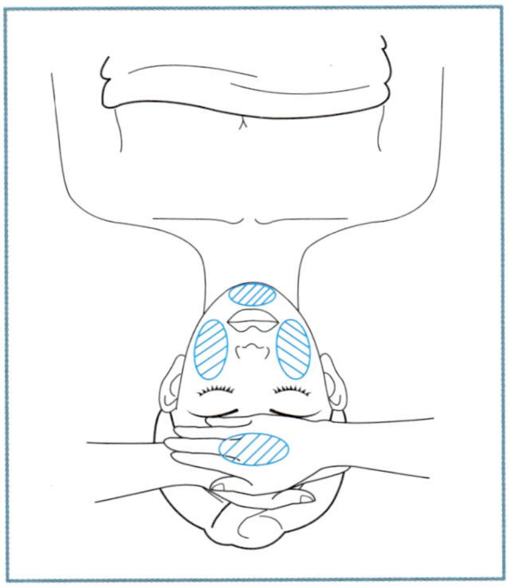

(100) 손바닥을 볼에 밀착시켜 흡입하듯 빼준 후 다시 안으로 모아준다. 그리고 턱과 이마를 눌러준다.

마무리 동작으로 안면 근육의 진정시키는 효과가 있다.

4. 눈 마사지 테크닉

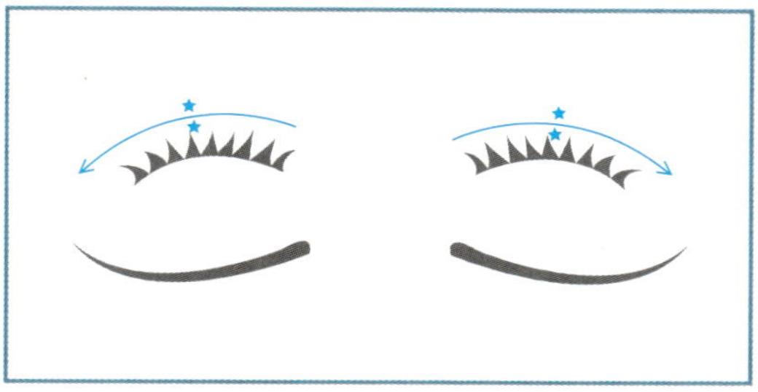

(1) 눈 아래 승읍, 사백을 두 엄지로 압을 준 후 눈 밑 안륜근을 쓸어 올려준다.

눈밑 부종과 눈처짐을 완화시켜 준다.

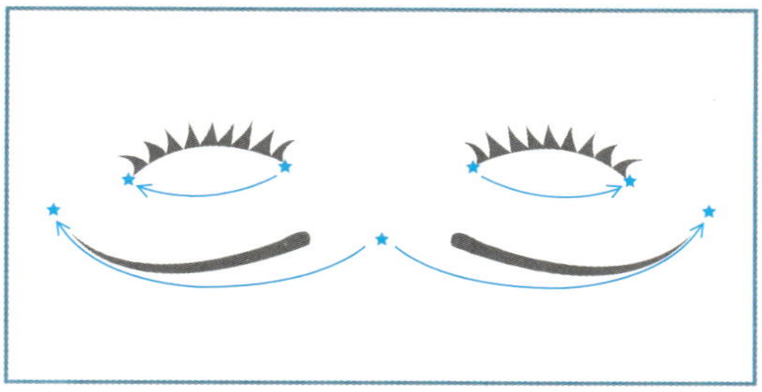

(2) 두 엄지로 정명에서 태양, 인당에서 사죽공 방향으로 압을 준 후 쓸어준다.

시신경을 안정시켜주고, 눈의 피로를 풀어준다.

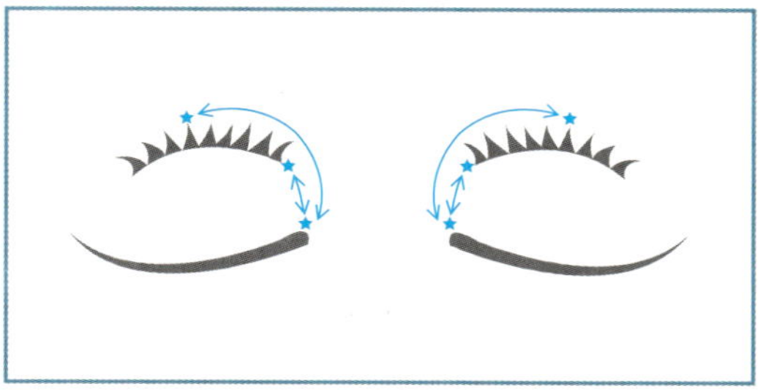

(3) 양 미간을 중지로 정명에서 승읍, 찬죽에서 승읍 방향으로 압을 준 후 쓸어준다.

눈을 맑게 해주고, 다크서클을 예방한다.

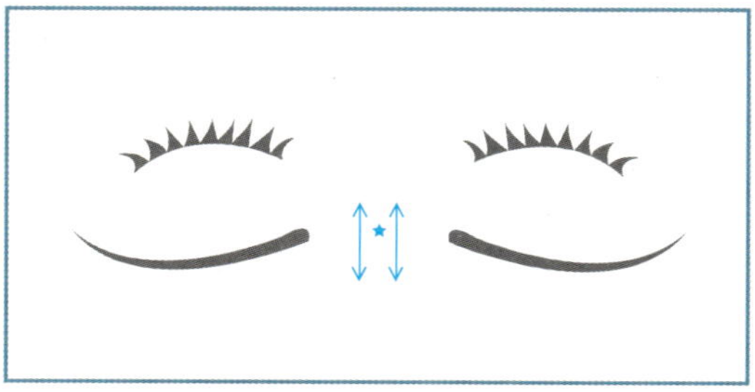

(4) 인당을 압준 후 미간을 중지와 약지로 쓸어 올려준다.

추미근의 가로 주름을 완화시켜주고, 머리를 맑게 해준다.

(5) 미간을 중지로 8자 쓰기한 후 쓸어준다.

추미근의 세로 주름을 완화시켜 주고, 머리를 맑게 해준다.

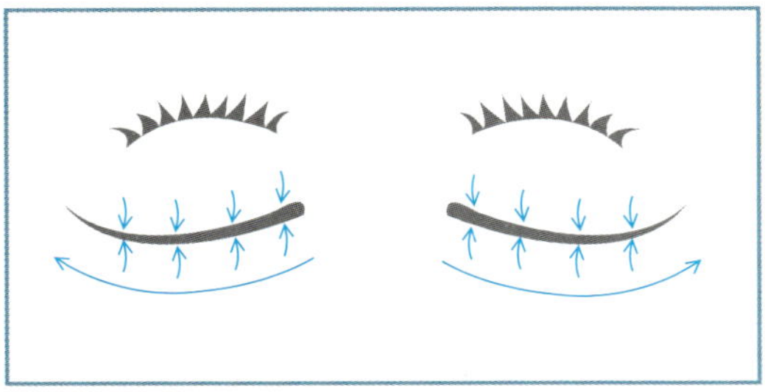

(6) 엄지나 검지로 눈썹 뼈를 옆으로 이동하며 맞잡기 한 후 쓸어준다.

윗 안륜근의 처짐을 예방하고, 시신경을 안정시켜준다.

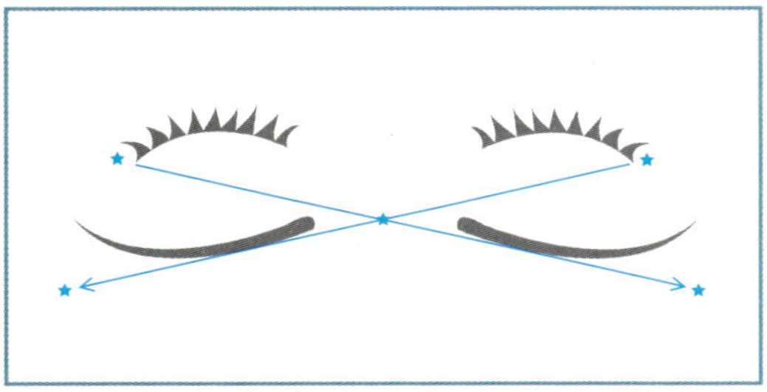

(7) 태양, 인당, 사죽공을 차례대로 압을 준 후, 양쪽 손의 중지로 엇갈려가면서 쓸어준다.

눈꼬리 처짐과 주름을 예방한다.

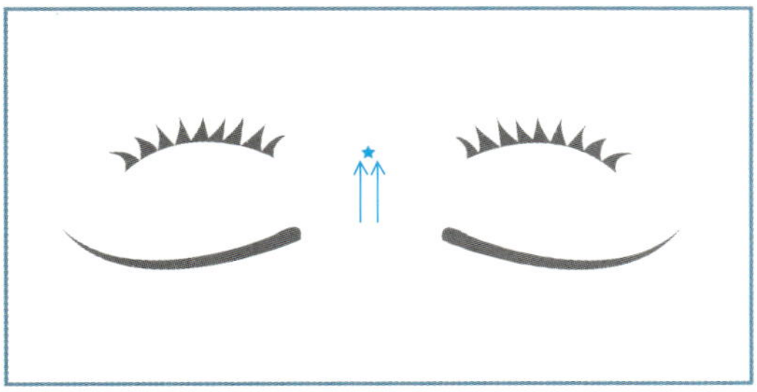

(8) 인당에 압을 주고, 산근을 향해 아래로 쓸어준 후 산근에 압을 준다.

콧머리의 주름 완화 및 머리를 맑게 해준다.

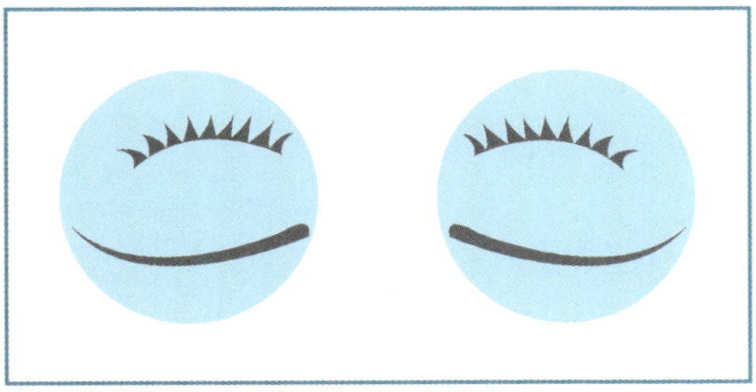

(9) 두 손바닥을 눈에 대고 아래로 가볍게 눌러준 후 옆으로 빼준다.

시신경 안정과 눈의 피로를 풀어준다.

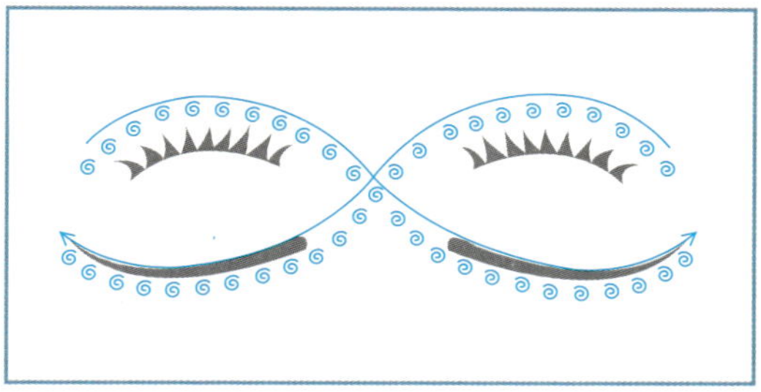

(10) 중지로 오른쪽 눈밑에서 왼쪽 눈위, 왼쪽 눈밑에서 오른쪽 눈위를 향하면서 점찍듯이 러빙한다.

> 안륜근 주름과 시신경 안정에 도움을 준다.

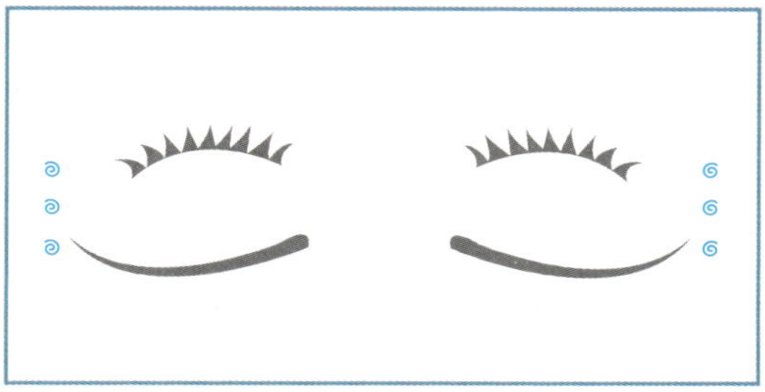

(11) 두 엄지로 관자놀이 부위를 가볍게 눌러주면서 러빙한다.

> 눈꼬리 주름 완화와 편두통을 예방한다.

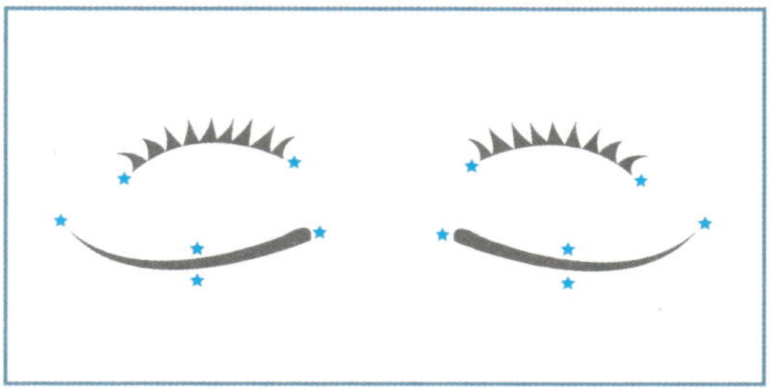

(12) 정명에서 찬죽, 광명, 어요, 사죽공, 동자료순으로 두 엄지로 누르면서 스트레칭한다.

> 눈의 부기와 충혈을 완화시켜주고, 안륜근을 긴장시켜 눈매를 탄력있게 해준다.

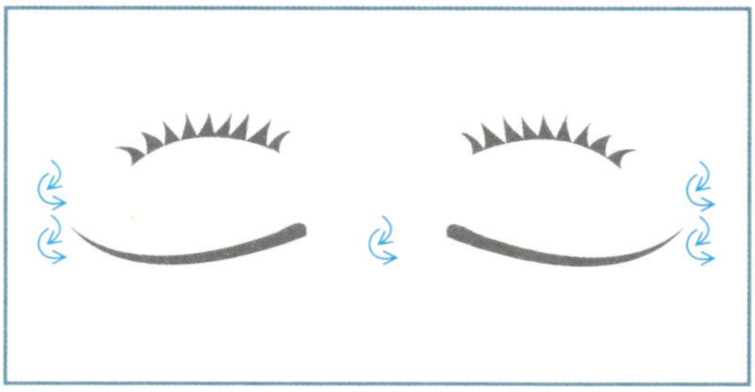

(13) 중지와 약지로 눈꼬리와 양미간을 반원그리기하듯 러빙한다.

> 미간과 눈꼬리의 깊은 주름에 효과적이다.

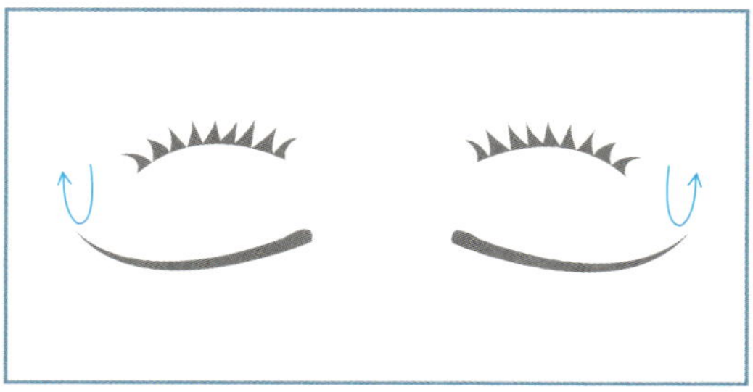

(14) 중지로 측두근을 쓸어올렸다 내려가면서 가볍게 터치한다.

> 눈꼬리의 처짐을 예방한다.

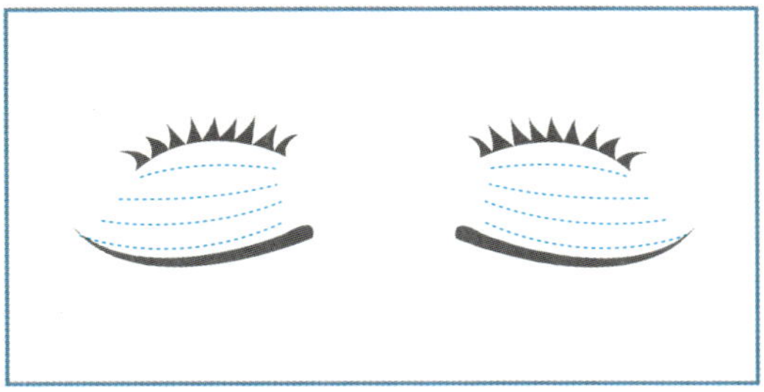

(15) 검지와 중지로 눈두덩이를 가볍게 두드린다.

안륜근을 긴장시켜 주름을 예방한다.

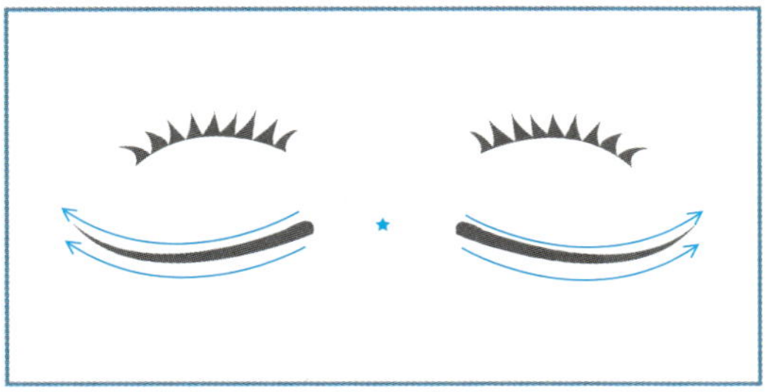

(16) 두 엄지로 인당에 압을 준 후 눈썹을 쓸어준다.

눈을 맑게 해주고, 눈의 피로를 풀어준다.

5. 팔 마사지

1) 경혈도

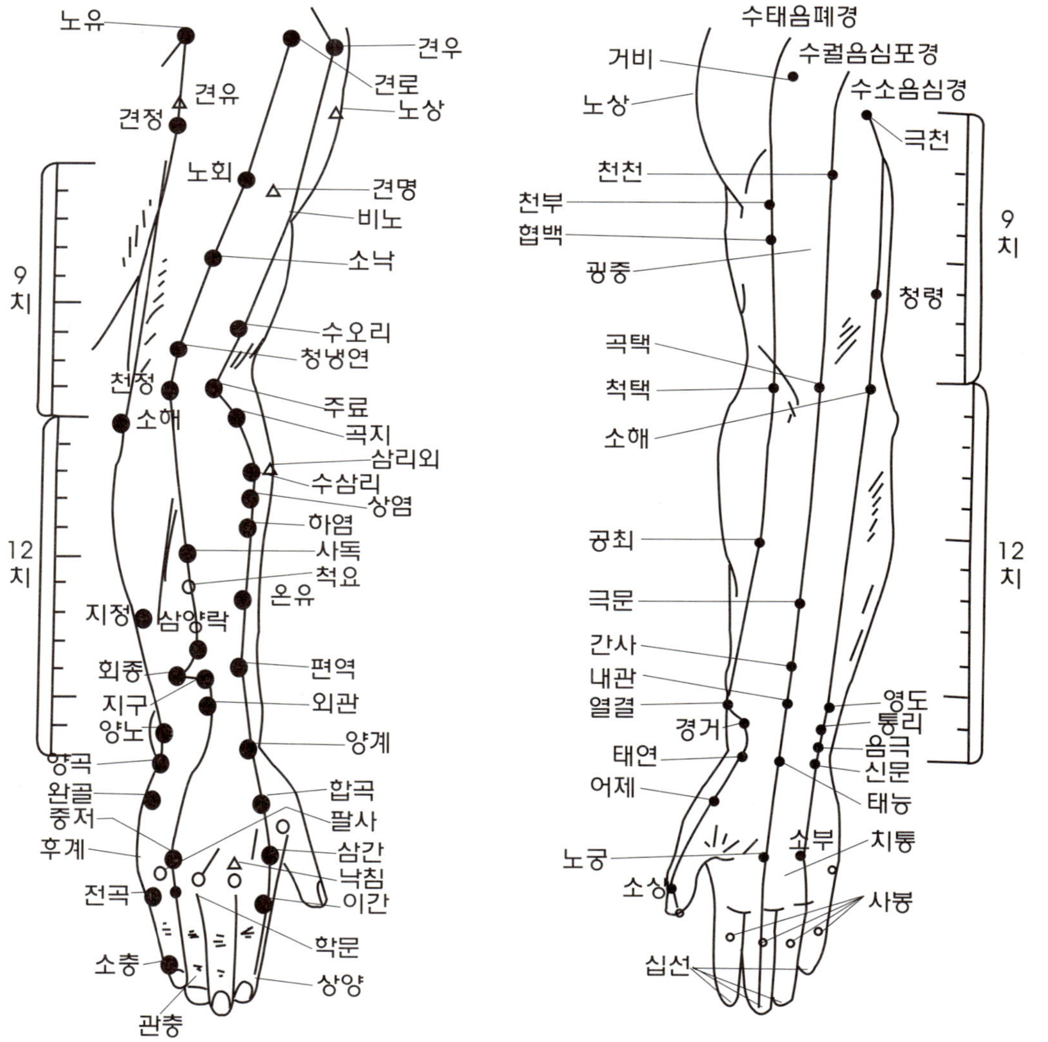
노유
견우
견로
견유
견정
노상
노회
견명
비노
소낙
9
치
수오리
청냉연
천정
주료
소해
곡지
삼리외
수삼리
상염
하염
사독
척요
12
치
온유
지정
삼양락
회종
편역
지구
외관
양노
양계
양곡
완골
합곡
중저
팔사
후계
삼간
낙침
전곡
이간
학문
소충
상양
관충
수태음폐경
거비
수궐음심포경
노상
수소음심경
극천
천천
천부
협백
9
치
굉중
청령
곡택
척택
소해
공최
12
치
극문
간사
내관
열결
영도
경거
통리
음극
태연
신문
어제
태능
노궁
소부
치통
소상
사봉
십선

2) 팔 근육도

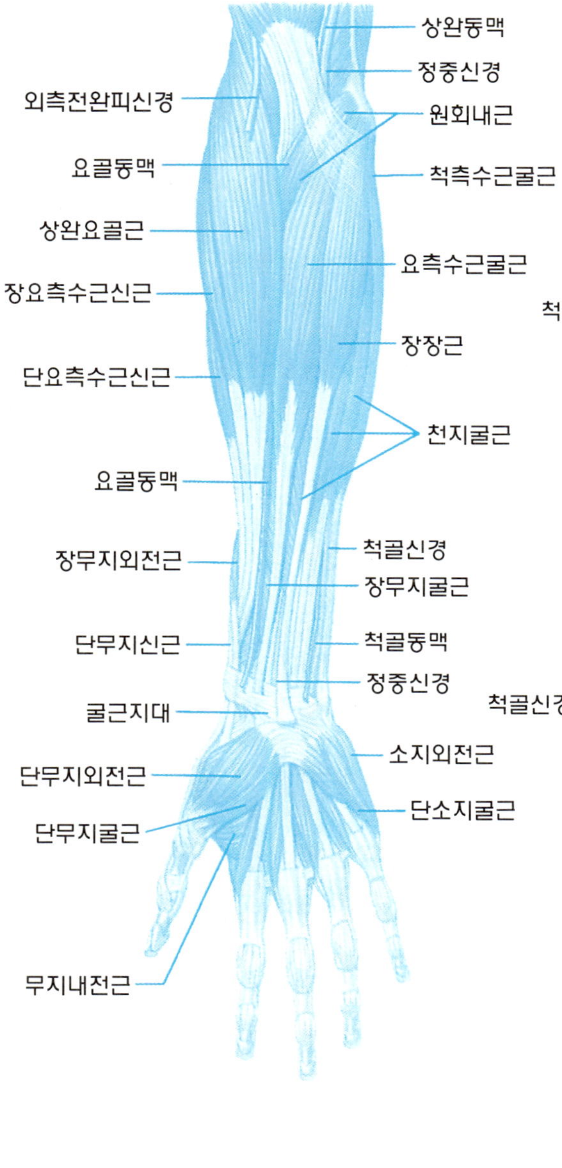
상완동맥
정중신경
외측전완피신경
원회내근
요골동맥
척측수근굴근
상완요골근
요측수근굴근
장요측수근신근
장장근
단요측수근신근
천지굴근
요골동맥
척골신경
장무지외전근
장무지굴근
단무지신근
척골동맥
정중신경
굴근지대
소지외전근
단무지외전근
단소지굴근
단무지굴근
무지내전근

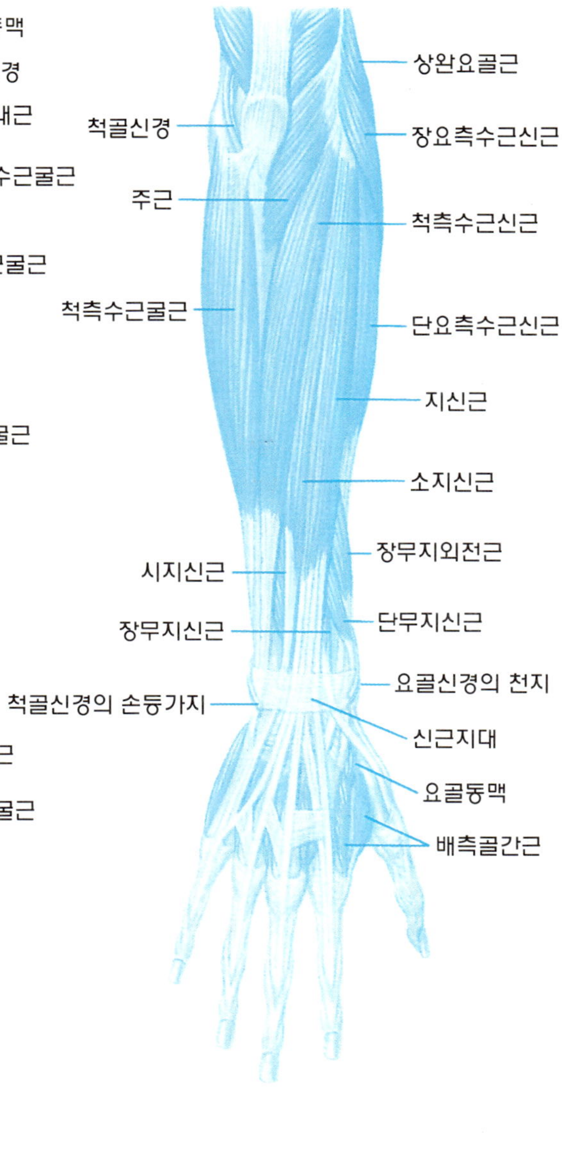
상완요골근
척골신경
장요측수근신근
주근
척측수근신근
척측수근굴근
단요측수근신근
지신근
소지신근
장무지외전근
시지신근
단무지신근
장무지신근
요골신경의 천지
척골신경의 손등가지
신근지대
요골동맥
배측골간근

3) 팔 마사지 테크닉

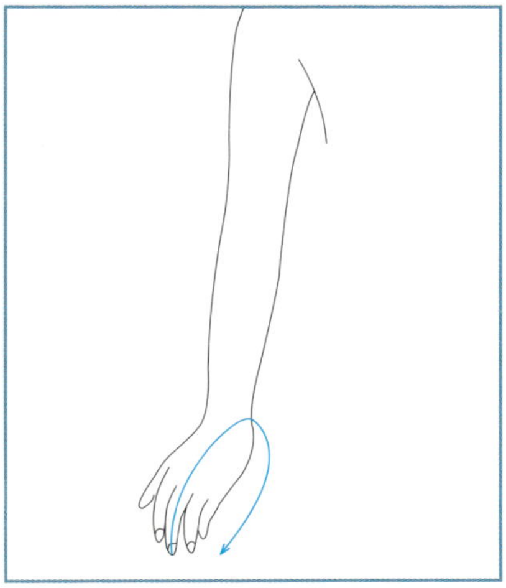

(1) 크림을 도포 후 마사지 준비단계로 손등은 위로 손바닥은 아래로 가볍게 쓸어주며 고객과 교감을 갖는다.

손과 팔 근육을 이완시킨다.

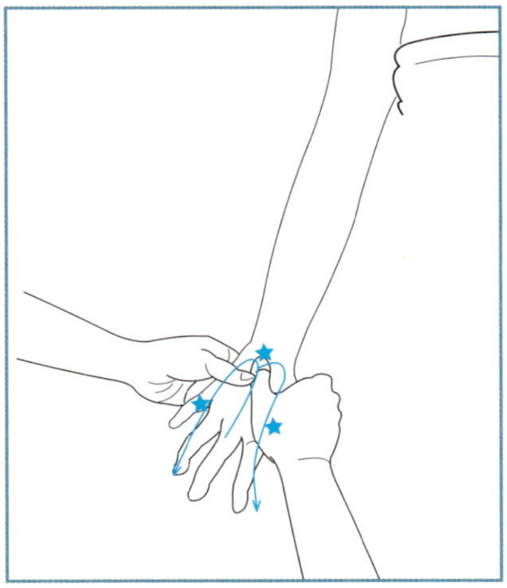

(2) 양 엄지로 외관, 합곡, 중리를 압주고, 손등 가운데서 외곽으로 쓸어준다.

말초 혈관의 흐름을 원활히 해주어 가동성 관절을 유연하게 하여 손끝 저림과 손가락 마비를 방지하는 효과가 있다.

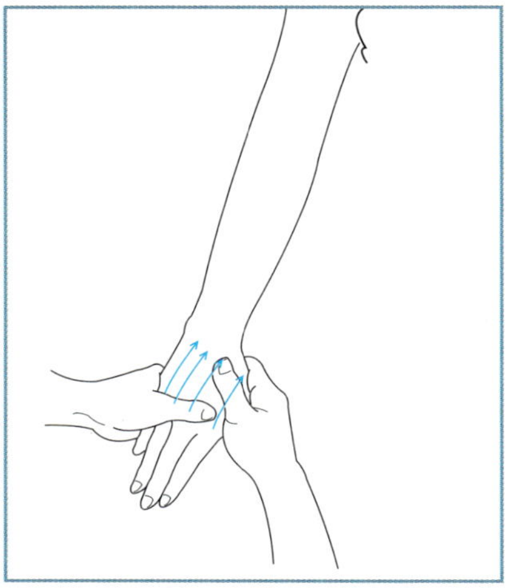

(3) 엄지로 수근골 사이를 위로 쓸어준다.

> 혈액과 림프순환을 도우므로 손등의 부기 완화에 효과가 있다.

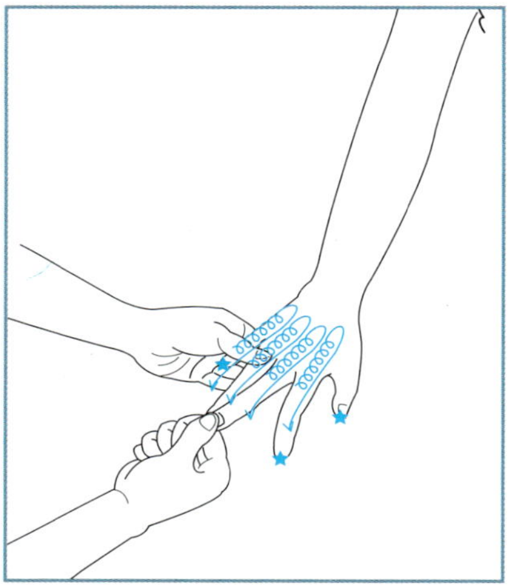

(4) 엄지로 수근골을 나선형을 그리며 손끝까지 내려온 후 각각의 손가락 끝부위(소상, 상양, 중충, 소충, 소택)에 압을 준다.

> 혈액순환과 피로회복에 효과가 있어 손 저림을 예방하며 손바닥과 손등의 근육과 인대의 유연성을 돕는다.

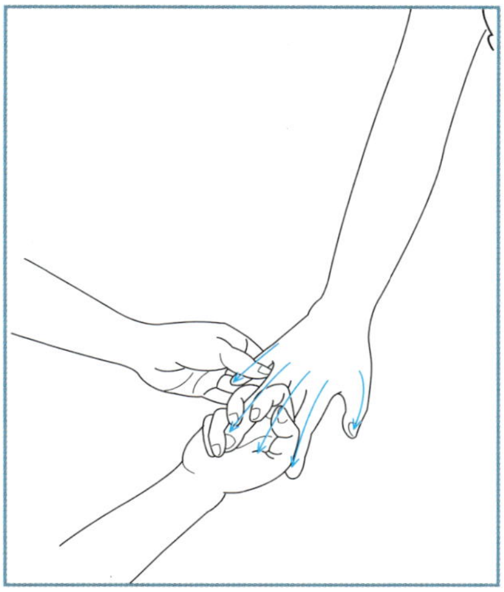

(5) 손가락 하나하나를 중지와 검지 사이에 끼워 아래·위·옆으로 쓸어준 후 손가락 끝부분으로 가볍게 튕기듯 당기면서 빼준다.

> 손가락은 수근골로 이루어져 있으며 모세혈관이 많이 모여 있다. 이 동작은 손가락 근육과 관절을 자극시켜 손끝까지의 혈액순환을 도우며, 손가락 라인을 잡아주는 효과가 있다.

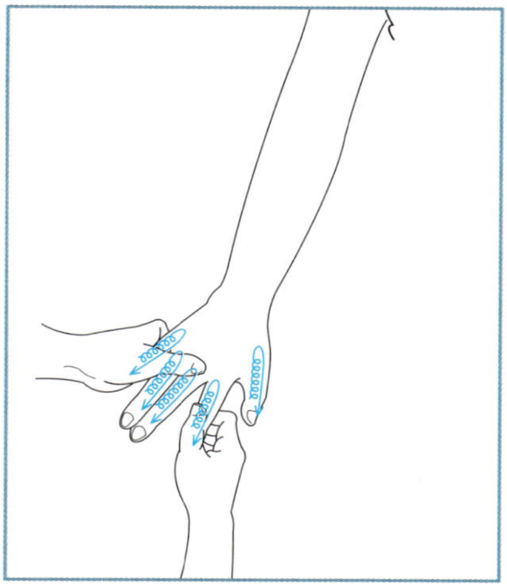

(6) 손가락 하나하나를 엄지와 검지 맞잡고, 나선형을 그리며 마사지하고 손톱의 반월 부위에 가볍게 압을 준다.

손가락의 혈액순환을 도우며 머리를 맑게 해 주는 효과가 있다.

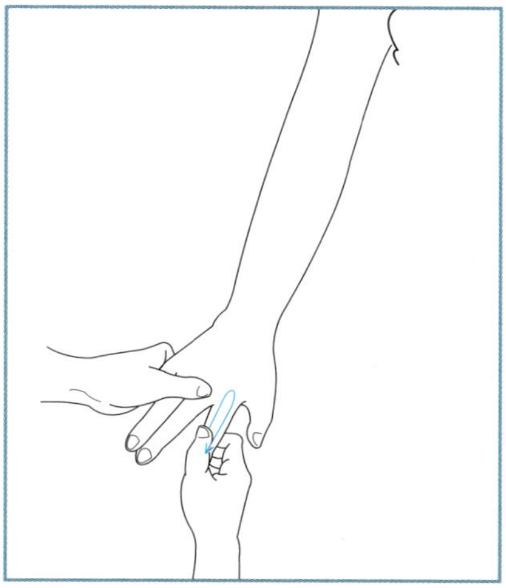

(7) 각 손가락 관절 부위를 엄지와 검지로 압을 주며 올라간 후 쓸어내린다.

손끝까지의 혈액순환을 도와 관절기능을 원활하게 돕는 효과가 있다.

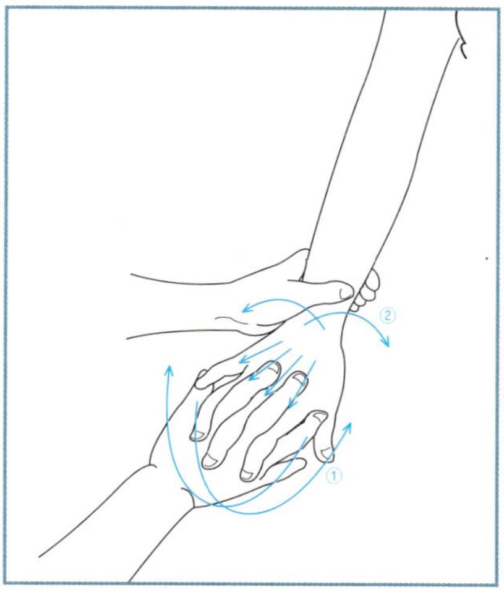

(8) ① 고객과 관리사의 손가락을 맞잡아 깍지를 끼우고 손목을 좌·우로 각 3회 돌린다.
② 손가락으로 손등 전체를 훑어준 후 손가락을 뒤로 젖혀 가볍게 빼면서 돌려준다.

손가락의 유연성과 긴장감 완화 및 부기제거 효과가 있다.

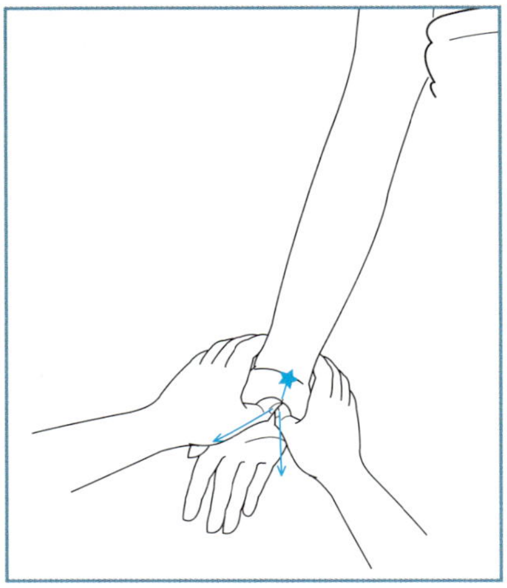

(9) 양 엄지로 내관과 태능을 지긋이 압주면서 모지구와 소지구를 쓸어준다.

손바닥의 지방층이 두꺼울 경우 손저림이나 치매의 위험이 있는데 이 동작이 효과적이다. 또한 심리적 안정감을 주며 손끝저림과 비만, 딸국질 등에 효과가 있다. 그리고 두뇌와 연결된 혈점이므로 치매예방과 기억력 회복에도 좋은 동작이다.

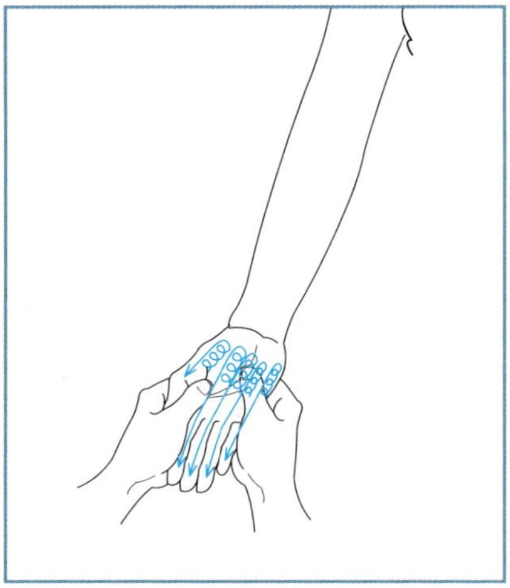

(10) 손바닥을 엄지로 나선형을 그린 후 쓸어준다.

조바심을 해결해 주고 금연 고객에게 도움을 준다. 그리고 수장 임파총을 자극하므로 피로회복 및 불안하고 초초할 때 효과가 있다.

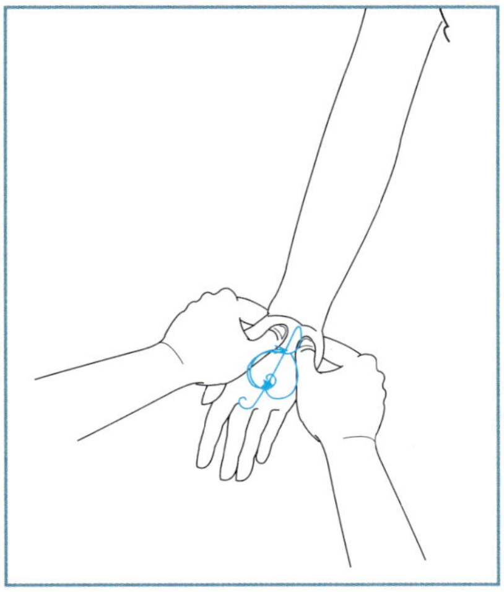

(11) 고객의 팔꿈치를 세우고 손바닥을 펴서 엄지로 노궁 압을 준다. 그리고 손바닥에 높은음자리표나 하트 2개를 그리는 방법으로 전체를 훑어 내관까지 올라가 노궁을 향해 다시 내려오면서 엄지와 새끼 손가락쪽으로 빼준다.

무지내 피로회복 및 두뇌를 자극하므로 치매예방과 기억력에 좋은 동작이다.

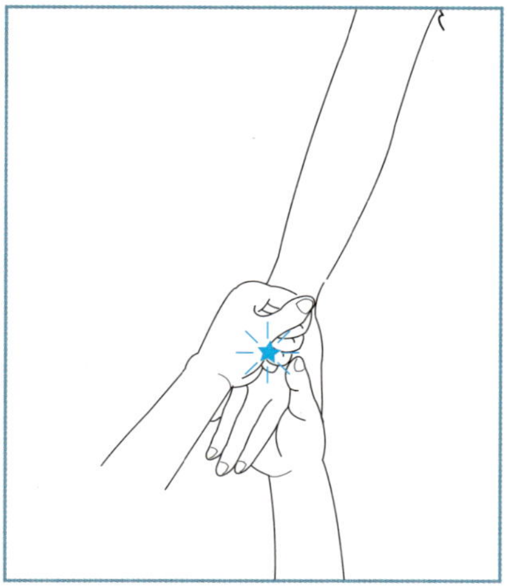

(12) 악수하듯 손을 잡고 손등과 손바닥을 주먹으로 가볍게 톡톡 쳐준다. 이때 시술자와 고객 손바닥의 노궁과 노궁을 맞추고 고객의 손이 위로 가게 한 상태에서 가볍게 때리듯 마사지한다.

> 두뇌와 연결된 혈점을 자극하므로 뇌기능을 향상시키는 효과가 있다.

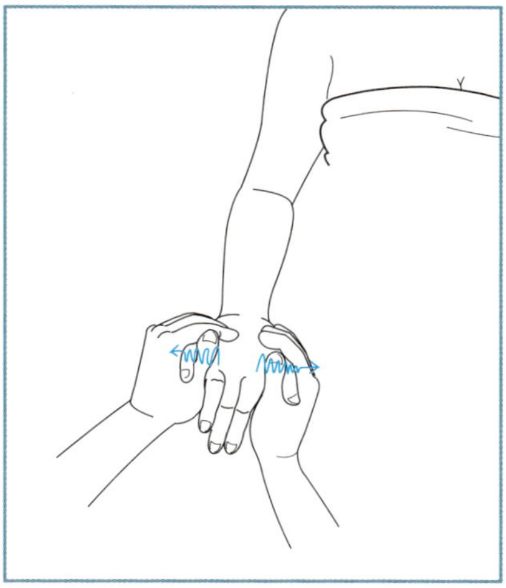

(13) 고객의 팔꿈치를 세우고 양손으로 깍지 끼고 손을 비비듯 흔들어준다.

> 손이 차가울 때 효과적이고, 손끝의 말초현관의 순환을 촉진시켜 관절의 유연에 도움이 된다.

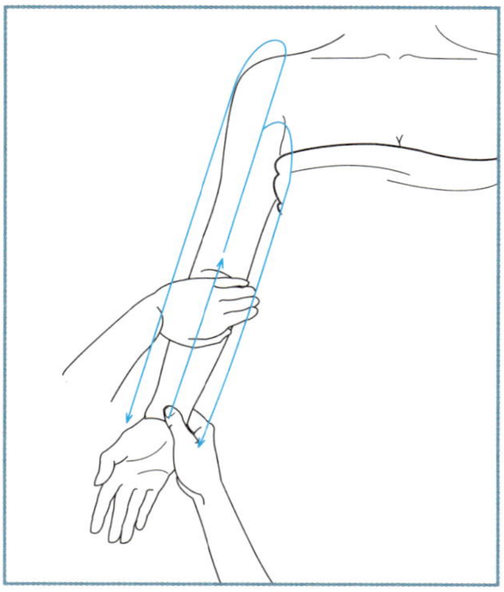

(14) 요골과 척골 사이에 손바닥을 밀착시키고 한손씩 교대로 승모근까지 쓸어준다.

> 순환을 도와 젖산과 노폐물을 제거하며 팔근육을 이완시키는 효과가 있다. 이와 같이 근육을 풀어주는 릴렉스 동작은 지방분해에도 도움이 된다.

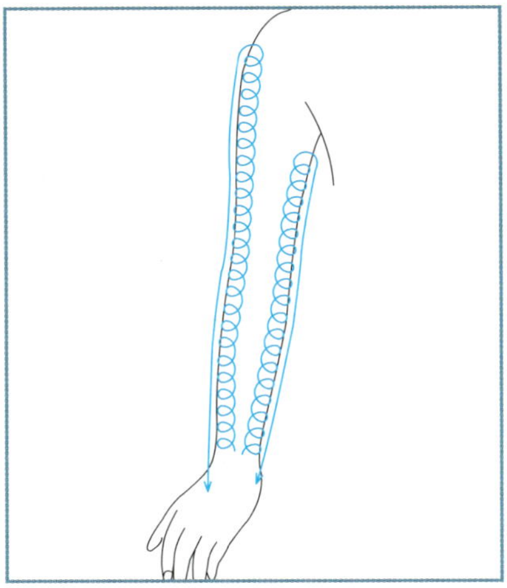

(15) 엄지와 사지를 이용하여 팔의 안과 밖 전체를 교대로 나선형을 그리며 올라간 후 쓰다듬으면서 내려온다.

팔 근육에 탄력을 주며, 노폐물 배설과 피로회복에 효과가 있다.

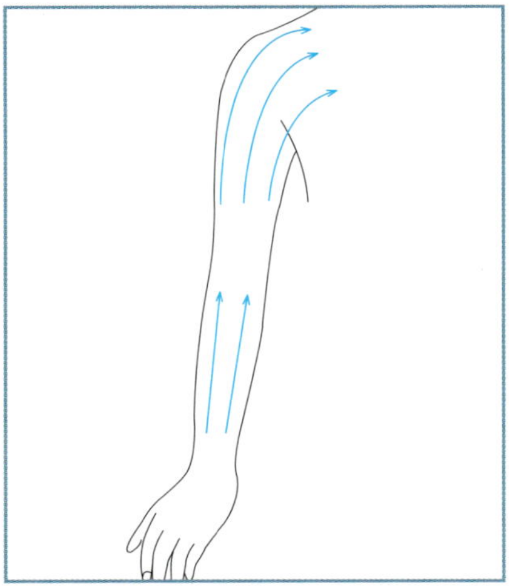

(16) 신근, 굴근, 원회 내·외근을 먼저 쓸어주고, 삼각근, 상완 이두근, 상완 삼두근을 쓸어준다.

삼각근의 근육통에, 상완 이두근은 젖산제거에 상완 삼두근은 림프순환에 효과가 있으므로팔의 피로회복에 도움을 주어 팔을 많이 사용하는 사람에게 좋은 동작이다.

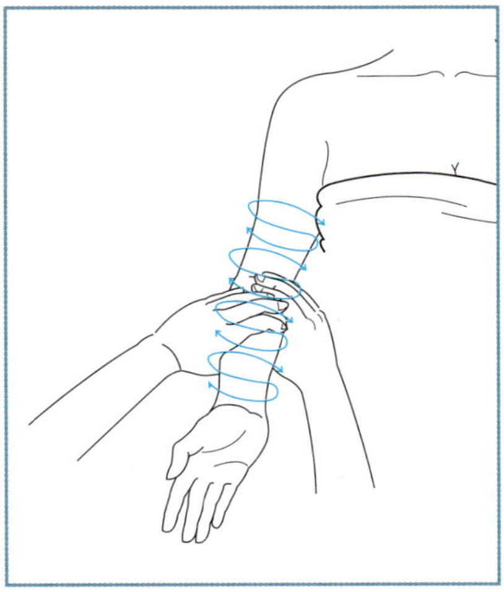

(17) 양손으로 팔을 가볍게 잡고 손목부터 팔꿈치까지 비벼준다.

강직된 근육을 풀어주어, 젖산을 제거하여 팔 근육의 긴장을 풀어주는 효과가 있다.

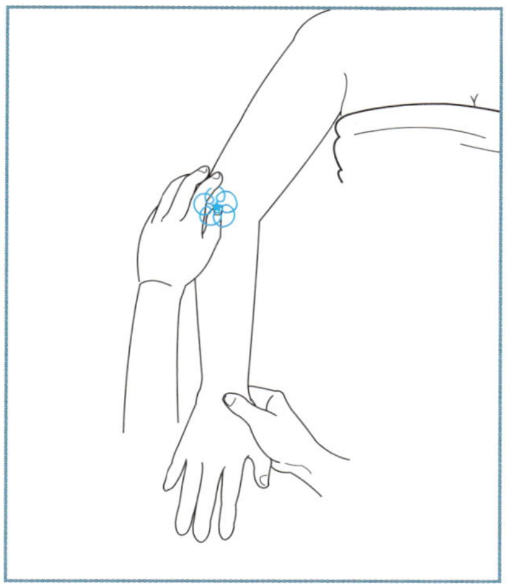

(18) 엄지로 곡지에 압을 준 후 네 손가락으로 소해와 곡지에 압을 주고 팔꿈치의 뒷부분을 나선형으로 세심하게 마사지한다.

팔 저림이나 손끝 저림을 완화시켜주며 각질을 유연하게 하는 효과가 있다.

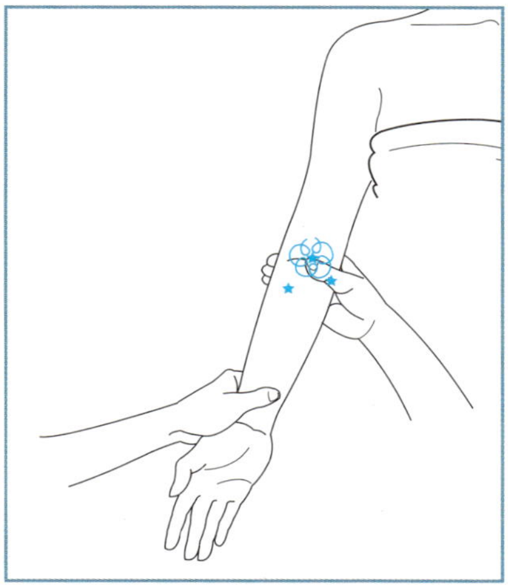

(19) 팔 안쪽의 척택, 곡택과 소해 부위를 지긋이 압을 주며 사지로 나선형으로 공최까지 마사지한다.

팔꿈치의 통증을 완화시키고 주 림프절의 순환을 돕는 효과가 있다.

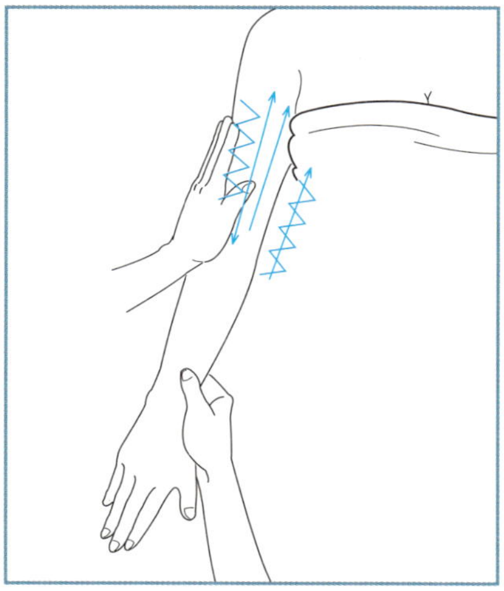

(20) 상완근의 뒷부분에 손바닥을 밀착시켜 맞잡고 엄지와 사지로 쓰다듬으며 올라갔다가 다시 내려온다.

상완의 피로회복과 지방분해효과 및 탄력 증가에 효과가 있다.

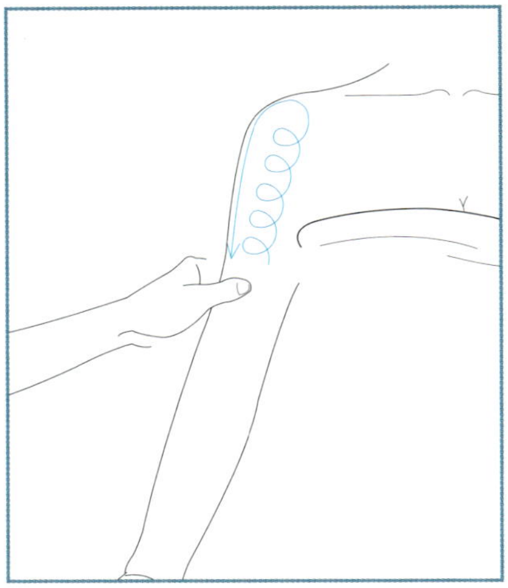

(21) 상완근의 바깥쪽을 손바닥의 도톰한(모지구와 소지구)부위로 나선형을 그리며 올라간 후 쓰다듬으며 내려온다.

팔뚝의 노폐물을 배출시키고, 라인을 잡아준다.

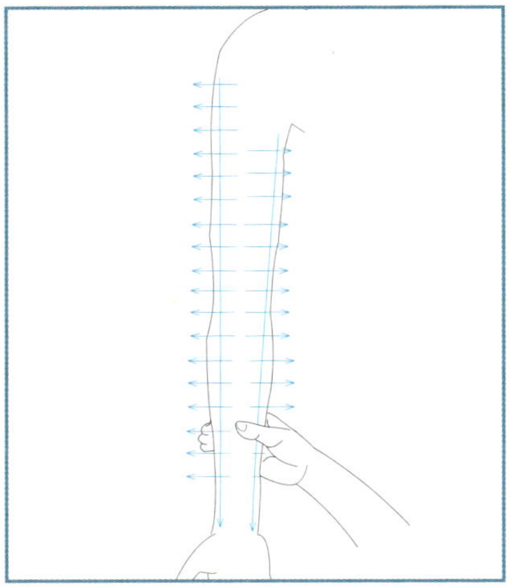

(22) 엄지와 사지로 팔의 안과 밖을 맞잡아 교대로 쓸어내려준다.

팔 저림이나 피로도를 풀어준다.

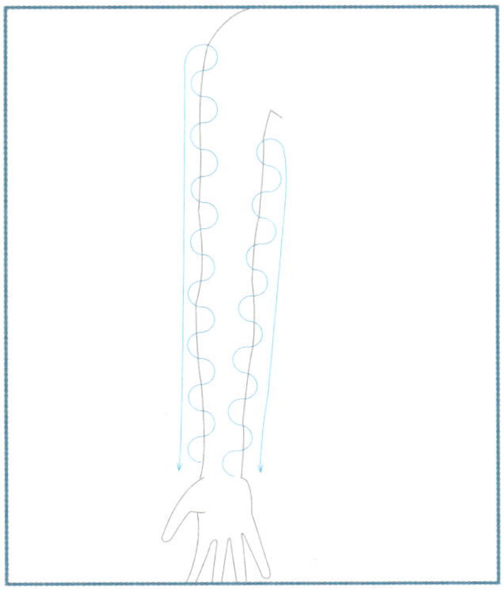

(23) 양손으로 팔을 잡고 동시에 또는 한손씩 교대로 vibration 하면서 올라갔다가 쓰다듬듯이 내려온다.

팔의 탄력과 유연에 효과가 있다.

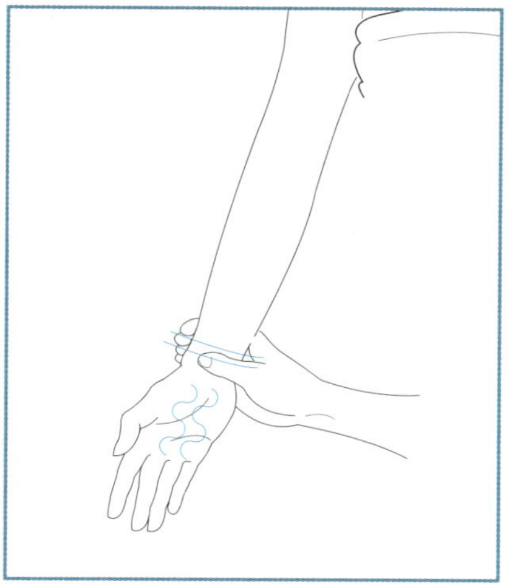

(24) 손목의 내·외관을 가볍게 잡고 손을 흔들어 준다.

손목 관절을 유연하게 해준다.

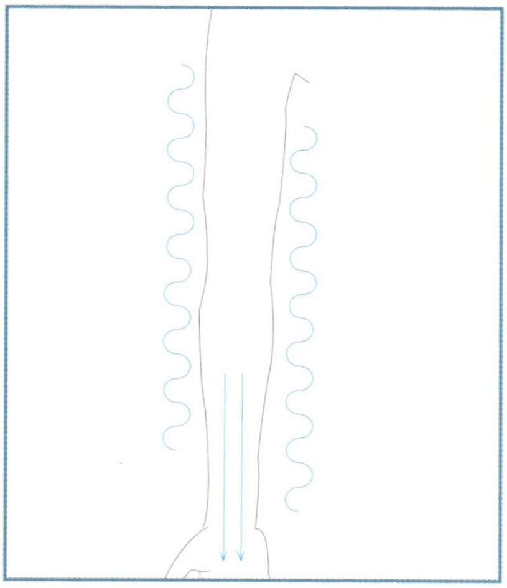

(25) 양손으로 손목을 잡고 시술자 방향으로 팔을 당기면서 가볍게 털어준다.

팔의 근육을 이완시키는 효과가 있으나, 노약자에게는 주의해서 실행한다.

6. 가슴 마사지 테크닉

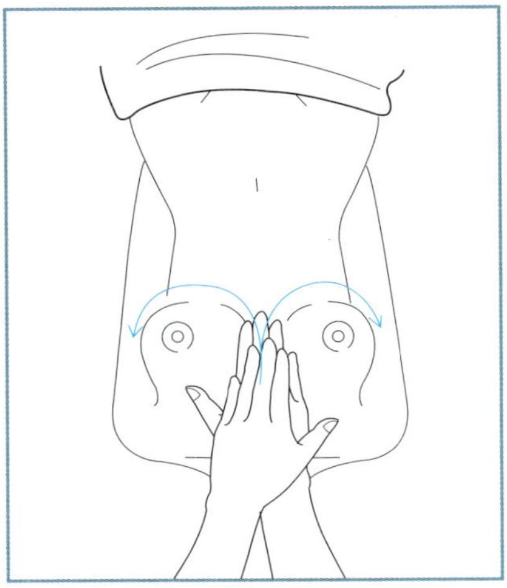

(1) 양손을 포개어 가슴 위에서 밑으로 액와 쪽으로 둥글리듯 좌・우 가슴을 올리면서 쓸어준다.

마사지 준비 자세로 림프절에 모여 있는 림프액을 액와로 보내주는 유선 임파층을 클렌징 하는 동작이다. 운동 전에 하면 좋은 동작으로 피부에 탄력을 준다.

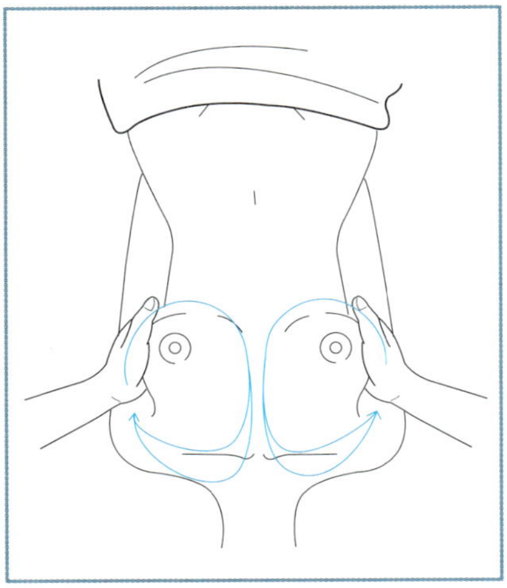

(2) 위와 반대로 액와에서 가슴 밑, 쇄골을 지나 쓸어준다. 이때 쇄골의 안과 밖을 쓸어준 후 쇄골 안쪽으로 림프액을 모아 유선의 림프선을 긴장시켜 준다.

수유 전・후, 헬스나 운동 후 하면 좋은 동작이다.

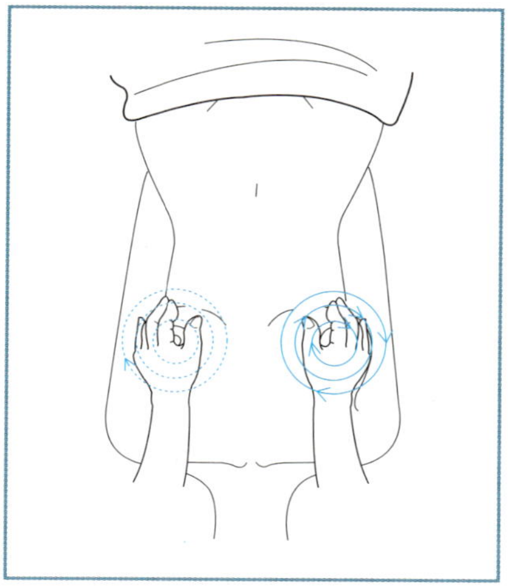

(3) 엄지와 사지로 가슴에 밀착시켜 집어가면서 밖에서 안쪽으로 밀어주며 유선을 자극해 준다.

> 가슴에 멍울이 잡힐 경우에는 마사지를 중단한다.

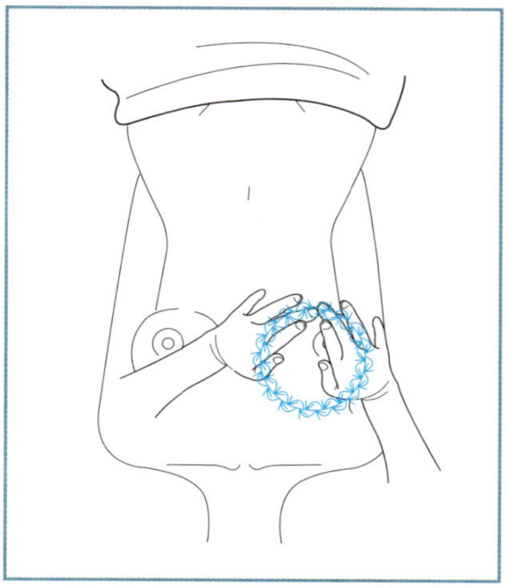

(4) 양 중지를 이용하여 한쪽 가슴씩 반죽하기 동작으로 마사지한다.

> 강도있는 동작으로 가슴의 노폐물 제거 효과가 있으며 유방암 자가진단을 위해 적용 가능한 동작이다.

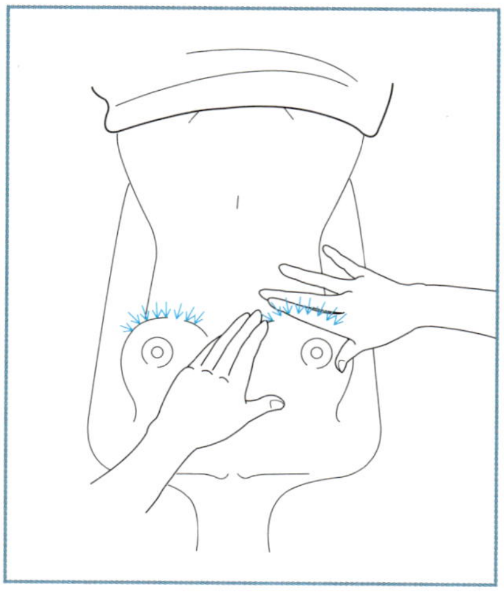

(5) 사지를 이용하여 가슴 밑, 가슴 옆 부분을 쓸어 올리듯 롤링해준다.

> 처진 가슴을 올려주는 효과가 있다.

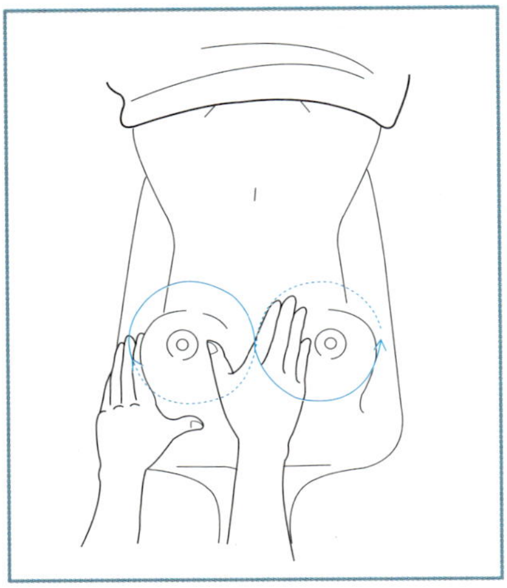

(6) 양 손바닥으로 한쪽 가슴 밑에서 다른 쪽 가슴 위로 팔자를 그리듯 쓸어준다.
오른쪽에서 왼쪽으로, 왼쪽에서 오른쪽으로 액와와 가슴둘레 그리고 쇄골을 지나 다시 액와 쪽으로 쓸어준다.

이때 독소 배출이 잘 되지 않거나 맞지 않는 브래지어를 착용하였을 경우 액와 부위가 튀어나왔을 경우 효과적인 마사지다.

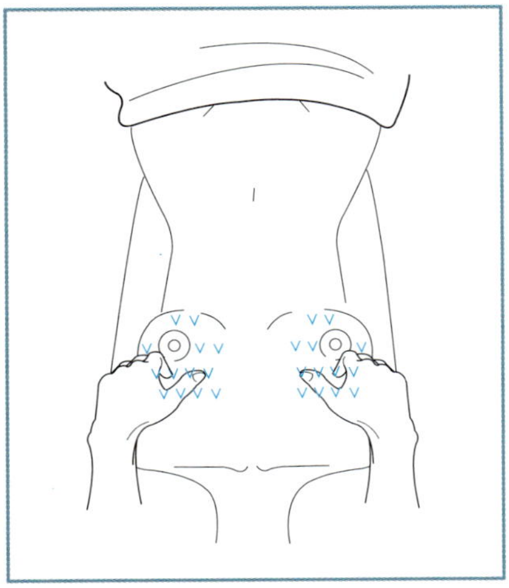

(7) 엄지와 검지를 이용하여 가슴둘레를 가볍게 위로 튕기듯 잡아올린다.

가슴을 긴장형으로 탄력있게 만들어 준다.

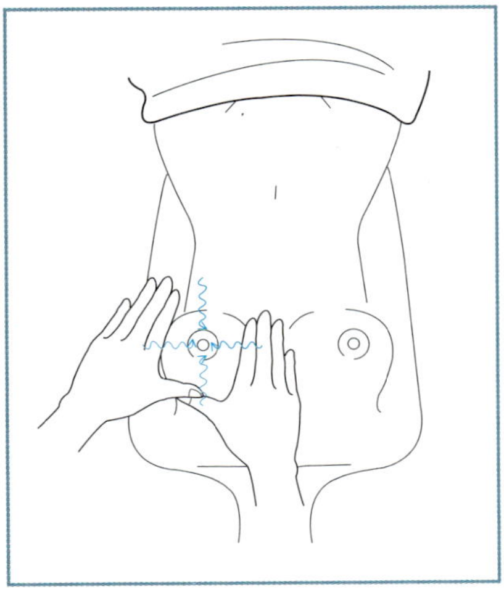

(8) 양 손으로 가슴둘레를 잡고 열십자 방향으로 vibration 해 준다.

복부와 등의 지방을 가슴 쪽으로 옮기듯 모양을 잡아주는 효과가 있다.

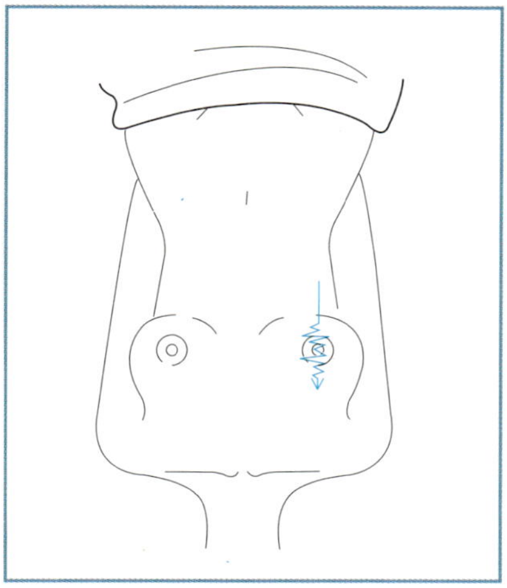

(9) 모지구를 늑골에 밀착시킨 후 손바닥으로 가슴 위의 방향으로 vibration 해 준다.

긴장완화 효과가 있다.

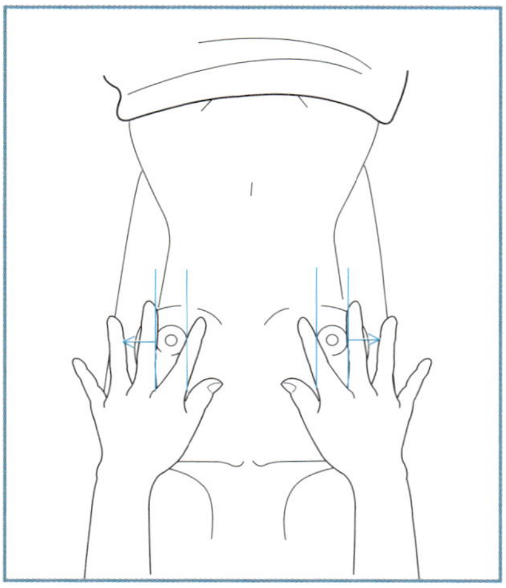

(10) 양손으로 가슴을 감싸고 검지와 중지 사이에 유두를 끼운 후 밖으로 빼준다.

가슴의 모양을 잡아주고 함몰된 유두를 빼주는 효과가 있다.

7. 복부 마사지

1) 복부 경혈도

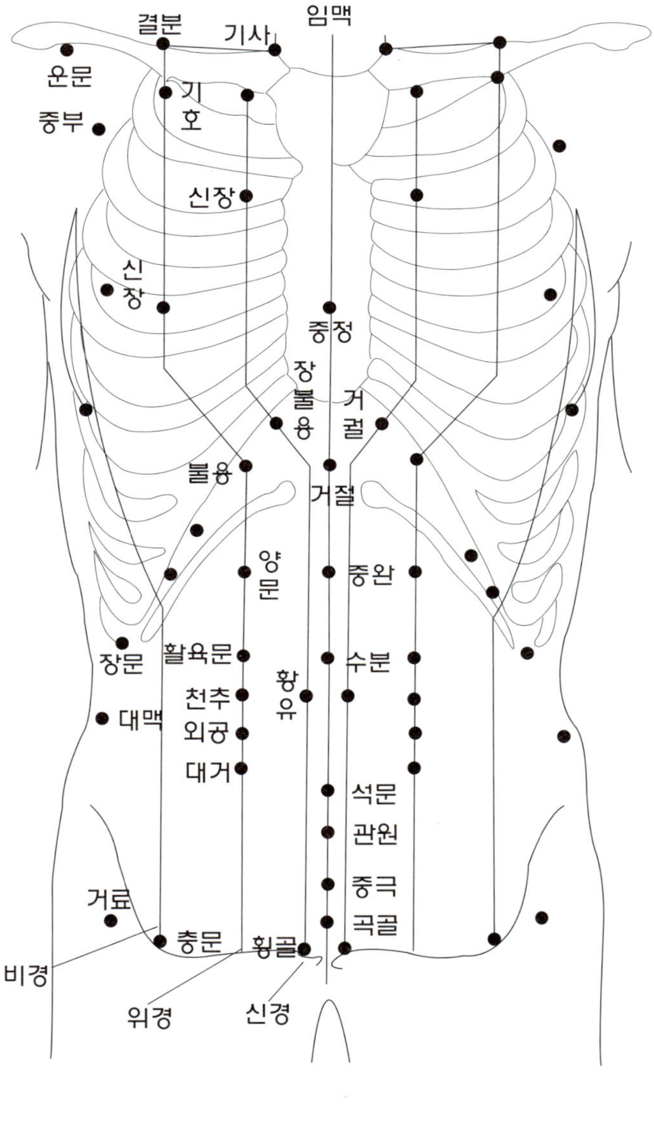

2) 복부 근육도

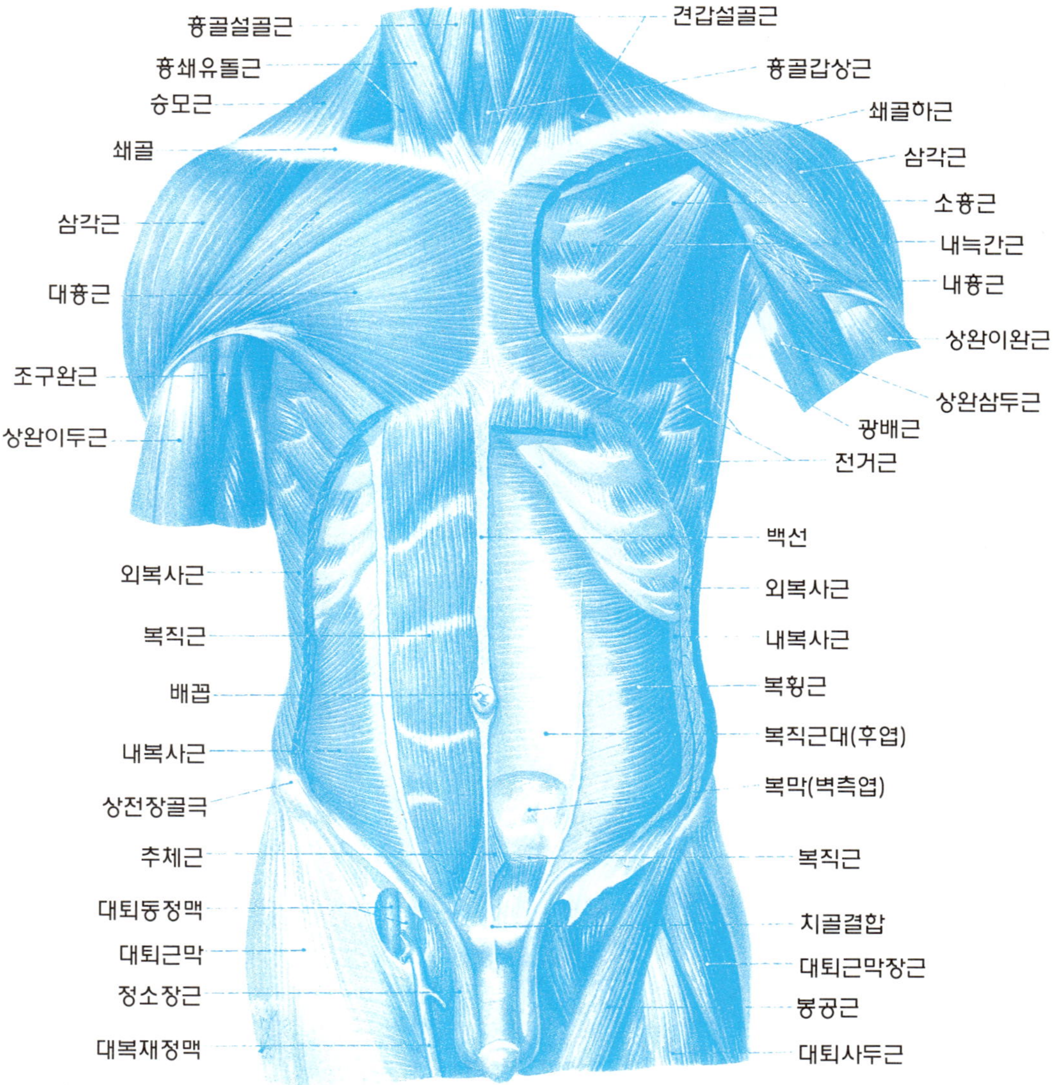
흉골설골근
견갑설골근
흉쇄유돌근
흉골갑상근
승모근
쇄골하근
쇄골
삼각근
소흉근
삼각근
내늑간근
내흉근
대흉근
상완이완근
조구완근
상완삼두근
광배근
상완이두근
전거근
백선
외복사근
외복사근
복직근
내복사근
배꼽
복횡근
복직근대(후엽)
내복사근
복막(벽측엽)
상전장골극
추체근
복직근
대퇴동정맥
치골결합
대퇴근막
대퇴근막장근
정소장근
봉공근
대복재정맥
대퇴사두근

3) 복부 마사지 테크닉

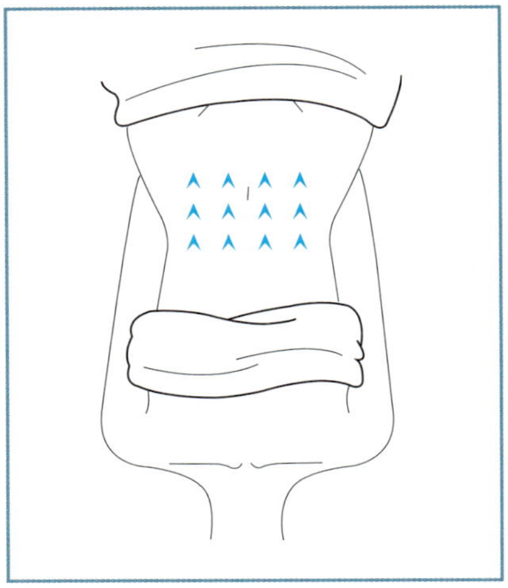

(1) 복부를 3등분으로 나누어 꼬집기한다.

복부 셀룰라이트 분해에 효과적이다.

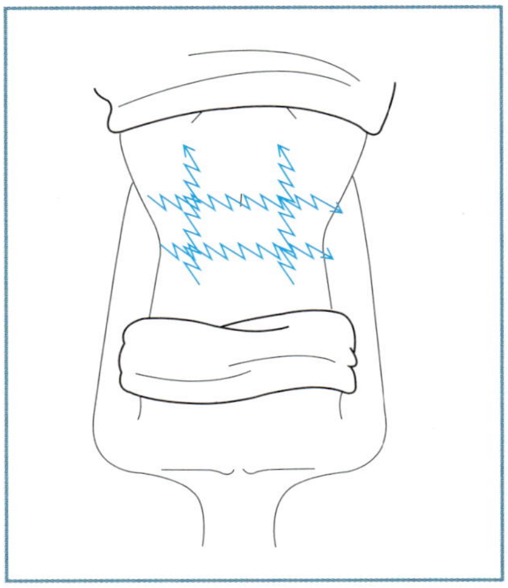

(2) 가로와 세로로 vibration한다.

장운동을 도와 배변을 용이하게 한다.

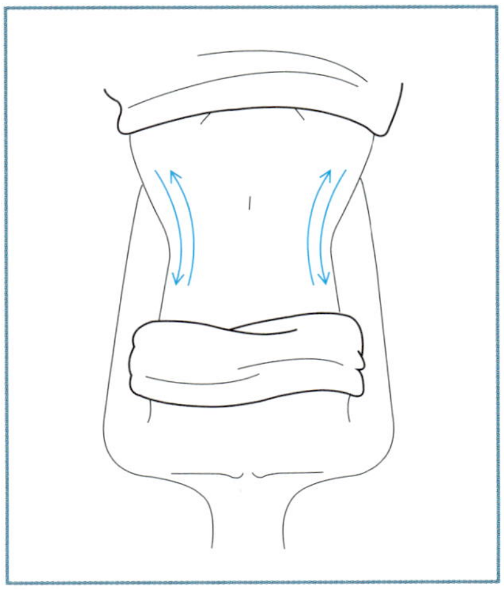

(3) 외복사근이 올라갈 때 내복사근으로 내려온다.

허리라인을 잡아주고, 대장의 기능을 활성화시켜준다.

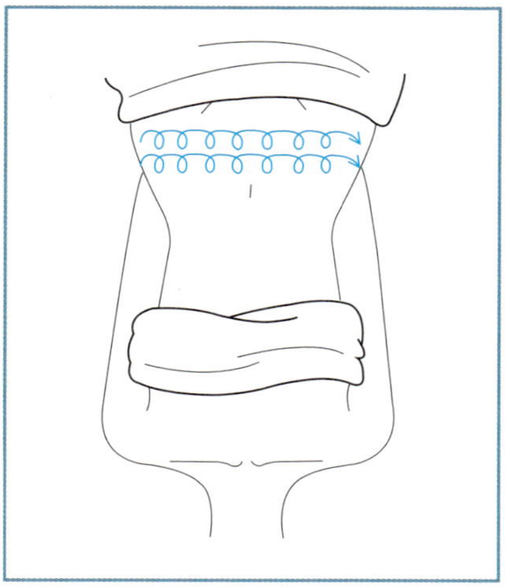

(4) 아랫배에 나선형을 그리듯이 마사지한다.

복부아랫부분에 살집이 있는 경우와 가스가 많이 찬 경우에 효과적이다.

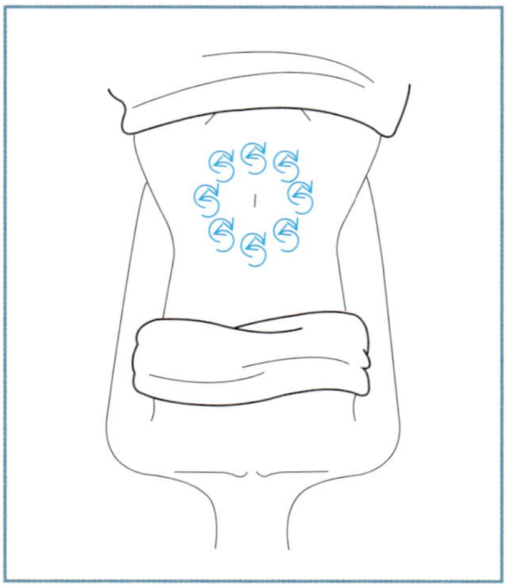

(5) 사지로 시계방향으로 반원 비틀기한다.

소장운동과 셀룰라이트 제거에 도움을 준다.

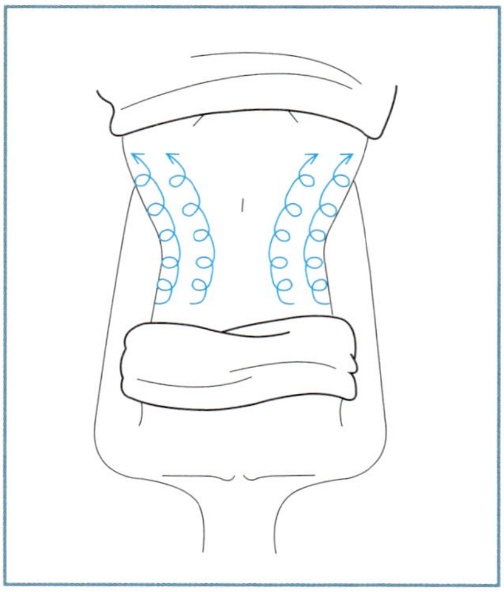

(6) 엄지로 내·외복사근 롤링한다.

옆구리 지방을 해소하는데 효과적이고, 숙변제거에 도움이 된다.

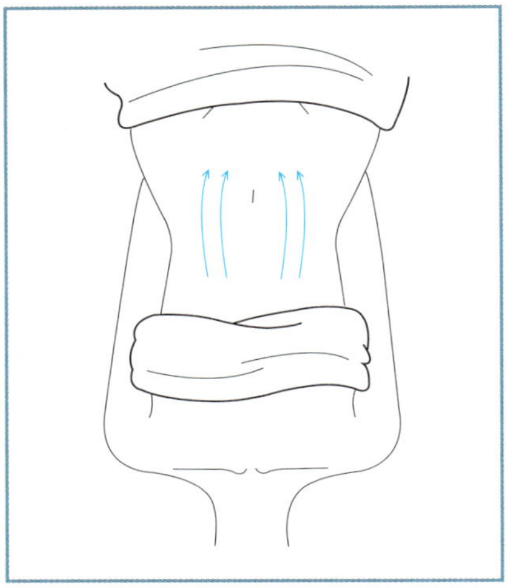

(7) 복직근을 세부분으로 나누어 흉골에서 배꼽 주변으로 부드럽게 쓸어준다.
이때 손가락 등으로 올라가서 소지구 쪽을 이용하여 횡골, 충문을 따라 내려준다.

> 워밍업 단계로 마사지 시작과 끝에 사용하는 동작이다.

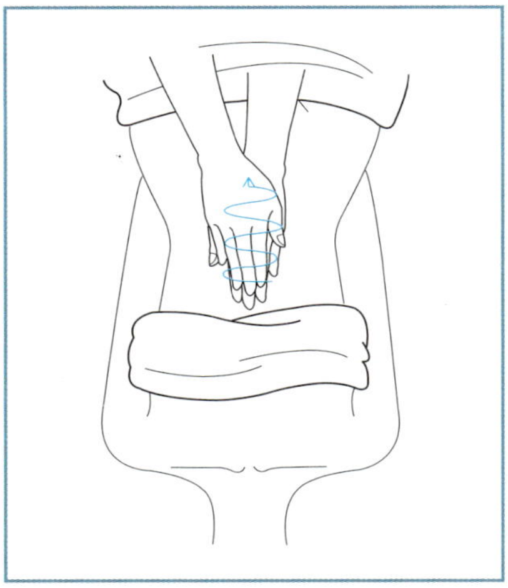

(8) 양손을 포개어 복직근 전체를 S자로 내려오고 손가락 등으로 부드럽게 올려준다.

> 소장 부위는 식후 30분 후에 마사지 하는 것이 좋다.

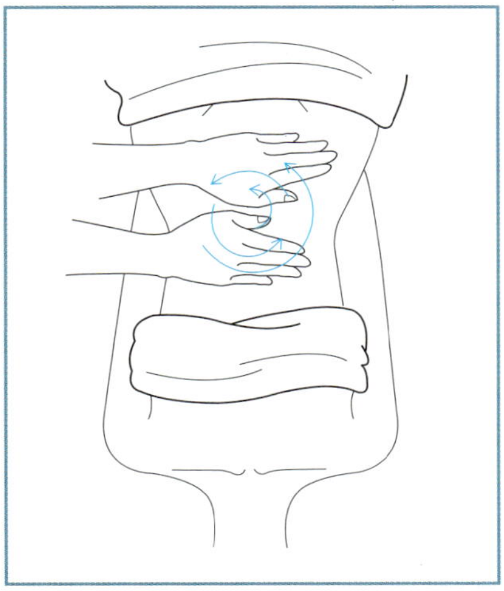

(9) 양 손을 포개어 소장에서 대장 순으로 엇갈리며 쓰다듬는다.
이때 장의 원활한 순환을 위해 소장부위는 시계방향으로, 대장부위는 시계반대방향으로 마사지한다.

> 반대방향으로 하는 이유는 장의 운동성을 자극하여 가스제거와 배변을 도와준다.

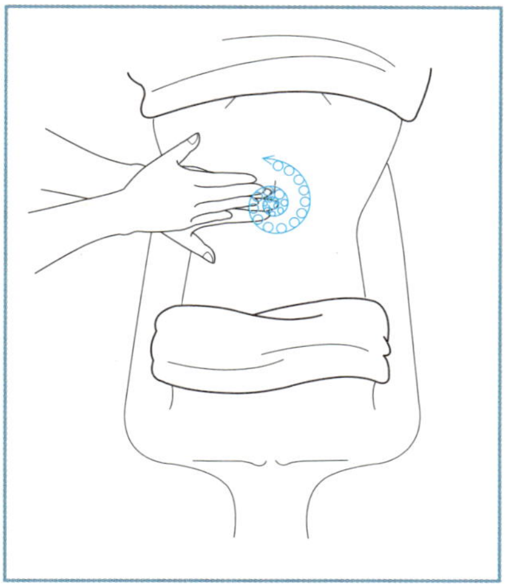

(10) 9번보다 강도 있는 동작으로 소장과 대장부위를 손끝으로 압을 주면서 나선형으로 마사지한다.
이때 소장부위는 손끝으로, 대장부위는 모지구를 이용한다.

숙변제거와 소화에 도움을 준다.

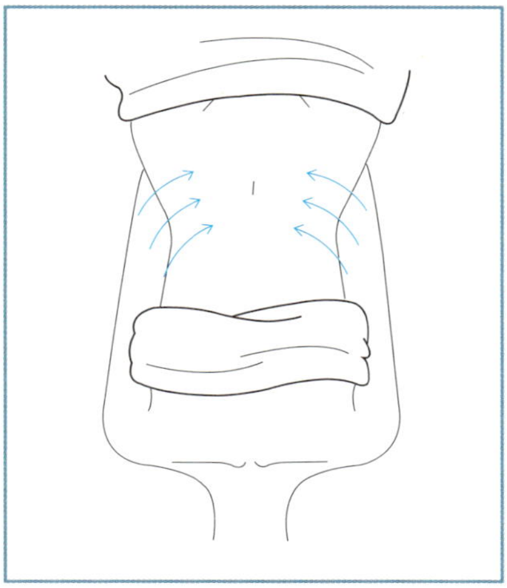

(11) 손가락 전체를 벌려 외복사근에서 대둔근까지 쓸어준다.

외복사근의 탄력을 잡아주며, 허리라인을 잡아준다.

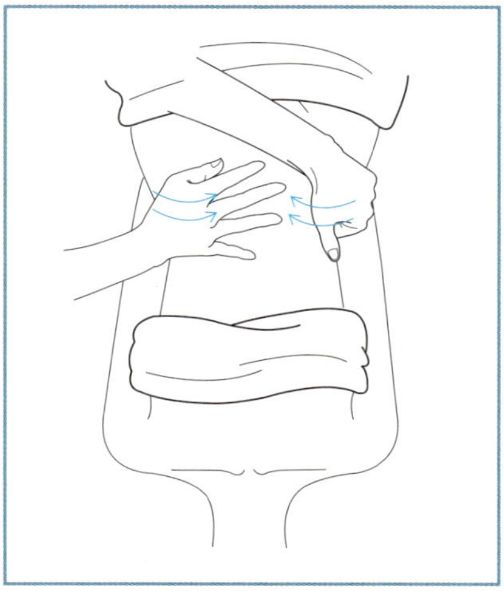

(12) 등 쪽에서 허리쪽으로 직각으로 당기듯이 쓸어준다.

허리라인을 예쁘게 만들어준다.

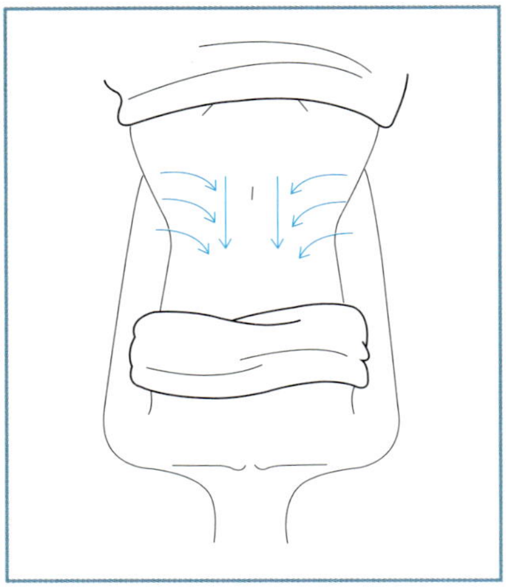

(13) 외복사근을 사선으로 올려 쓸어주고 손가락 뒤의 모지구를 이용하여 내복사근을 쓰다듬는다.

복직근의 탄력과 허리의 모양을 만들어준다.

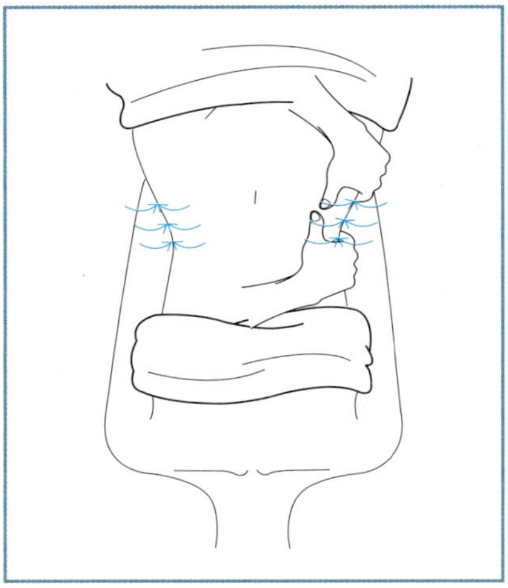

(14) 양손으로 엇갈려가면서 옆구리 근육을 깊게 맞잡는다.

피하지방층을 자극하여 지방을 분해하는 효과가 있다.

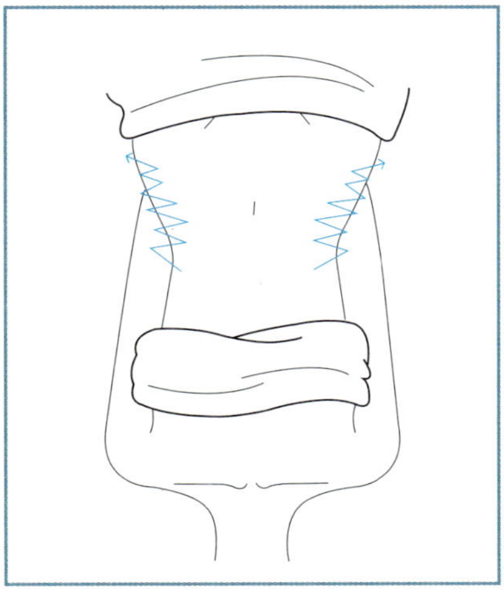

(15) 옆구리를 위에서 아래로 바이브레이션한다. 7번 동작으로 자극 받은 부위를 진정시키는 효과가 있다.

허리근육의 피로를 풀어준다.

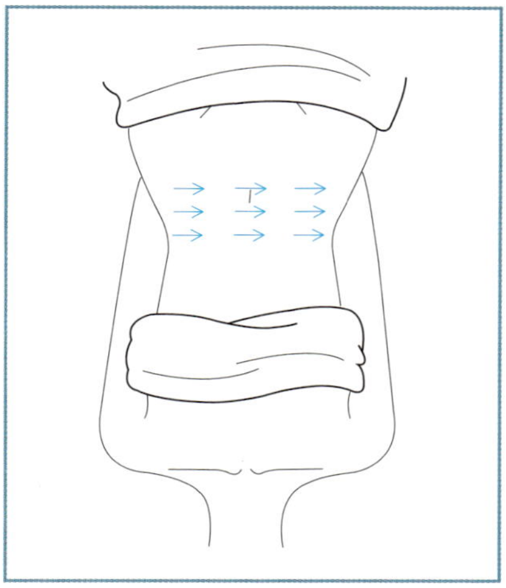

(16) 양손으로 복부를 압을 주면서 밀어준다.
지방이 많을 경우 조직을 조금씩 잡고 지방이 적을 경우에는 많이 잡으며 마사지한다. 이때 복부에 지방이 많을 경우 통증과 열감을 느끼게 된다.

> 아랫배를 들어가게 하고, 복부 셀룰라이트와 가스제거에 도움을 준다.

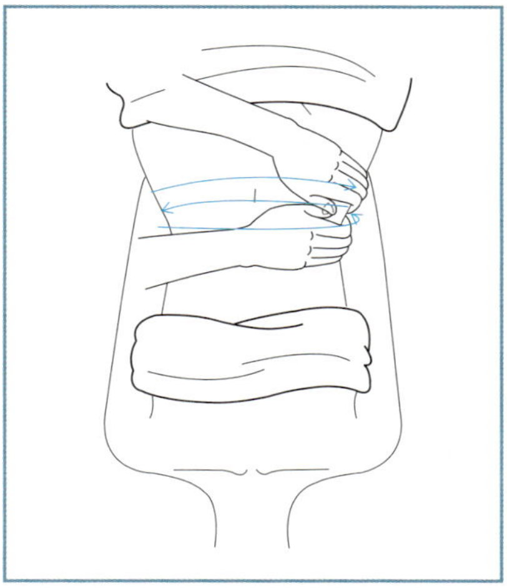

(17) 한손씩 엇갈려가며 한쪽 허리에서 반대편 허리로 밀어준 후, 다시 시술자의 몸쪽으로 당겨준다.

> 복부지방층을 분해시켜준다.

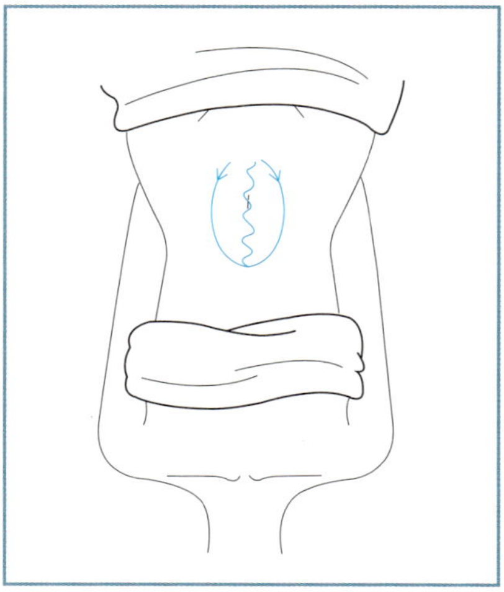

(18) 손가락 등으로 복직근 위로 올라간 후 양손으로 vibration 해준다.

> 배꼽주변의 장기를 자극시켜주며, 배근육을 탄력있게 해주고, 자궁을 따뜻하게 해준다.

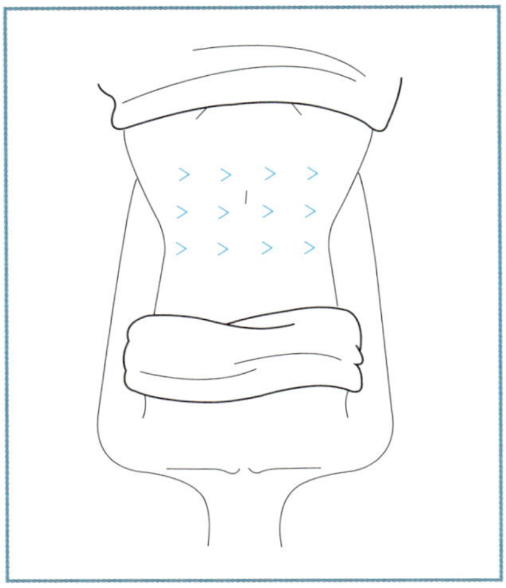

(19) 손끝과 모지구로 복부 전체를 깊이 파들어 가면서 마사지한다.

복부의 셀룰라이트를 분해시켜준다.

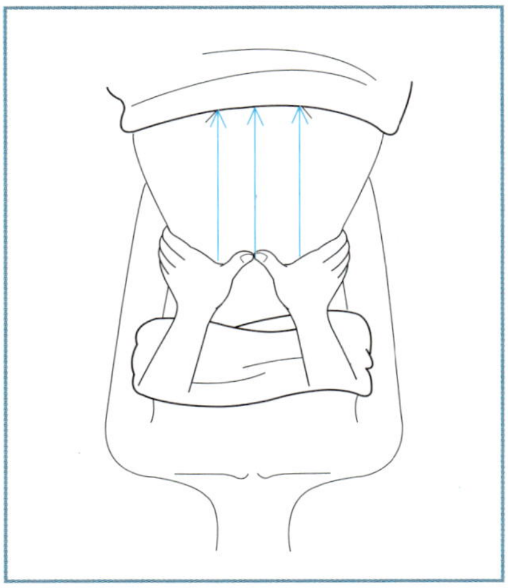

(20) 두 엄지로 중완에서 중극를 향해 강하게 쓸어주고, 양문에서 귀충까지 강하게 쓸어주고 압준다.

중완을 자극함으로써 윗배를 자극하고, 복부에 있는 중요한 혈점들을 자극해 순환을 도아 노폐물을 배출 시킨다.

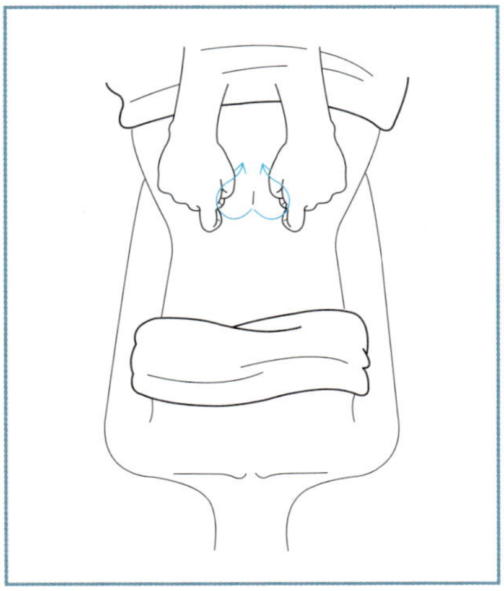

(21) 검지를 구부려서 배꼽주변에 하트를 그리면서 강하게 쓸어준다.

소장 주변을 자극하여, 소장의 기능과 장기를 따뜻하게 해주는 동작이다.

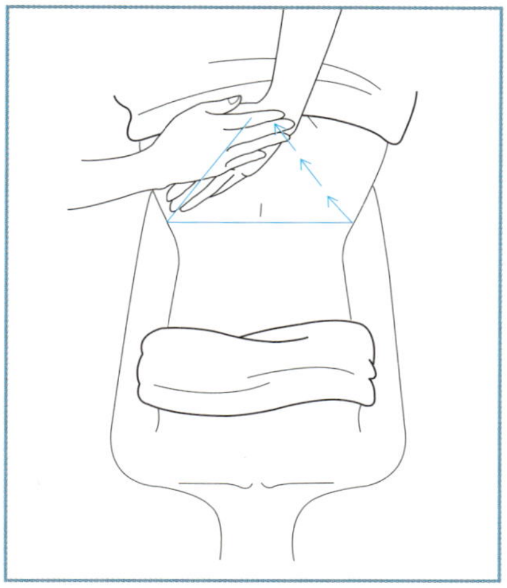

(22) 서혜부를 향해 손날로 쓸어올려주고, 손끝으로 배꼽을 가로질러서, 다시 반대편 서혜부를 향해 조금씩 당기면서 파듯이 쓸어준다.

> 서혜부로 가는 림프절을 자극하여 하체의 노폐물 배출을 원활히한다.

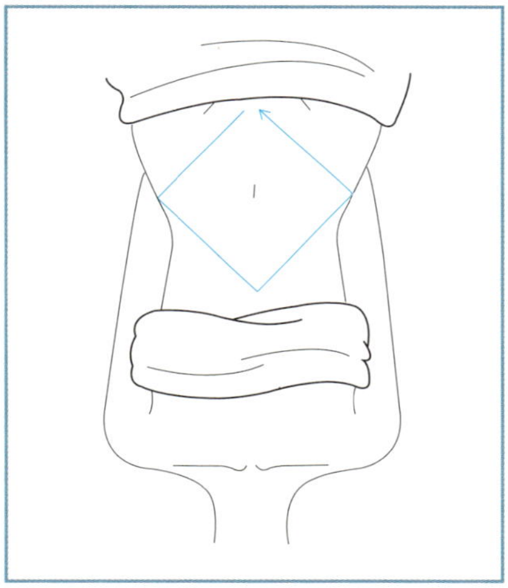

(23) 손날로 서혜부와 늑골밑을 마름모꼴 모양으로 파듯이 쓸어준다.

> 노폐물 배출은 물론 배와 늑골의 라인을 잡아준다.

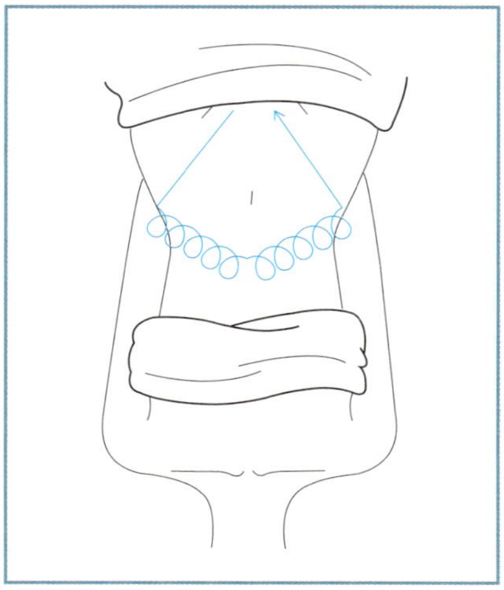

(24) (23)과 방향은 동일하나 서혜부를 향해 쓸어주고, 늑골밑 부위는 돌려서 마사지한다.

> 장기운동을 도와 노폐물을 배설하는 동작이다.

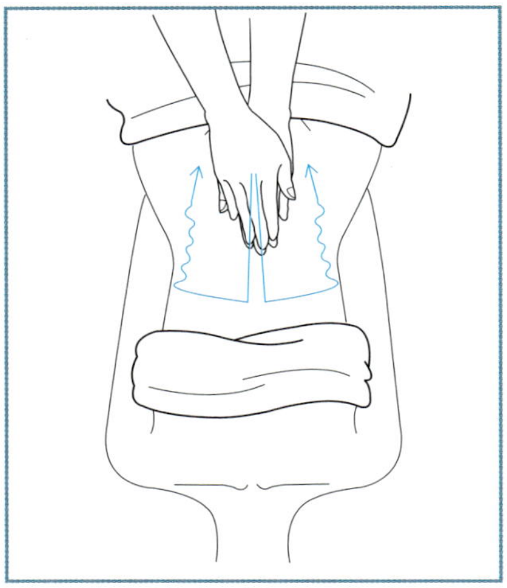

(25) 복직근을 쓸어올리고 외복사근은 바이브레이션한다.

허리라인을 긴장형으로 예쁘게 만들어 준다.

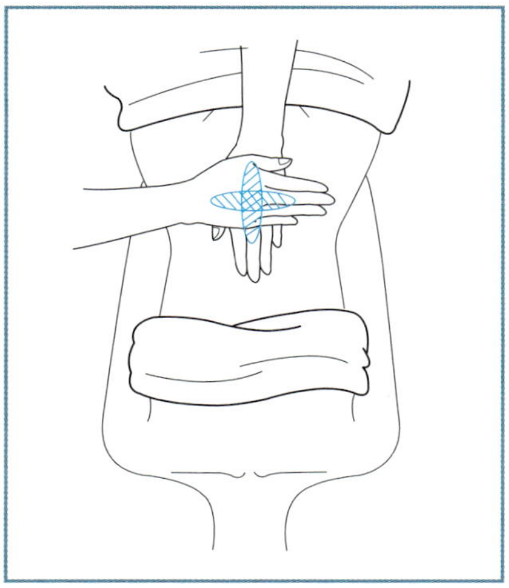

(26) 두손을 포개서 배꼽 주변을 지긋이 눌러주고 진동시킨 후 외복사근쪽으로 쓸어내려준다.

배를 따뜻하게 하고, 진정시키는 동작이다.

8. 등 마사지

1) 등 경혈도

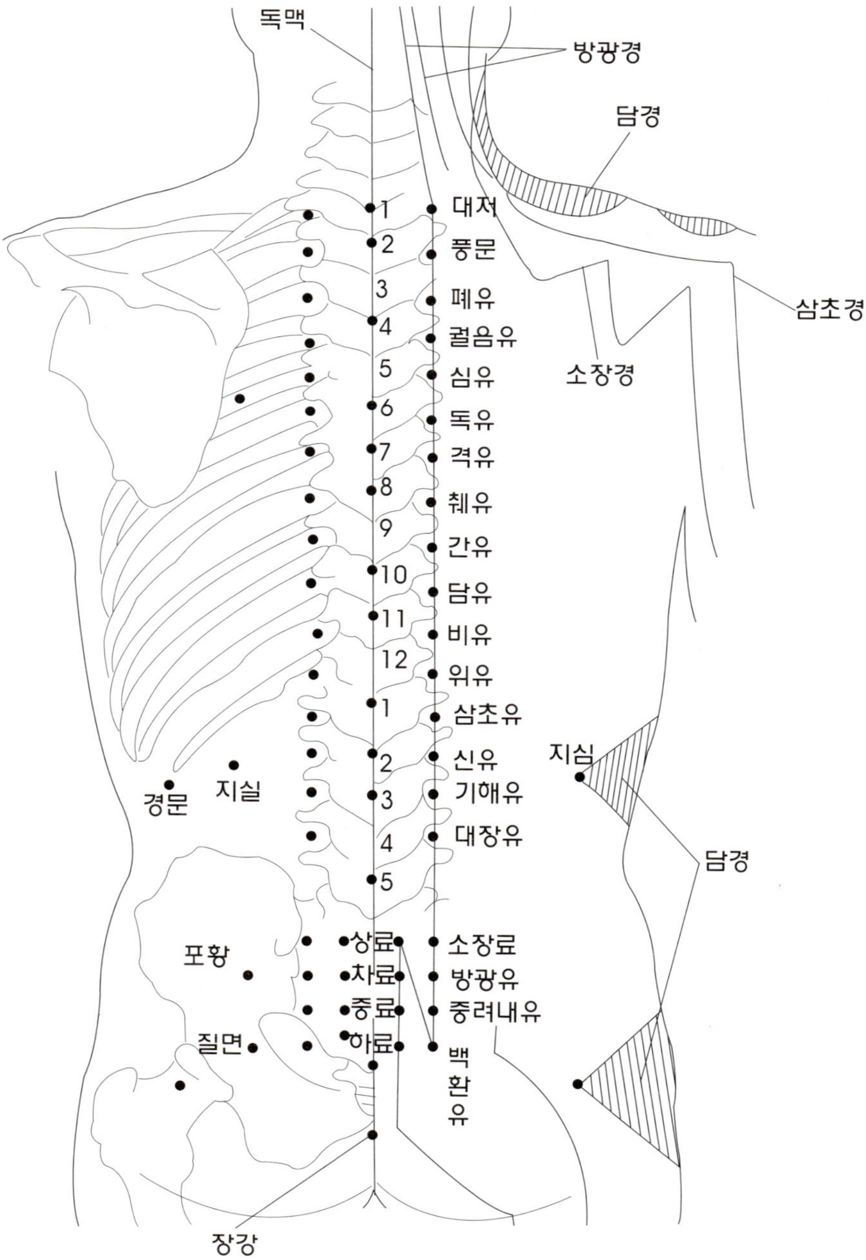
독맥
방광경
담경
삼초경
소장경
1
대저
2
풍문
3
폐유
4
궐음유
5
심유
6
독유
7
격유
8
췌유
9
간유
10
담유
11
비유
12
위유
1
삼초유
2
신유
3
기해유
4
대장유
5
지심
경문
지실
담경
포황
상료
차료
중료
하료
소장료
방광유
중려내유
질면
백
환
유
장강

2) 등의 근육도

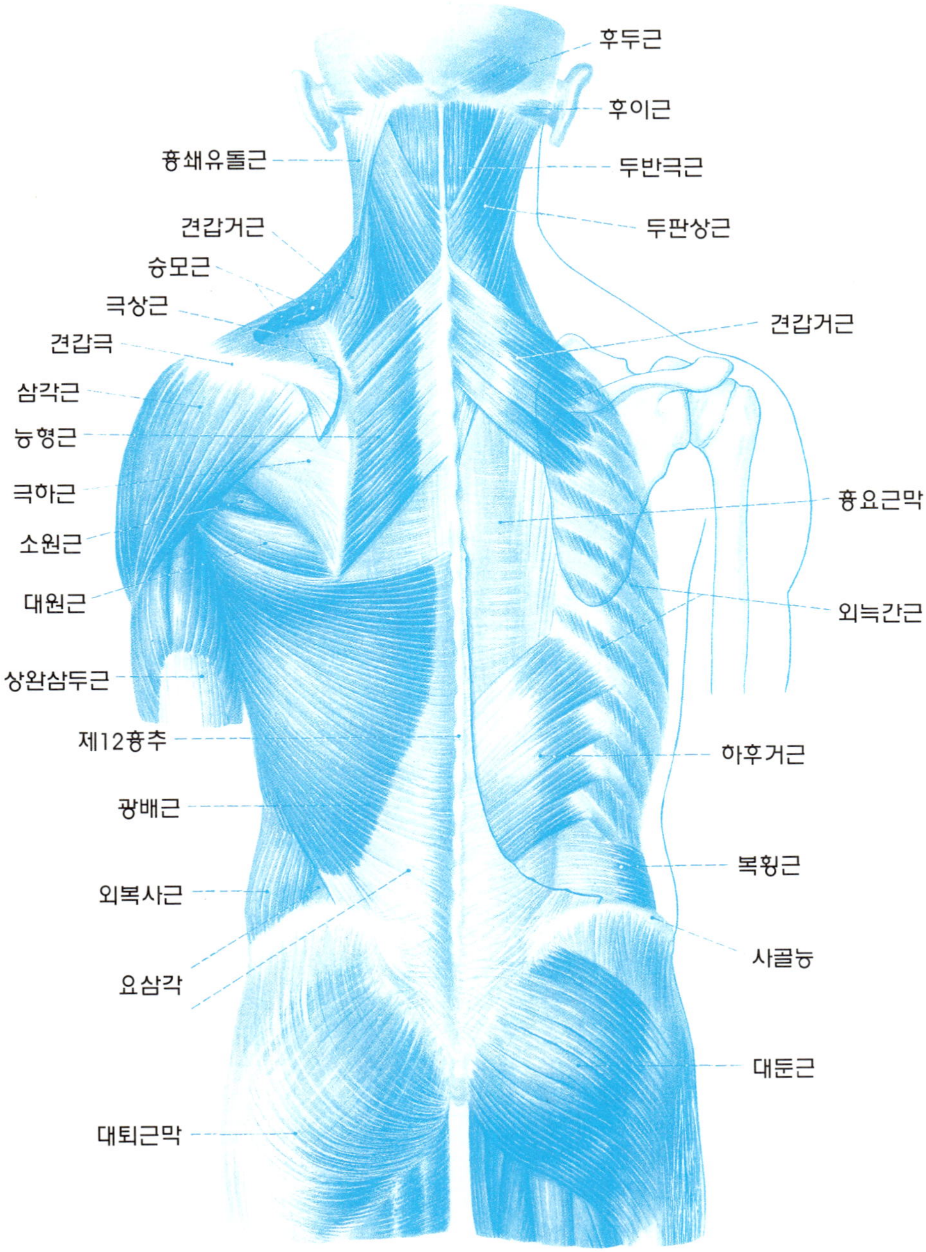
후두근
후이근
흉쇄유돌근
두반극근
두판상근
견갑거근
승모근
극상근
견갑거근
견갑극
삼각근
능형근
극하근
흉요근막
소원근
대원근
외늑간근
상완삼두근
제12흉추
하후거근
광배근
복횡근
외복사근
사골능
요삼각
대둔근
대퇴근막

3) 등 마사지 테크닉

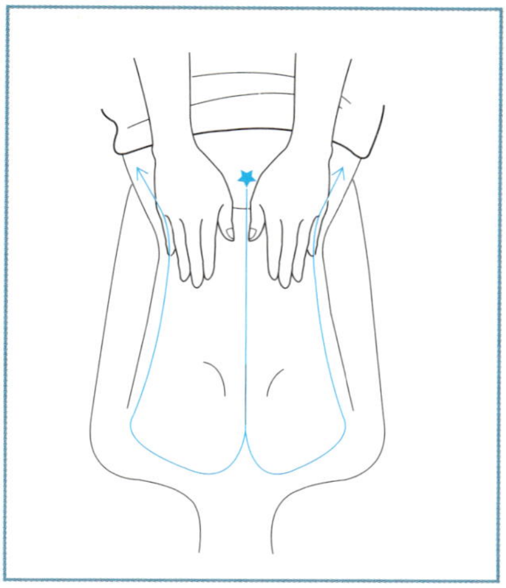

(1) 천골 부위의 상료를 장압한 후 척추기립근을 따라 올라가서 견갑상부와 옆구리를 쓸면서 내려온다(마사지의 시작과 마무리 단계에 사용되는 스트레칭 동작으로 강약을 준다).

> 일반적으로 간이 안 좋은 경우 등이 올라올 수 있다. 그리고 중년층에 많이 나타나는 현상으로서 상료 부위가 튀어나왔거나 색이 검을 때는 신장이나 생식계가 안 좋은 경우가 있을 수도 있다.

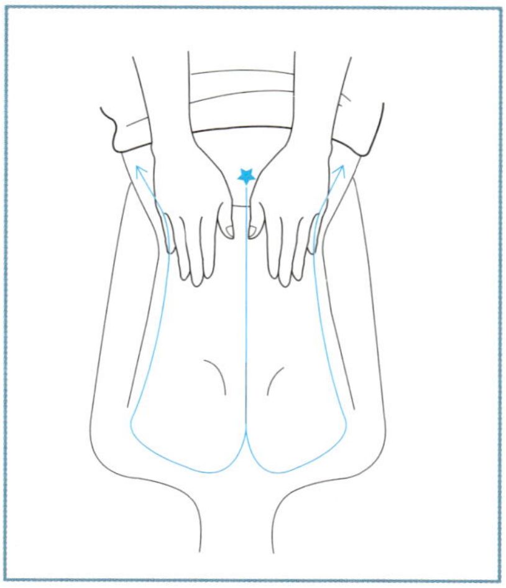

(2) 한쪽씩 허리에서 견갑골 다시 외곽쪽으로 쓸어 내려준다.

> 고객에게 편안함을 주고, 등의 근육을 신전시키는 효과가 있다.

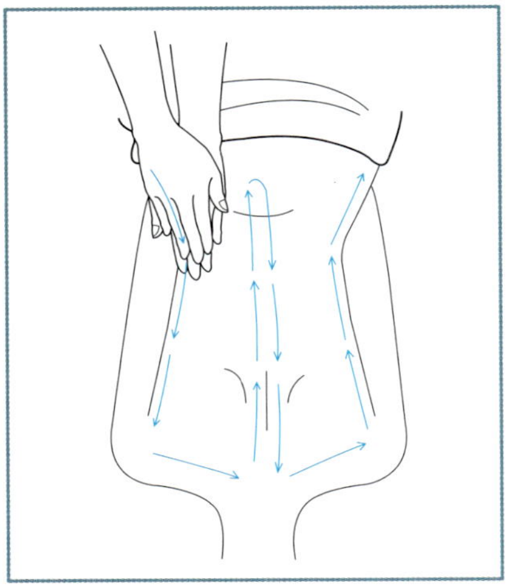

(3) 양 손을 포개어 왼쪽 등의 외곽쪽으로 올라와서 척추를 따라 내려간 후 다시 오른쪽 척추를 따라 올라온 후 오른쪽 외곽으로 내려온다. 이때 액와 부위는 가볍게 압을 준 후 모지구와 소지구로 쓸어준다.

림프 순환을 도와 체내의 노폐물과 지방을 제거하며 면역력을 높여주는 효과가 있다.

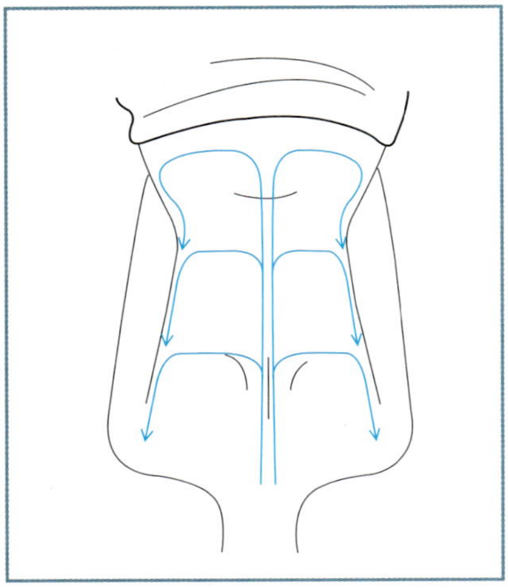

(4) 기립근을 풀어주고, 등 근육을 3등분하여 쓸어준다.

등근육을 이완시켜주며, 피로를 풀어준다.

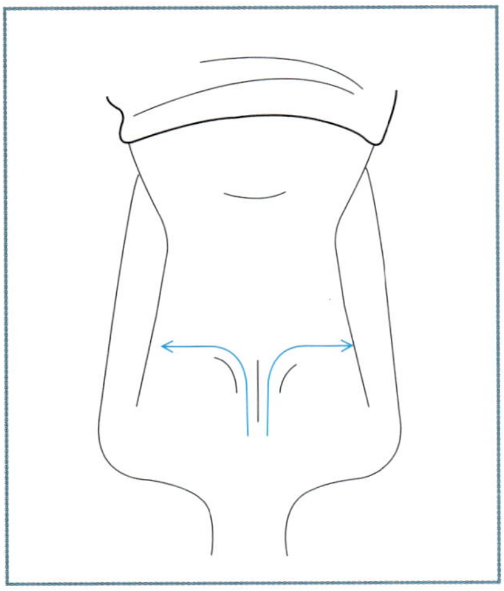

(5) 견갑골 중심으로 모지구를 이용하여 쓸어준다.

견갑골 중심의 근육뭉침을 예방하고, 오십견에 효과적이다.

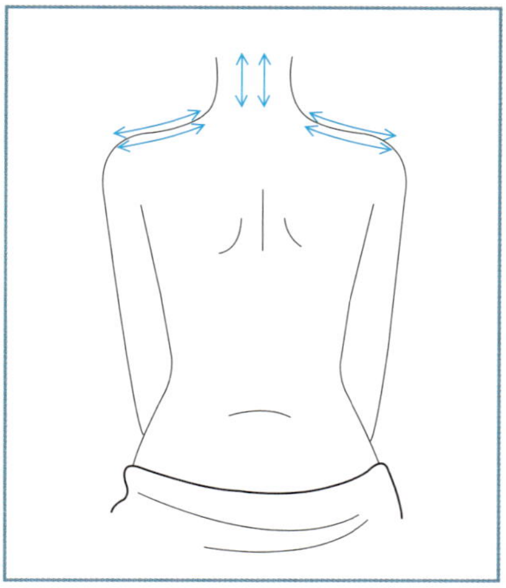

(6) 경추 근육을 쓸어주고 견갑상부를 옆으로 밀어준다.

견갑상부의 노폐물 제거와 어깨 피로에 도움을 준다.

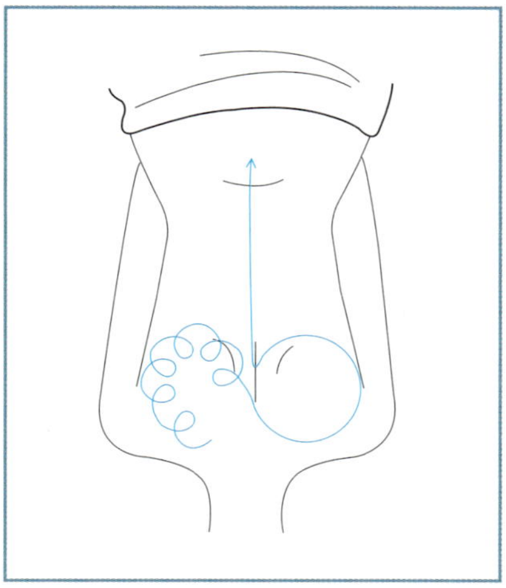

(7) 양손을 포개서 견갑골 주변을 8자 모양으로 쓸어주고 척추를 따라 쓸어내려온다.
견갑상골과 승모근은 정신적 스트레스를 받을 경우 피로가 쌓이는 부위로 이를 풀어주는 효과가 있는 동작이다.

견갑상골과 승모근은 적근이 많이 분포되어 있는 부위로 헤모글로빈이 많아 지속적인 움직임이나 스트레스를 받아도 감각적으로 잘못 느끼는 부위이다. 그러므로 등 마사지를 통해 지속적으로 풀어주는 것이 만성 통증을 예방하는 방법이다.

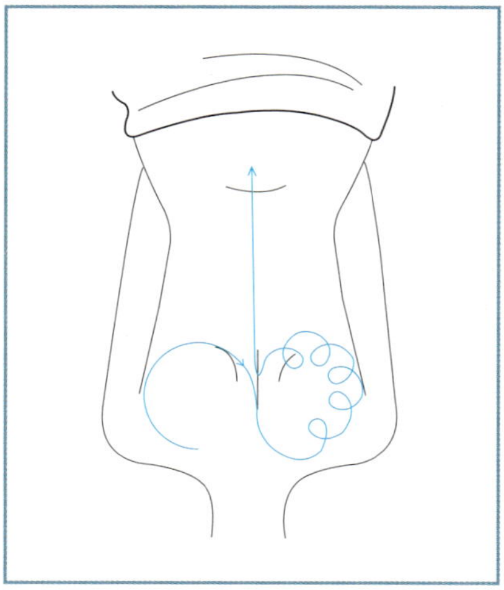

(8) (7)과 동일하나 나선형을 그린다.

견갑골 둘레의 강직된 근육을 풀어주고 노폐물을 없애준다.

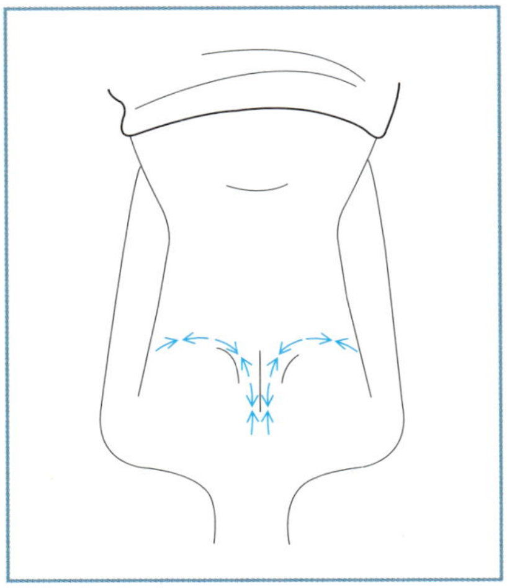

(9) 모지구와 사지로 견갑골을 꼬집듯이 밀어준다.

견갑골의 젖산제거와 브래지어의 자극으로 인한 색소침착에 효과적이다.

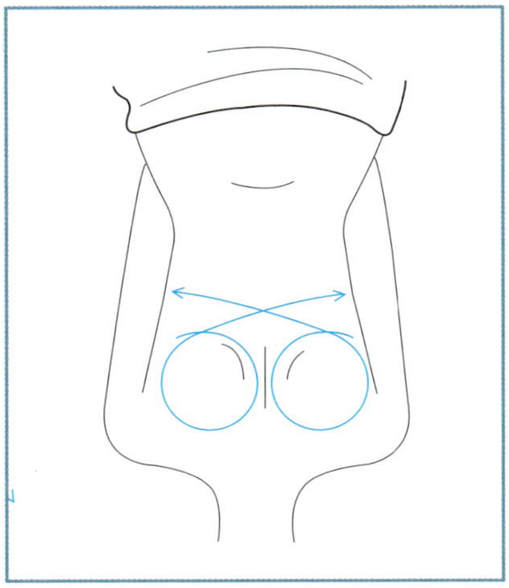

(10) 견갑골 쓸어준다.

견비통 예방과 등의 색소침착에 효과적이다.

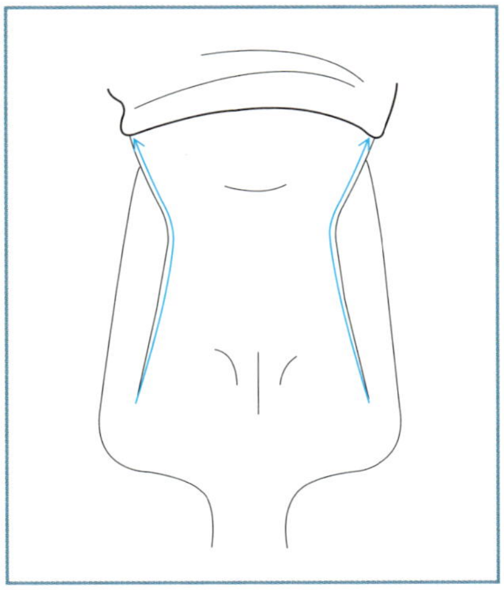

(11) 손바닥 전체로 옆구리 주위를 누르며 가볍게 문지르듯이 마사지한다.

허리라인을 잡아주고, 외복사근의 이완을 도와준다.

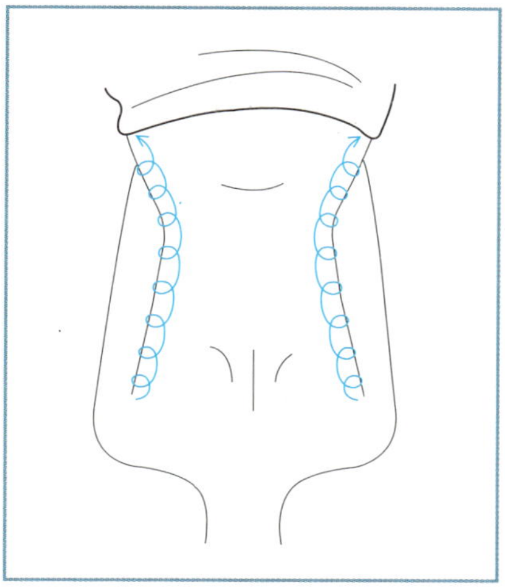

(12) 사지로 옆구리를 나선형으로 쓸어준다.

허리라인을 정리해주고, 지방분해에 효과적이다.

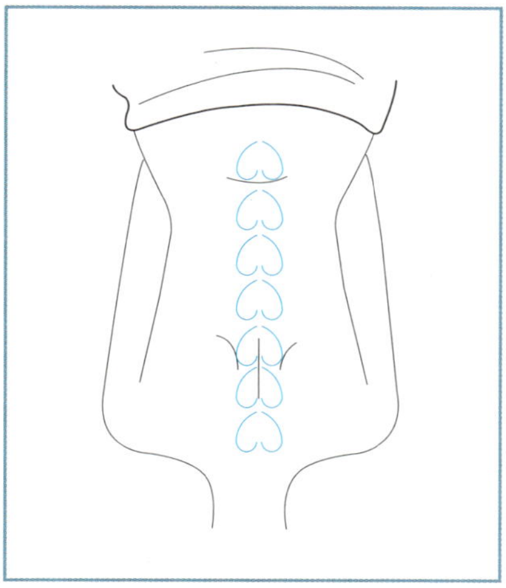

(13) 척추 기립근에 하트 모양을 그리듯 마사지하며 연수까지 올라온다.

기립근 역시 스트레스를 많이 받는 부위로 엄지를 밀착시켜 섬세하게 마사지한다. 일반적으로는 엄지를 많이 사용하나 지방이 많을 경우에는 손끝을, 척추 기립근의 탄력이 떨어진 경우에는 주먹을 사용한다. 요통을 감소시켜준다.

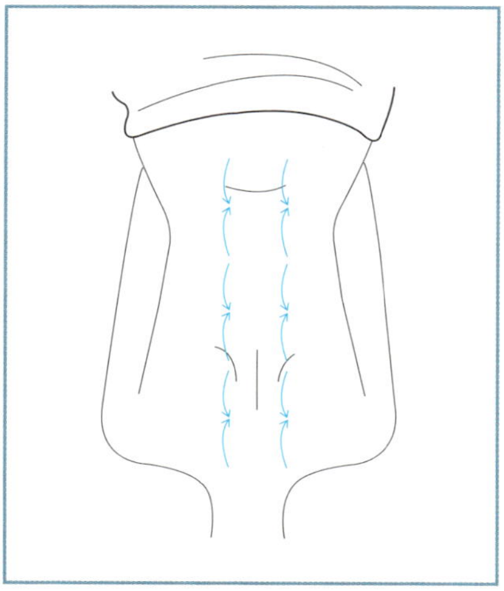

(14) 엄지로 밀고, 사지로 내려오면서 꼬집듯이 척주선 따라서 올라간다.

등의 살집이 있는 사람에게 효과적이다. 기립근이 긴장되었을 때 마사지한다.

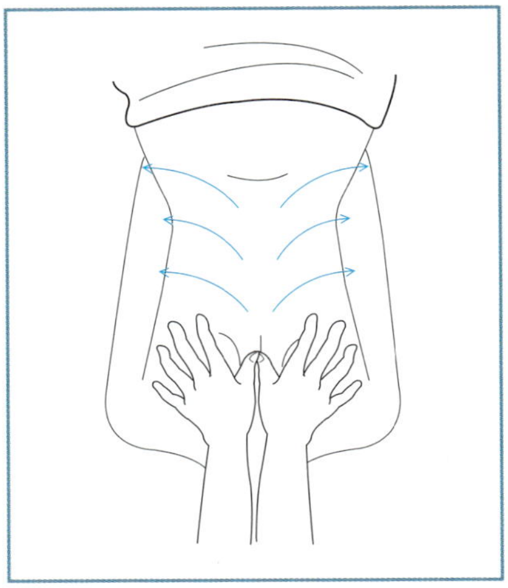

(15) 손을 갈퀴모양으로 하여 옆구리를 세로로 밀며 근육을 풀어준다.

늑골 사이의 노폐물 배출에 효과적이다.
신경성 스트레스에 도움을 준다.

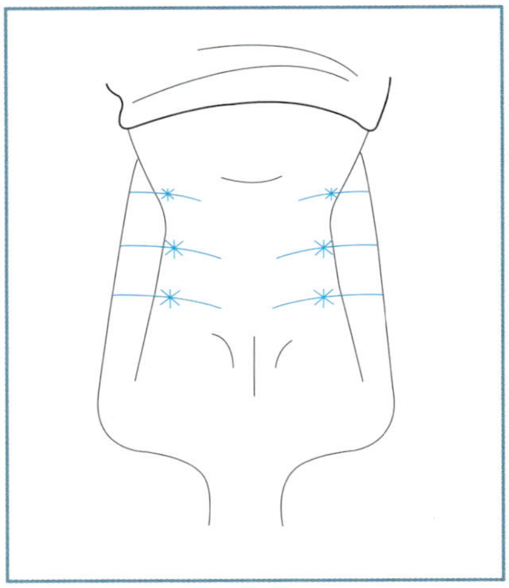

(16) 양 옆구리를 엄지와 사지를 맞잡아 비틀어 준다.

지방이 많을 경우 라인을 만들어준다.

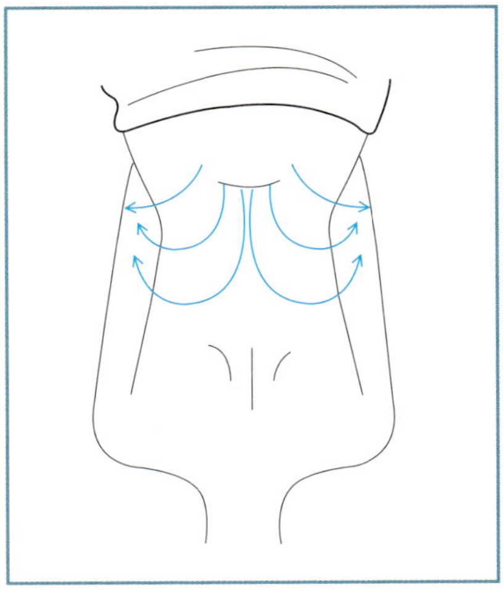

(17) 허리에서 위로 올라가면서 둥글게 쓸어준다.

허리의 피로회복 및 허리라인을 예쁘게 도와주며, 고객이 시원함을 느끼는 동작이다.

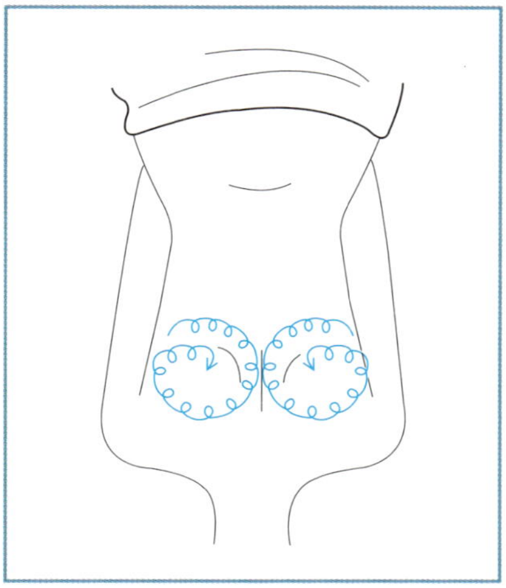

(18) 견갑골 둘레를 견갑골 중앙으로 튕기듯이 쓸어준다.

견갑골의 젖산제거로 어깨 통증을 완화시켜준다.

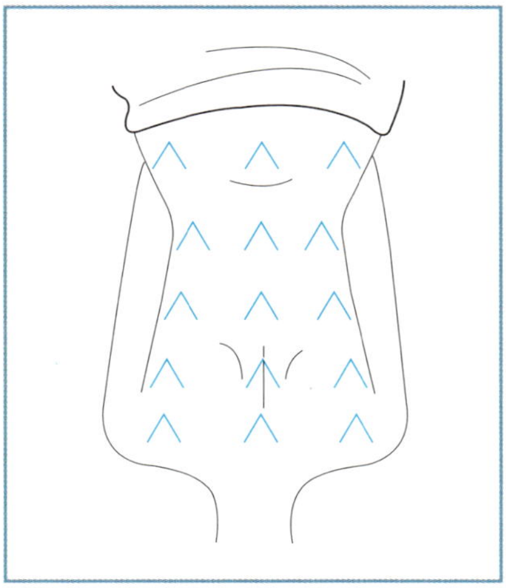

(19) 손바닥은 강하게 손가락 끝은 약하게 하여 번갈아가며 등 부위를 가볍게 때리듯 마사지한다.

이때 손끝은 양의 부위로 약한 동작을, 손바닥 끝은 음의 부위로 강한 동작을 행하게 되며 체형에 따라 시작을 달리한다.

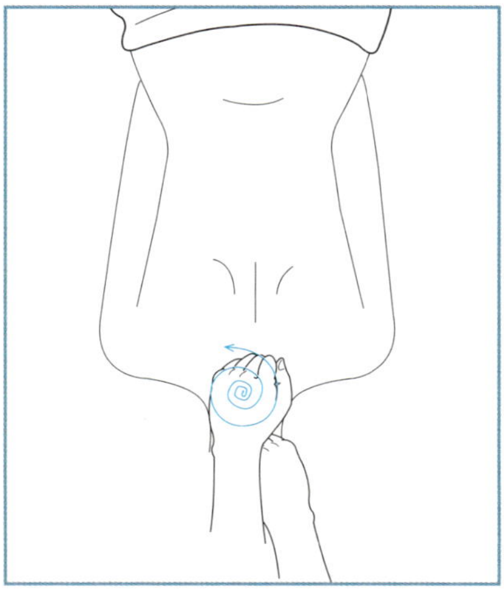

(20) 대추 부위를 주먹으로 돌리면서 쓸어준다. 대추는 우리 몸의 양의 기운이 모이는 자리로 살이 쪘을 경우 튀어나오거나, 딱딱하게 뭉쳐있는 경우가 있으므로 세심하게 풀어준다.

혈압을 내려주고, 열을 내리고 감기예방에 도움을 준다.

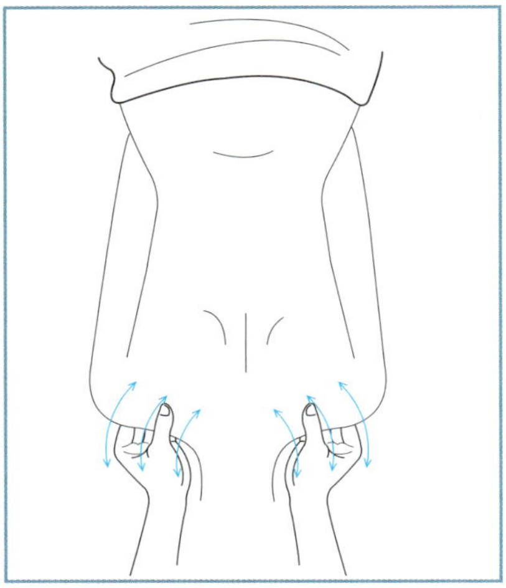

(21) 견갑상부의 상하를 맞잡아가면서 쓸어준다.

약하게 마사지를 하게 되면 근육이 받는 스트레스가 적어 젖산 분비를 예방하는 효과는 있으나 뭉친 근육을 풀어주는 효과는 떨어지게 된다.
반면 강하게 마사지를 하면 뭉친 근육이 빨리 풀어지는 효과는 있으나 근육이 스트레스를 받아 젖산의 분비량도 높아지게 된다.

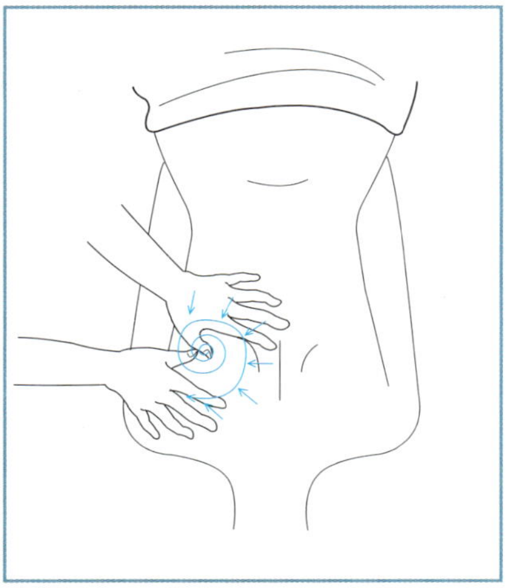

(22) 견갑골 중앙을 주먹 또는 손바닥으로 돌려준다.

견갑골 주변이 뭉치면 오십견의 주 원인이 되므로 잘 풀어준다.

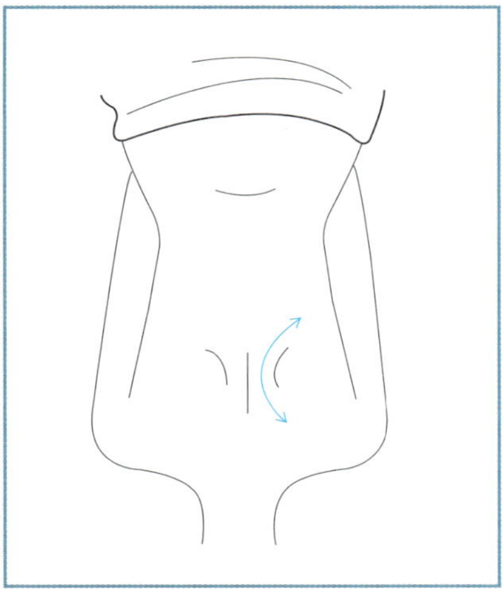

(23) 엄지로 견갑골 주위를 파듯이 쓸어준다.

어깨와 견갑골의 노폐물을 제거해주는 효과가 있다.

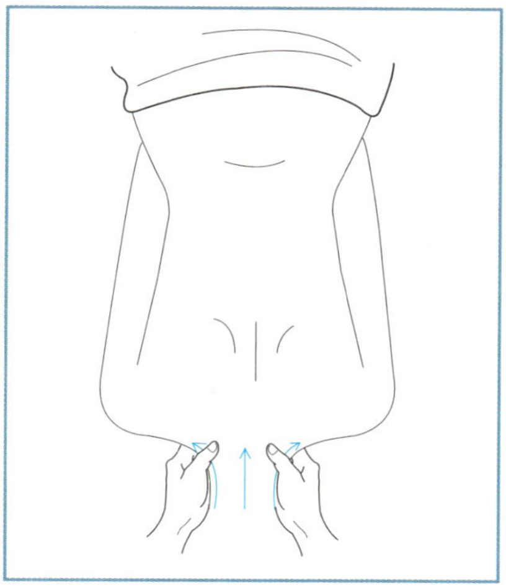

(24) 엄지로 후두부에서 경추쪽으로 쓸어 내려준다.

뒷목의 긴장을 풀어주어, 머리와 목을 시원하게 해준다.
목 회전을 용이하게 하고, 두피와 뇌의 혈액순환에 도움을 주어 두피의 피로를 풀어준다.

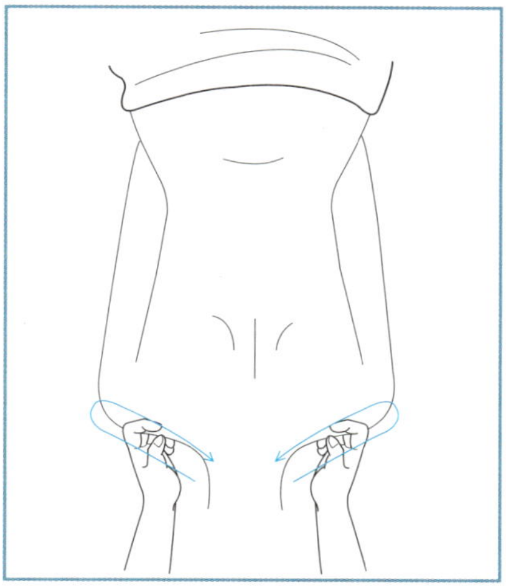

(25) 검지와 중지로 승모근을 쓸어준다. 어깨 근육의 강직정도에 따라 주먹, 손바닥이나 손가락을 선택하여 마사지한다.

어깨 라인을 예쁘게 만들 뿐만 아니라 어깨 통증을 완화시켜준다.

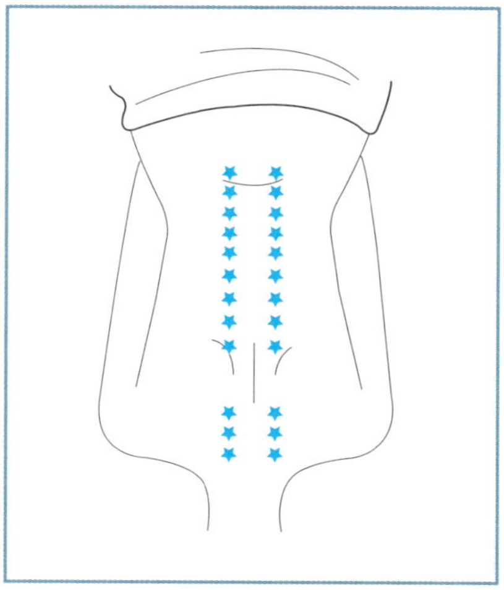

(26) 등에 있는 12개의 배부수혈을 눌러준다.

오장육부에 해당되는 혈점을 눌러준다.
독맥혈과 양경락을 원활하게 하여, 기와 혈의 순환을 촉진시킨다.

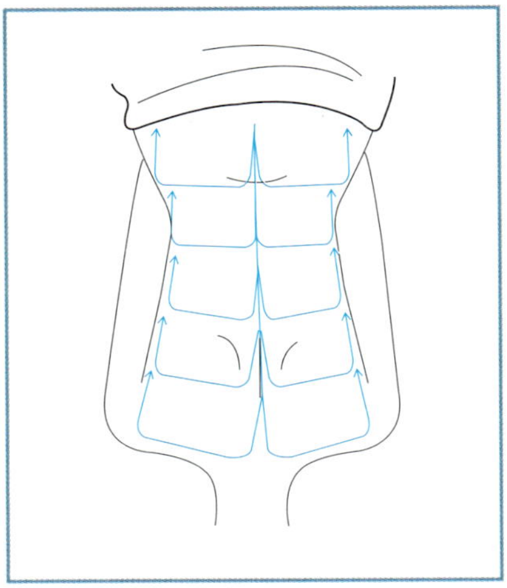

(27) 손바닥으로 척추 기립근을 따라 올라가서 손등으로 옆을 쓸어주고, 손바닥으로 다시 척추 쪽으로 와서 동일한 방법으로 마사지하며 내려온다.

일반적으로 손바닥은 음이며 등은 양이므로 음양이 만나야 느낌이 좋다. 큰 승모근, 광배근 외복사근의 피로를 풀어준다.

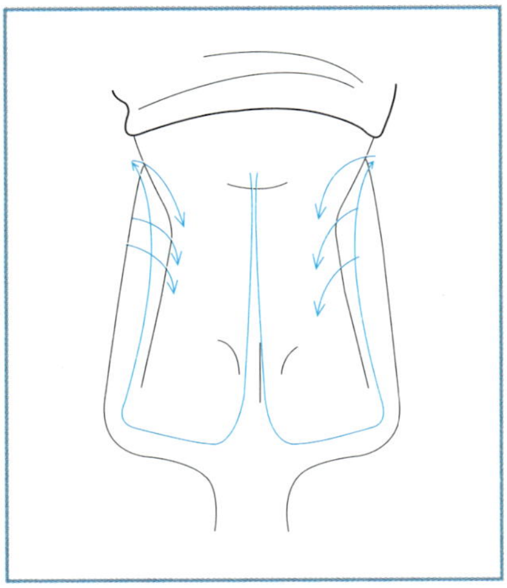

(28) 등 전체를 롤링하고 쓰다듬기로 마무리한 후 손끝으로 사기를 제거한다.

편안하고, 안락감을 주는 동작이다.

9. 발, 다리 마사지

1) 발 · 다리 경혈도

(1) 다리 전면

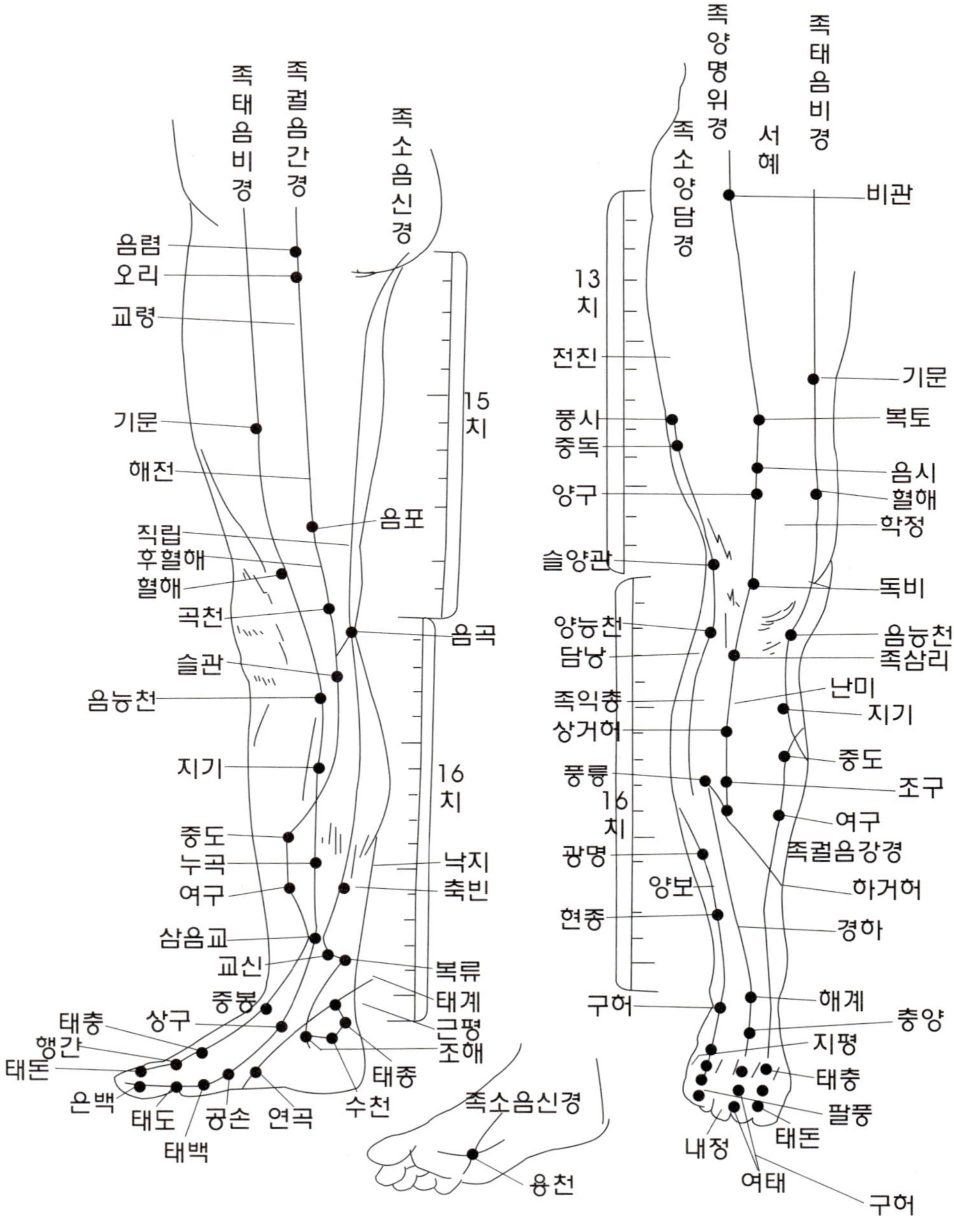

(2) 다리 후면

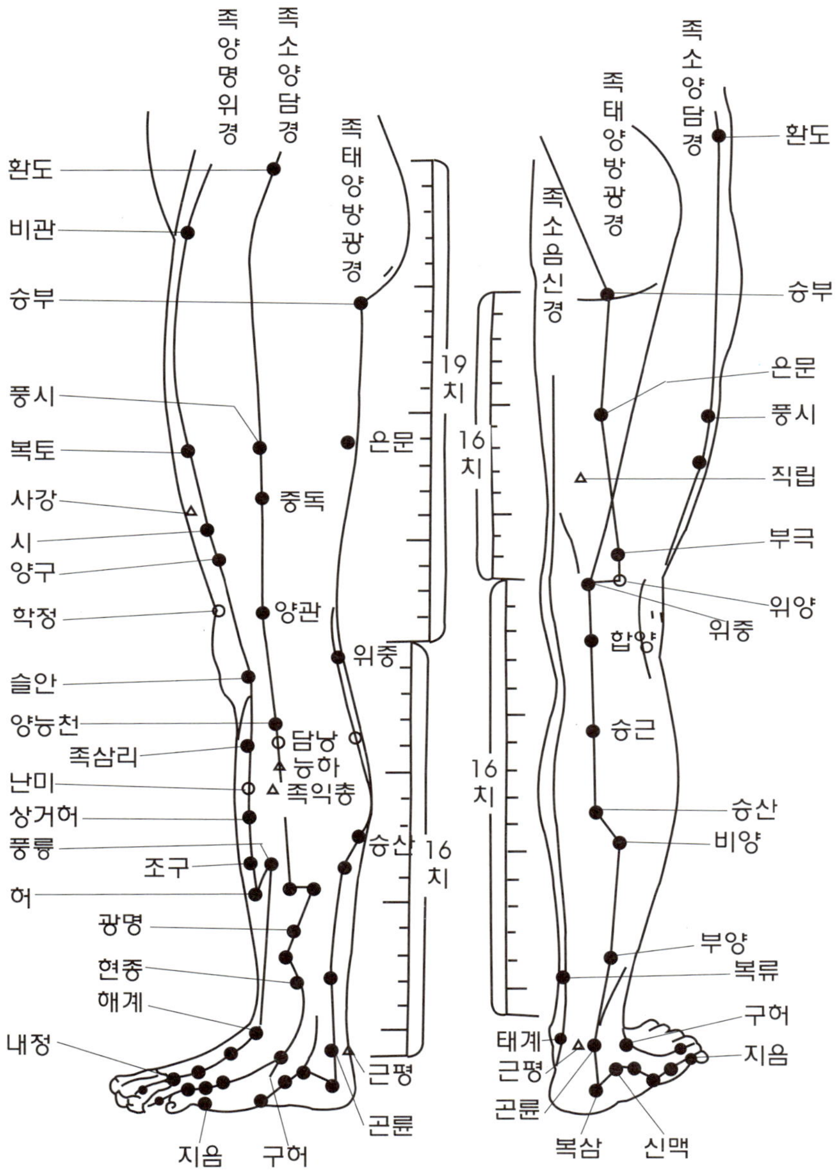
족양명위경
족소양담경
족태양방광경
환도
비관
승부
풍시
복토
사강
시
양구
학정
슬안
양능천
족삼리
난미
상거허
풍륭
조구
허
광명
현종
해계
내정
지음
구허
곤륜
근평
중독
양관
은문
위중
담낭
능하
족익총
승산
19치
16치
16치
족소양담경
족태양방광경
족소음신경
환도
승부
은문
풍시
직립
부극
위양
위중
합양
승근
16치
승산
비양
부양
복류
구허
지음
태계
근평
곤륜
복삼
신맥

2) 발 · 다리 근육도

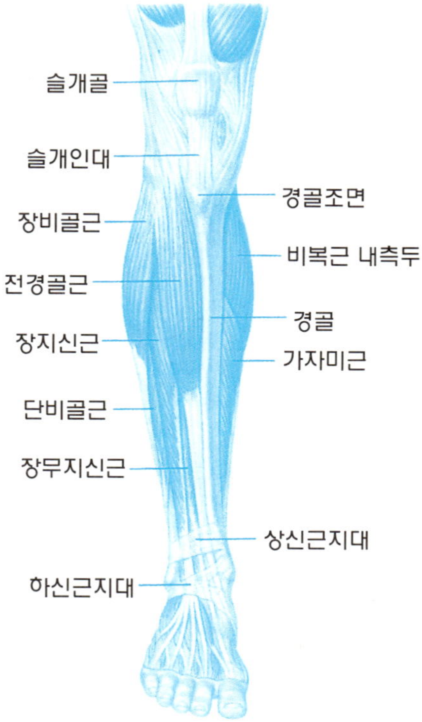
슬개골
슬개인대
경골조면
장비골근
비복근 내측두
전경골근
경골
장지신근
가자미근
단비골근
장무지신근
상신근지대
하신근지대

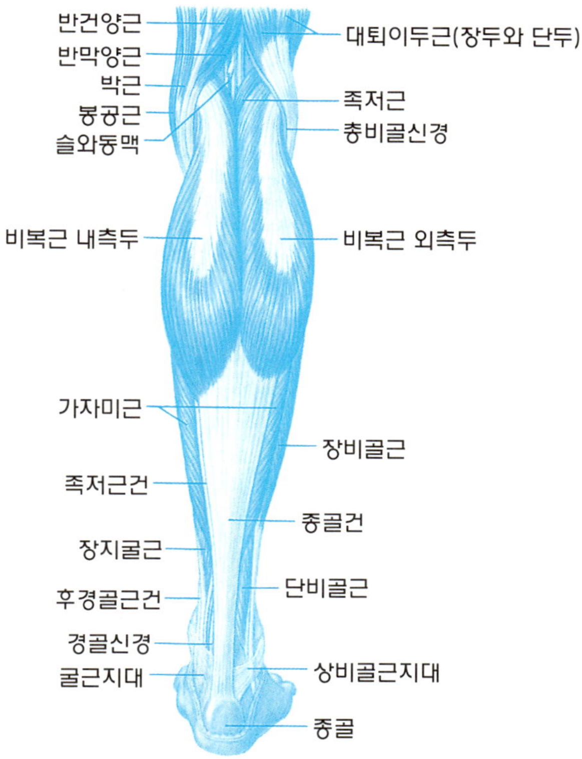
반건양근
반막양근
박근
봉공근
슬와동맥
대퇴이두근(장두와 단두)
족저근
총비골신경
비복근 내측두
비복근 외측두
가자미근
장비골근
족저근건
종골건
장지굴근
단비골근
후경골근건
경골신경
굴근지대
상비골근지대
종골

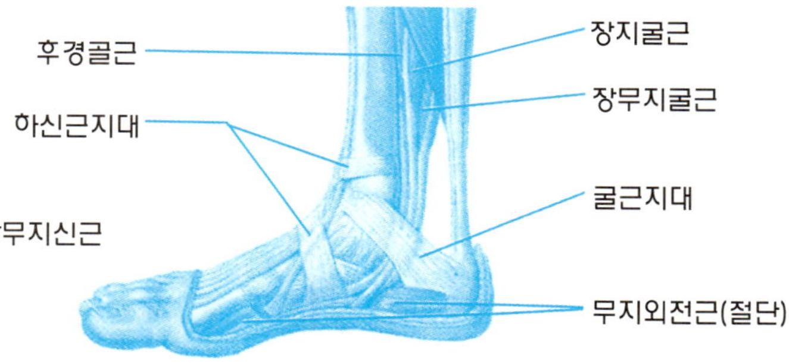
후경골근
장지굴근
하신근지대
장무지굴근
굴근지대
무지외전근(절단)

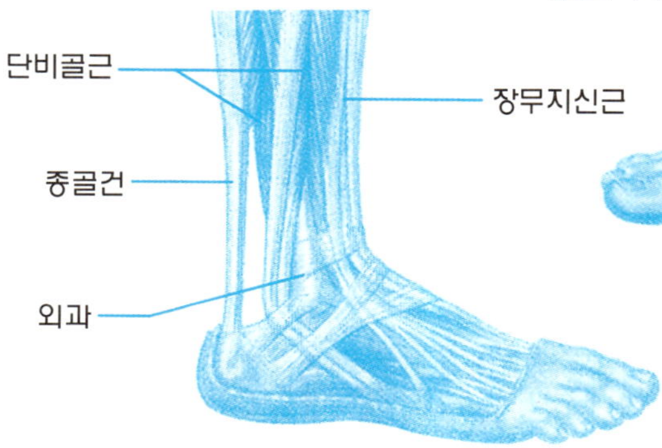
단비골근
장무지신근
종골건
외과

3) 발 마사지 테크닉

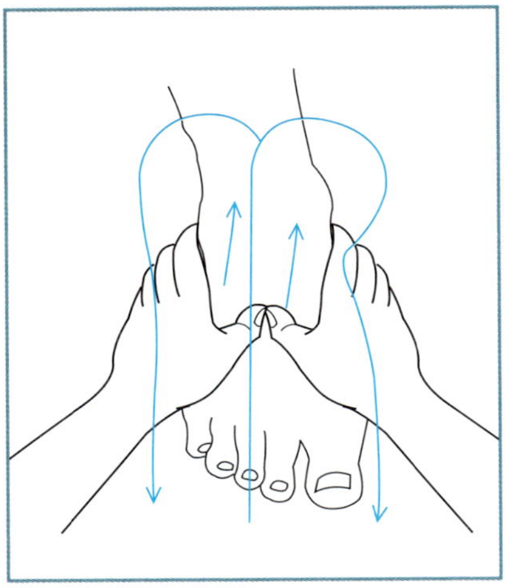

(1) 엄지로 발등을 쓸어 올리고 복숭아뼈를 지나 발뒤꿈치에서 발바닥을 쓰다듬으며 내려온다.

발바닥과 복숭아뼈의 노폐물 배출 동작이다.

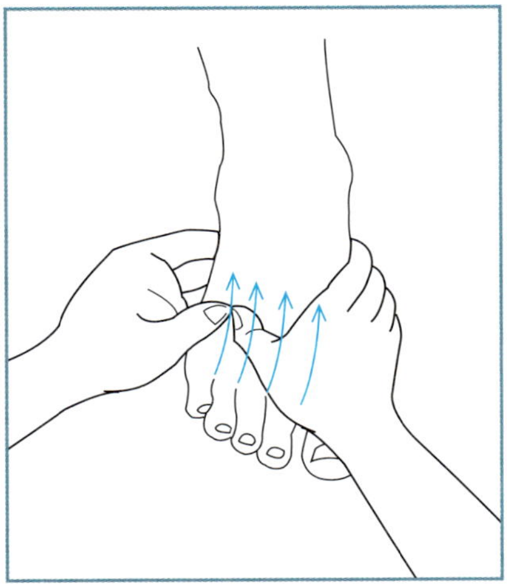

(2) 발등의 족근골 사이사이를 쓸어올려준다.

뼈 사이의 노폐물과 독소를 제거하는 효과가 있으며, 발의 부기도 내려준다.

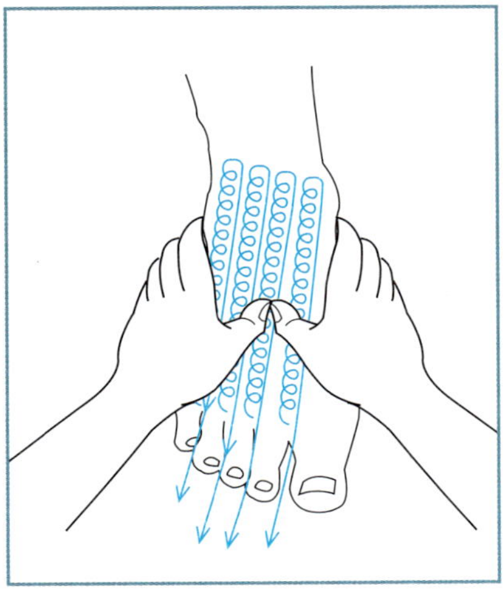

(3) 엄지로 족근골을 나선형으로 돌리면서 쓸어준다.

2번보다 강한 동작으로 연령이 높거나 운동량이 많은 사람, 많이 걷는 사람에게 효과적인 동작이다.
발의 피로와 부종을 정리해 준다.

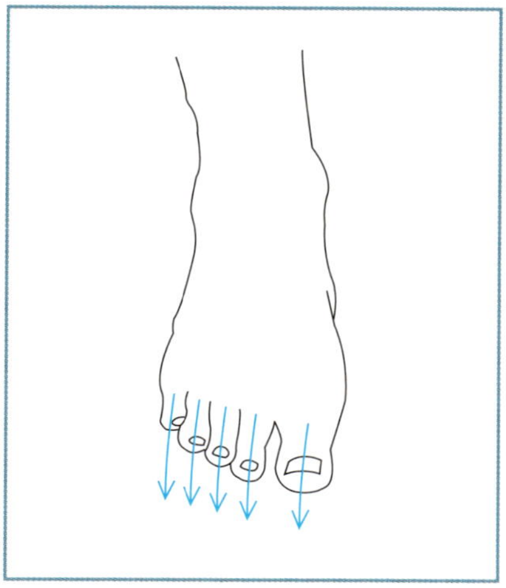

(4) 발가락 전체를 검지와 중지에 끼워서 아래, 위, 옆으로 훑어주고 발가락 마디마디를 튕겨준다.

발가락을 스트레칭하는 느낌이다.
머리를 맑게 하고 다리 피로를 풀어준다.

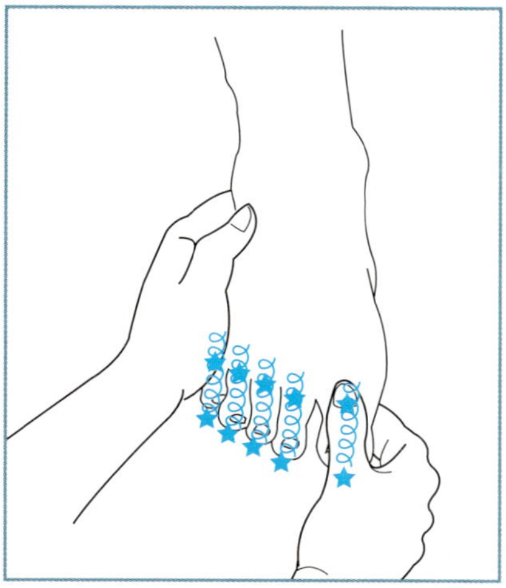

(5) 발가락을 나선형으로 돌리면서 마사지한 후 발톱 끝과 발가락 마디 끝을 압을 주면서 자극해준다.

발끝과 손바닥, 발바닥에는 모세혈관과 말초신경이 많이 분포되어 있으므로 치매예방이나 기억력 증진에 효과적인 동작이다.

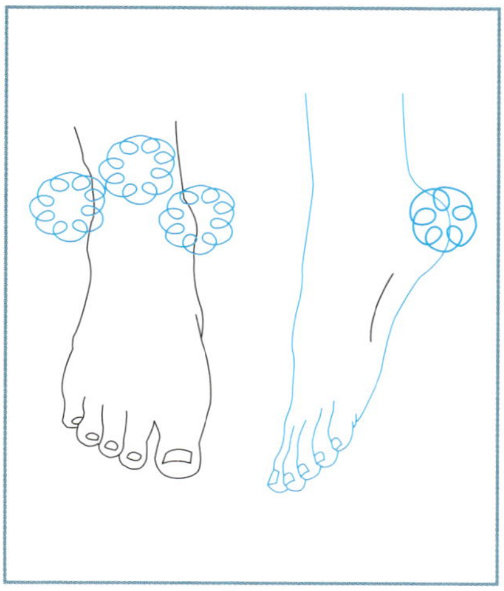

(6) 엄지로 그림에 표시된 해계, 경골 말단부위, 복숭아 뼈 안쪽인 비골 말단부위, 뒤꿈치 순으로 압을 준 후 같은 부위를 나선형으로 마사지한다.
뒤꿈치를 나선형으로 마사지할 때는 반쪽씩 손을 번갈아가며 행한다.

성장점은 두뇌와 연관이 있는 혈점이며 경골은 피로가 많이 쌓이는 부위로 나이가 들수록 부어있는 경우가 많다.
발목선을 만들어 주고 뒤꿈치를 부드럽게 해준다.

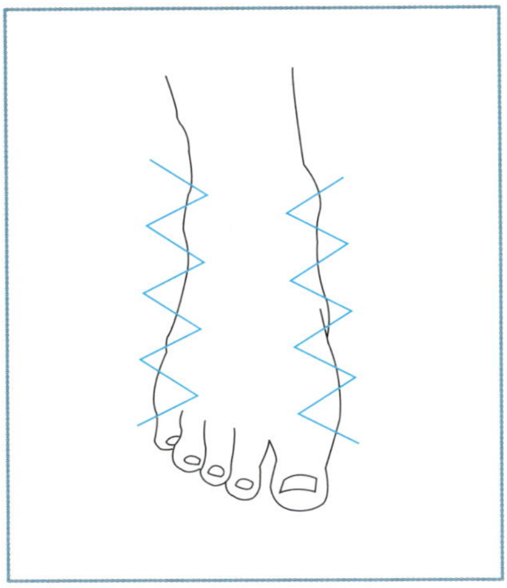

(7) 발목을 세워 양손으로 발 전체를 감싸서 비벼준다.

뒤꿈치는 발 반사요법에서 생식기와 관계가 있으며 건조해지기 쉬운 부위이므로 관리에 특별히 신경쓰는 것이 좋다.

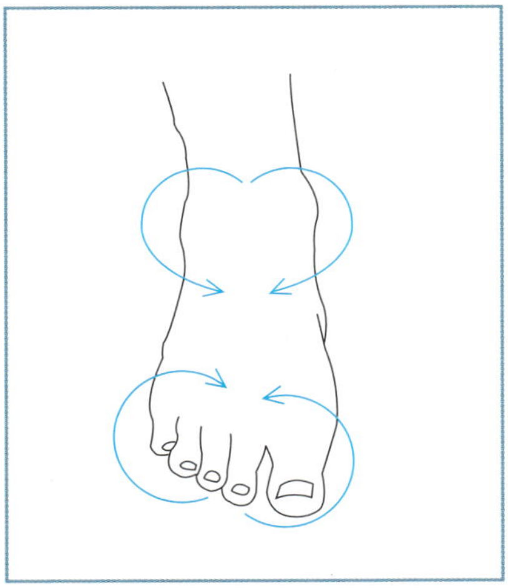

(8) 양 손으로 발 전체를 감싸고 발목을 좌우로 부드럽게 돌려준다. 이때 발뒤꿈치는 왼쪽으로 발가락은 오른쪽 방향으로 엇갈리게 돌려준다.

발의 피로물질을 제거와 관절의 유연함을 주는 동작이다.

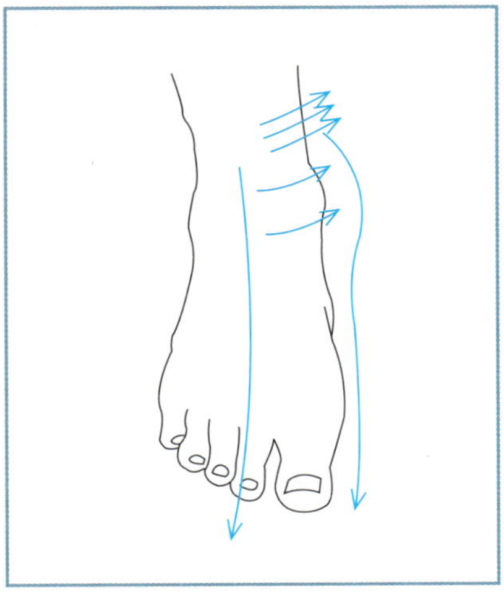

(9) 아킬레스건을 맞잡아 족근골과 족심을 쓸어준다. 이때 발등은 엄지로, 발바닥은 사지를 이용한다.

근육을 이완시키고 스트레칭해주고 피로를 풀어주고, 부종을 없애주는 효과가 있다.

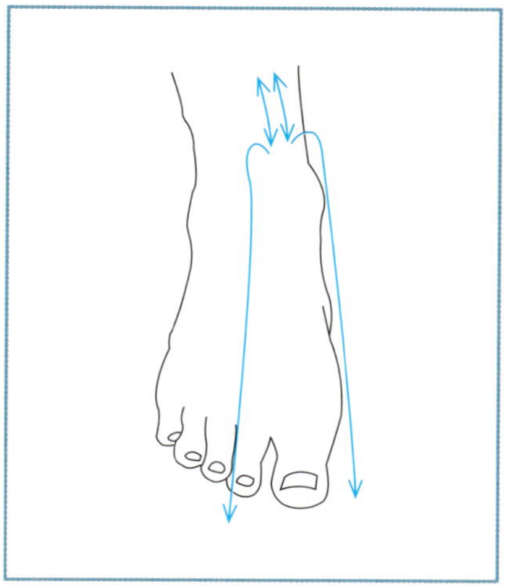

(10) 아킬레스건을 쓸어주고 족근골과 족심을 쓸어준다. 보통 한손을 사용하나 발목이 굵을 경우에는 양 손을 사용한다.

젖산 및 노폐물을 제거하여 부종을 제거하는 효과가 있다.

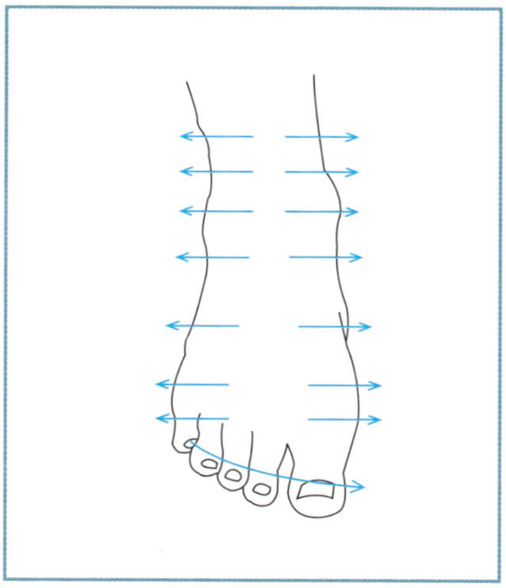

(11) 발등에 엄지, 발바닥에 사지를 놓고 발등을 맞잡아 빼준다.

발끝부터 발뒤꿈치까지 전체적으로 마사지한다.

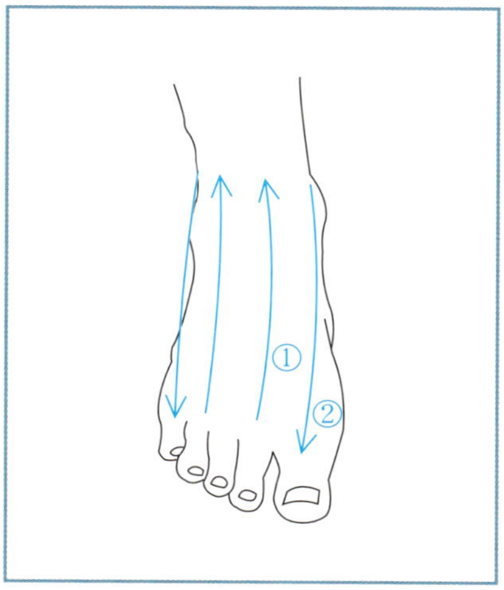

(12) 발등을 주먹을 가볍게 쥐고 위로(발목까지) 쓸어주고 손바닥으로 진정시키며 내려온다.

발등의 림프순환을 도와 노폐물을 제거해 준다.

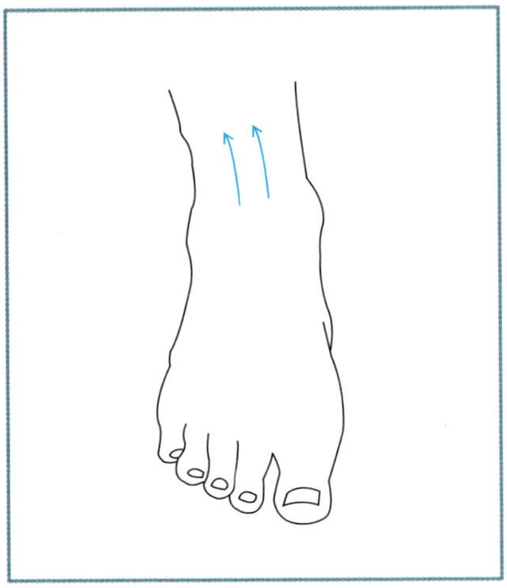

(13) 해계혈을 위, 아래로 쓸어준다. 발이 크거나 부었을 경우에는 주먹을 이용해서 쓸어준다.

> 손가락 손바닥 주먹 순으로 갈수록 강조가 강해지므로 피로가 누적되어 있는 발일수록 손바닥이나 주먹을 사용하여 어린이에게 적용하면 성장에 효과적이다.

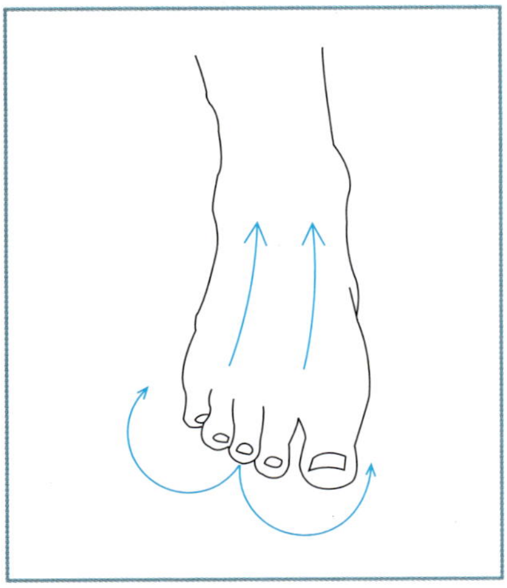

(14) 발가락을 세워 하나하나 튕겨준 후 발등을 쓸어준다.

> 발의 피로회복에 효과적이다.

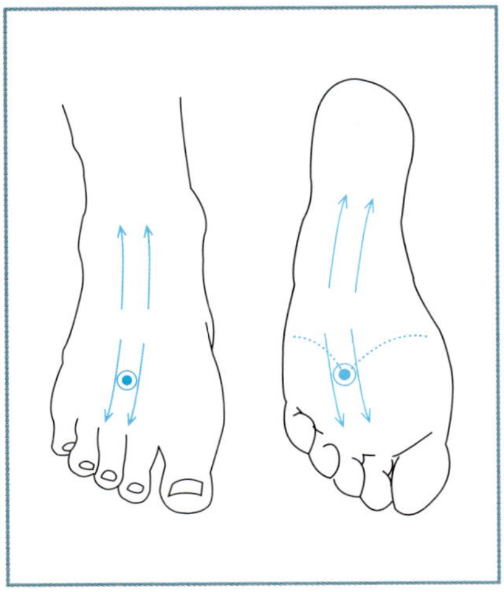

(15) 발바닥 용천에 압을 준 후 발뒤꿈치 아래로, 발가락 쪽 위로 족심을 쓸어준다.

> 노폐물이나 독소제거에 가장 효과적인 동작이다.

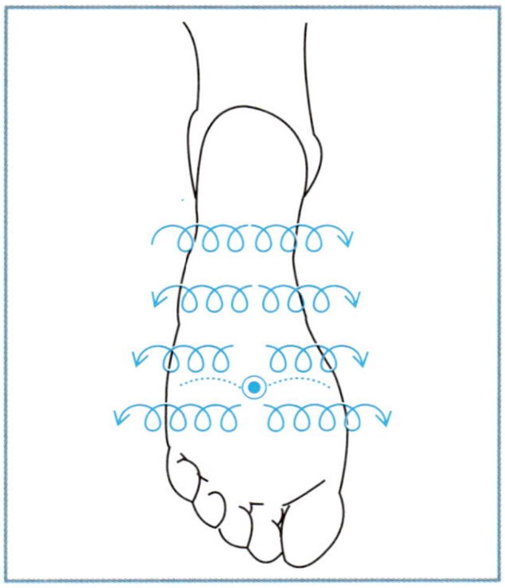

(16) 발등은 사지로 발바닥은 엄지를 이용하여 발 전체를 나선형으로 마사지한다.

역시 노폐물과 독소제거에 효과적인 동작이다.

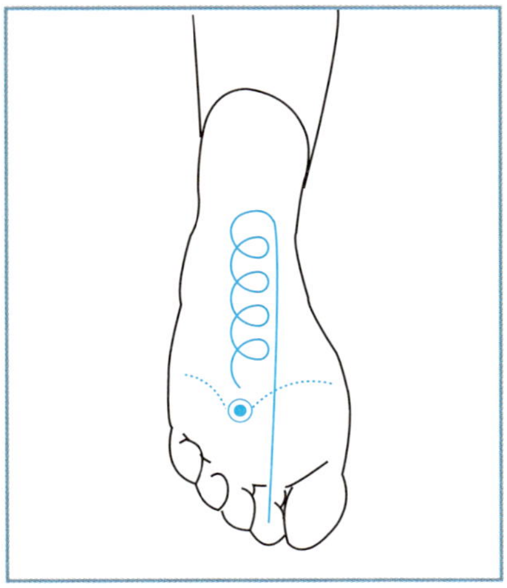

(17) 발등은 사지로 발바닥은 엄지를 이용하여 족심을 수직으로 나선형을 그리듯 마사지하고 쓸어준 후 용천을 지압한다.

역시 노폐물과 독소제거는 물론 발이나 아랫배가 찬 사람에게 용천의 지압은 효과적인 동작이다.

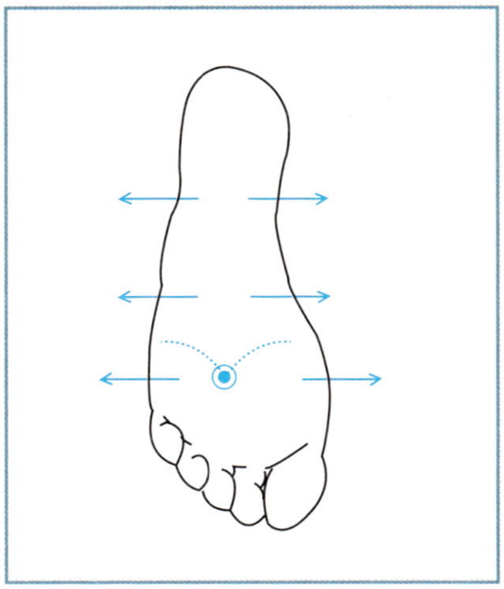

(18) 사지는 발등에 엄지는 발바닥에 놓고 양손으로 발바닥을 맞잡아 빼준다.

노폐물과 독소제거에 효과적인 동작이다.

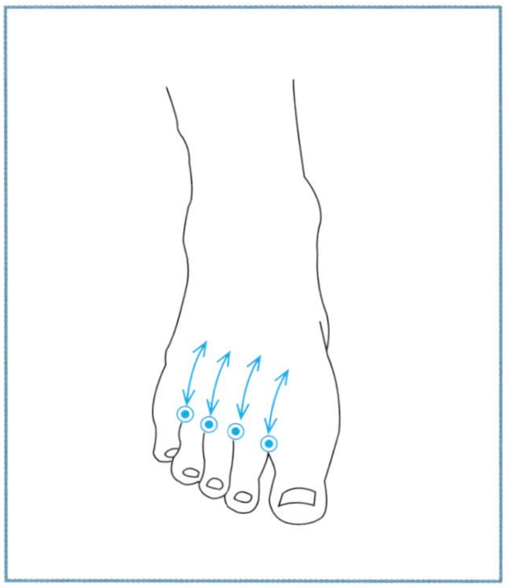

(19) 엄지로 발가락 사이사이에 압을 준 후 쓸어 준다.

치매예방과 발 저림 그리고 쥐가 날 때 행하면 도움이 되는 동작이다.

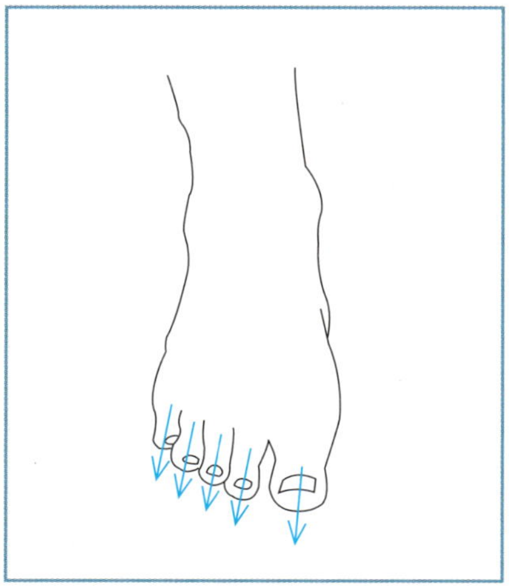

(20) 발가락을 세워 하나하나 튕겨주고 발등과 뒤꿈치를 쓸어준다.

사기를 제거하는 동작이다.

4) 다리 전면 마사지 테크닉

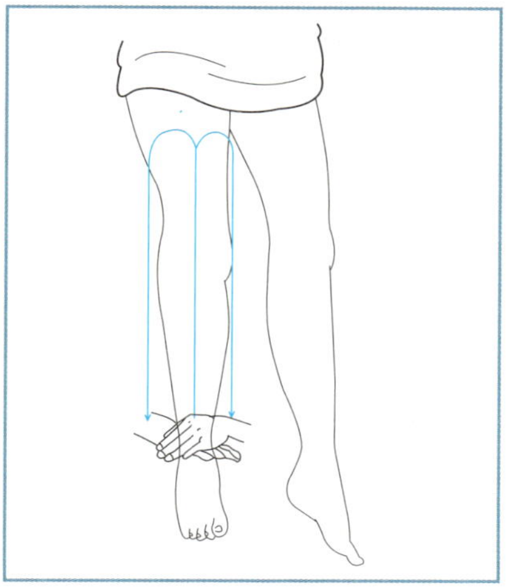

(1) 양 손바닥으로 장압하며 다리 전체를 쓸어 올린 후 엉덩이 밑의 비관에 압을 주고 다리 뒷부분을 쓰다듬으며 내려온다.

> 다리 스트레칭 동작으로 근육이완과 피로 회복, 혈액순환 촉진에 효과적이다.

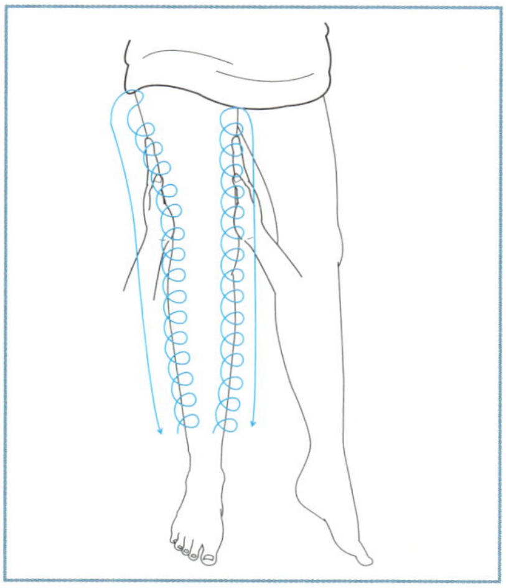

(2) 양손으로 발목부터 다리 내·외부를 나선형을 그리며 올라간 후 뒤쪽을 쓸면서 내려온다. 이때 복숭아 뼈 양쪽은 나선형을 작게 그리다가 올라갈수록 크게 그려준 후 천천히 부드럽게 쓸어내린다.

> 대퇴근과 하지근의 강직을 풀어준다.

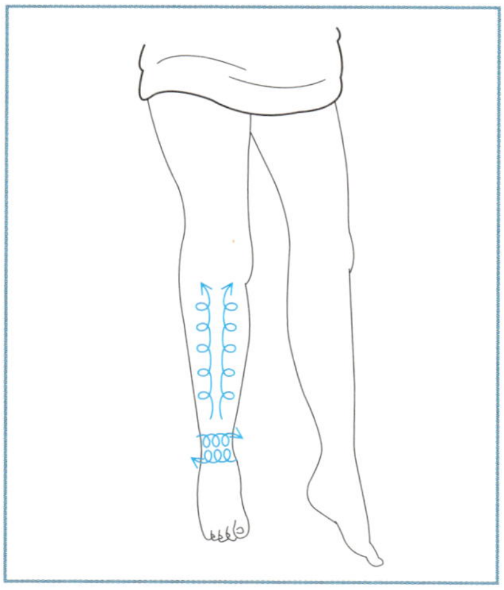

(3) 발목을 두 손으로 나선형으로 러빙한 후, 무릎까지 손바닥으로 나선형을 그리면서 쓸어 올라간다.

> 발목의 피로와 하지의 긴장을 풀어주고, 다리 부기를 완화시켜준다.

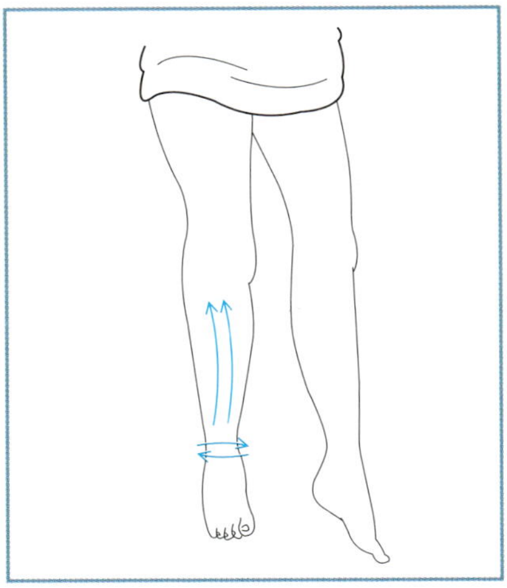

(4) 다시 발목을 두 손으로 쓸어준 후, 무릎까지 손바닥으로 쓸어올라간다.

하지정맥의 예방과 다리의 부기를 완화시켜준다.

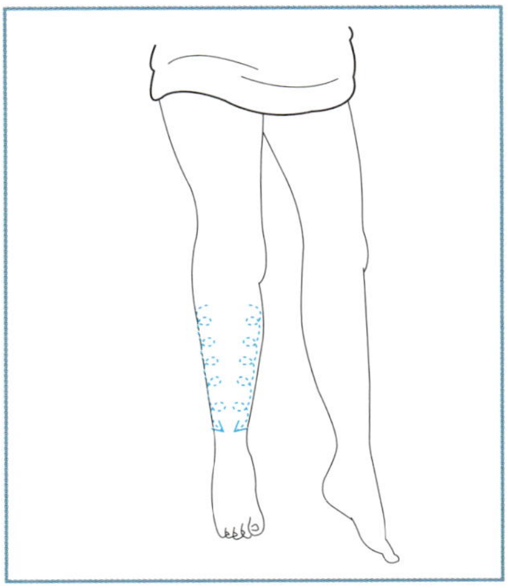

(5) 비복근과 가자미근을 두손을 마주하며 나선형으로 쓸어내려준다.

종아리 근육의 뭉침을 예방한다.

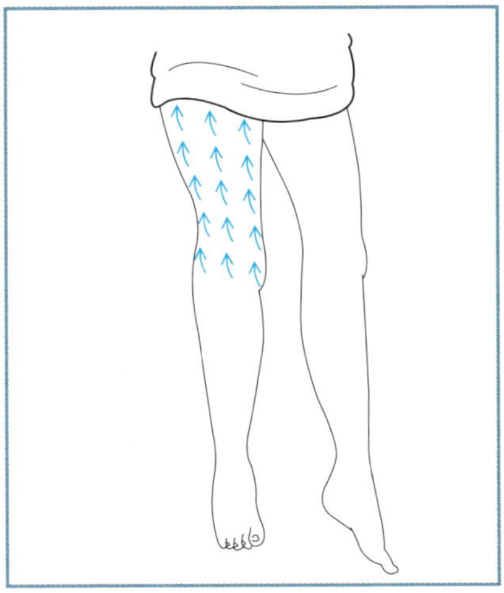

(6) 대퇴부위를 두 엄지로 쓸어올라간다.

다리의 셀룰라이트 완화와 피로를 풀어준다.

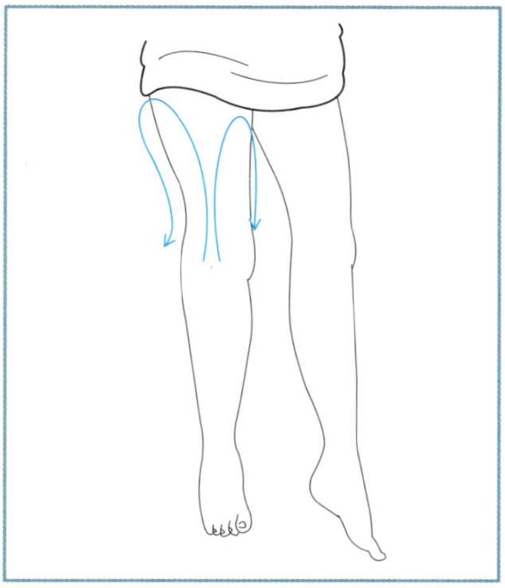

(7) 두 손을 마주하며 대퇴부위를 서혜부 방향으로 쓸어올려준다.

대퇴직근의 긴장을 완화시켜준다.

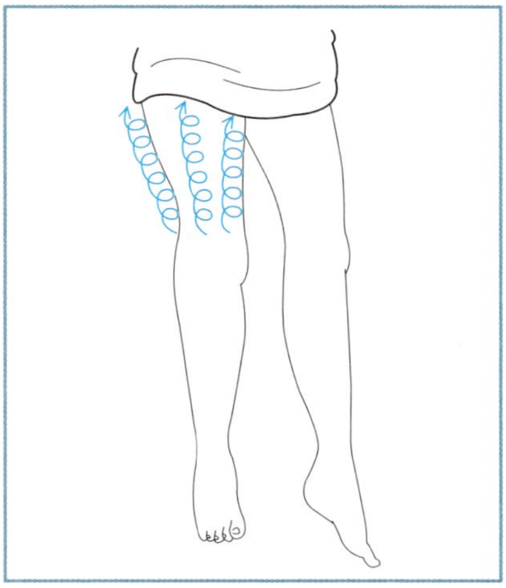

(8) 대퇴부위를 서혜부 방향으로 나선형으로 쓸어올려준다.

다리의 림프순환을 도와준다.

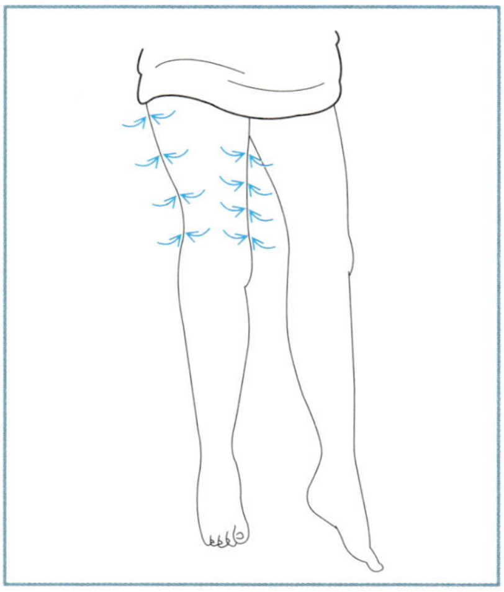

(9) 대퇴부위 양쪽부위를 맞잡아 비틀기한다.

다리의 셀룰라이트 완화와 근육뭉침을 예방한다.

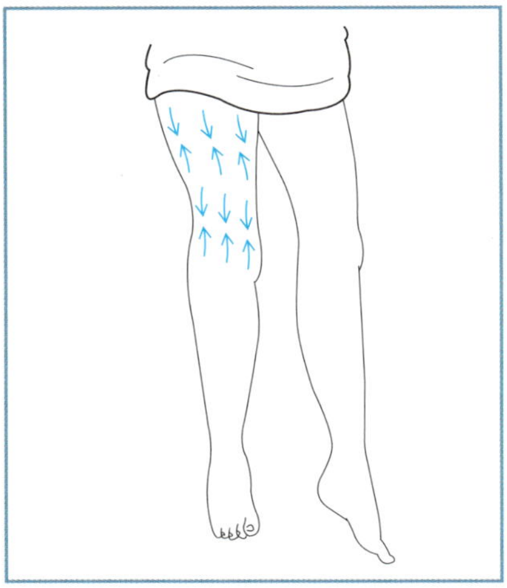

(10) 두 손을 마주하며 대퇴부위를 맞잡아 퍼올리듯이 마사지한다.

다리의 림프순환을 도와 다리비만관리에 효과적이다.

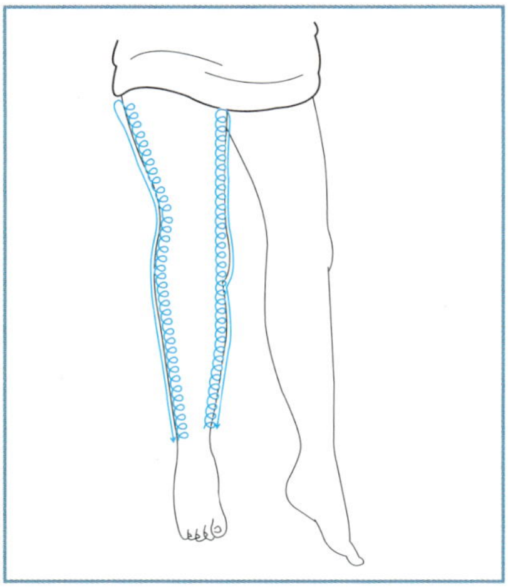

(11) 모지구와 소지구를 이용하여 담경과 간경을 나선형으로 마사지하며 올라간 후 진정시키며 쓸어내린다.

봉공근과 박근, 내복사근과 가자미근의 긴장을 풀어주어 부종과 노폐물 배설 효과

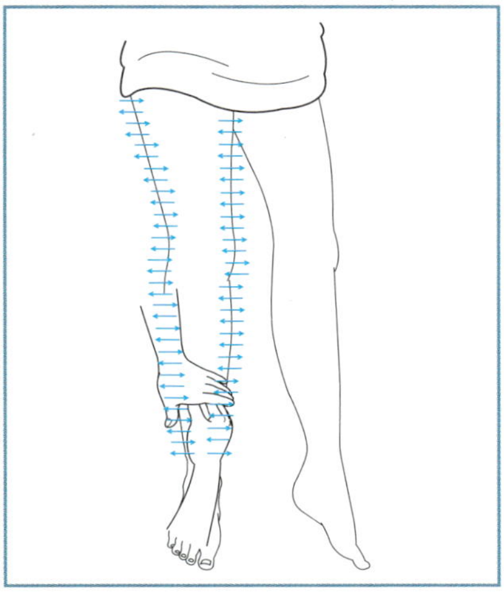

(12) 다리 내, 외부를 양 엄지와 사지로 잡듯이 밀어준 후 그 부위를 손바닥으로 쓰다듬어 준다. 오른손으로 잡고 왼손으로 쓸어주며 올라가서 서혜부에서 손을 교차한다.

셀룰라이트와 비만관리에 사용되며 정맥류를 예방하는 효과도 있는 동작이다.

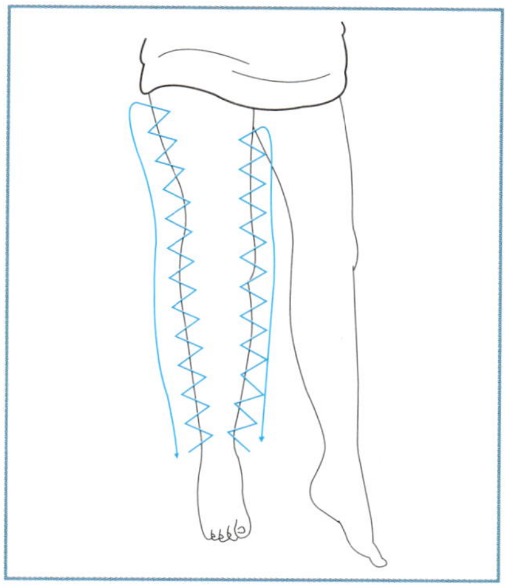

(13) 다리 내, 외부를 동시에 vibration 해주고 쓰다듬기로 내려온다.

양손을 교차하며 올라갔다가 내려올 때는 진정시켜준다.

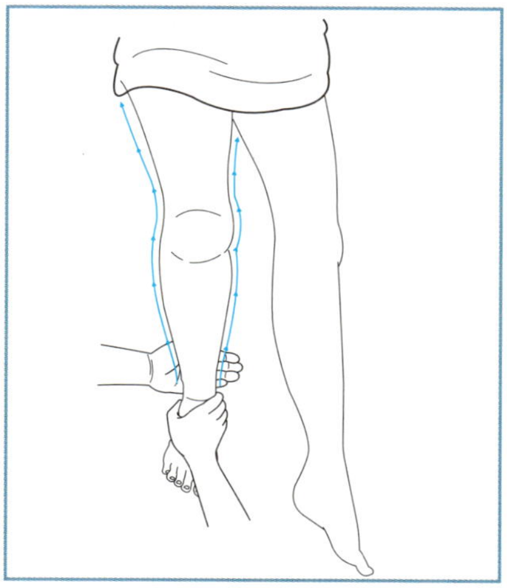

(14) 무릎을 세우고 비복부와 가자미근을 쓸어준 후 대퇴 뒷부분을 3등분하여 쓸어준다.
이때 오른손으로 발등을 누르고 무릎을 90도로 세운 후 왼손바닥으로 다리 뒷부분을 쓸어준다. 쓸어줄 때 허벅지는 주먹과 손바닥을 이용한다.

노폐물과 젖산을 배출하는 효과가 있는 동작이다. 종아리 근육을 유연하게 해주고 각선미를 예쁘게 만들어 준다.

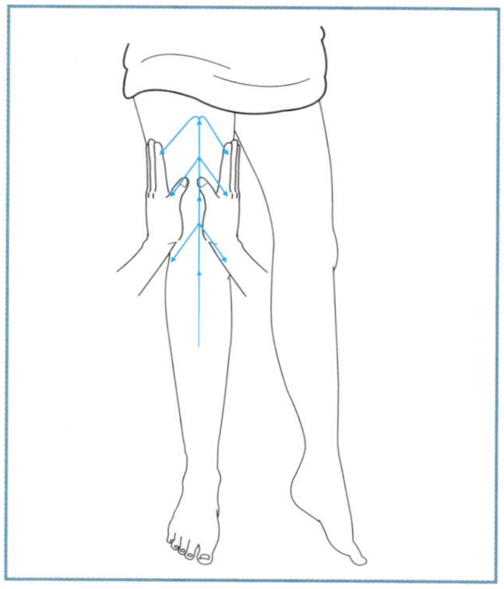

(15) 양 손바닥으로 장압하며 발목부터
대퇴직근을 모지구와 소지구를 이용하여 사선방향으로 쓸어내린다. 올라갈 때 역시 사선방향으로 마사지한다.

셀룰라이트 관리에 효과적이다.

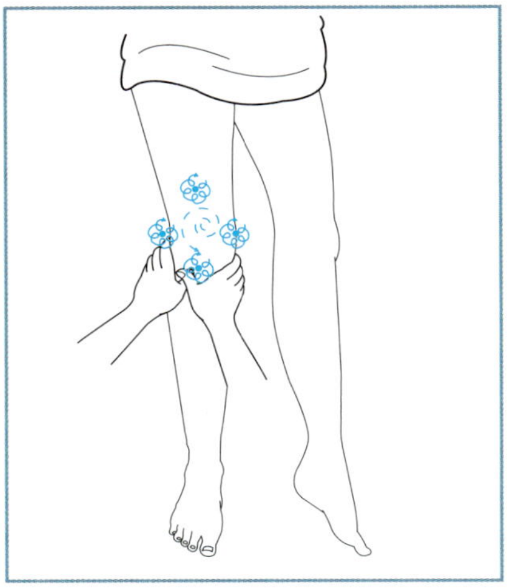

(16) 혈해와 곡천에 압을 주고 나선형으로 마사지한다. 밑에서 옆, 뒤의 순으로 시계방향으로 마사지하며 슬와 부위도 같은 방법으로 약하게 해준다.

슬관절의 유연함을 도와준다.

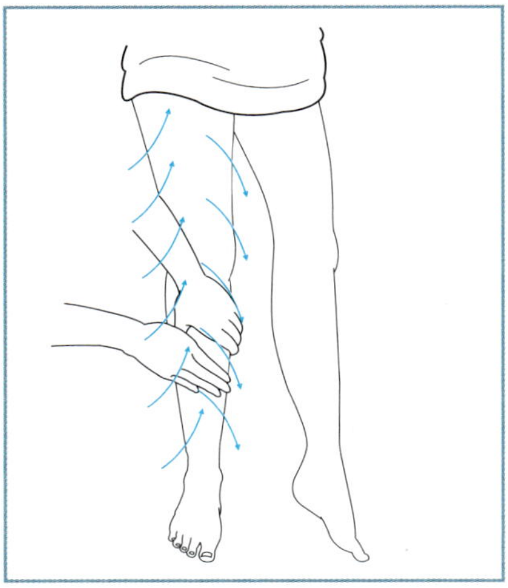

(17) 다리를 사선으로 쓸면서 올라가서 안쪽 봉공근을 기시점으로 다시 사선으로 내려온다. 손을 갈고리 모양으로 하여 밖은 올려주고 안은 내려준다.

부종완화, 림프순환, 비만관리에 효과적인 동작이다.

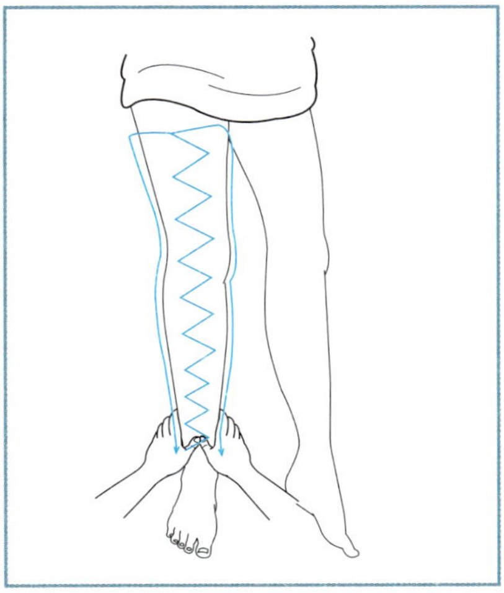

(18) 1번과 같은 방법으로 쓰다듬어 준 후 발목을 잡고 다리 전체를 털어주고, 발목을 세워 다리 뒤쪽 근육을 당겨준다.

다리 전체를 이완시켜주고, 피로를 풀어주는 효과가 있다.

5) 다리 후면 마사지 테크닉

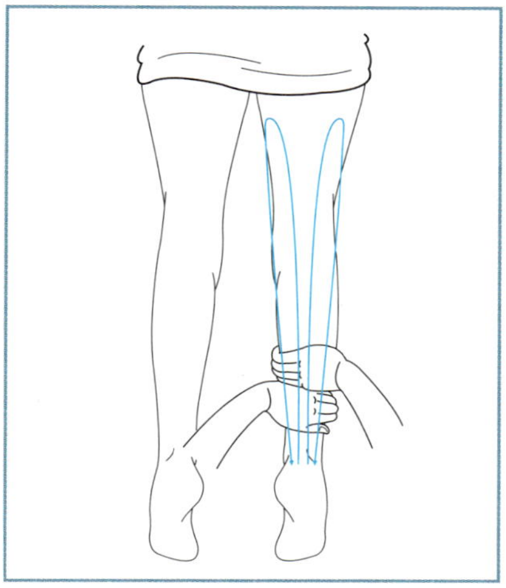

(1) 손바닥으로 발바닥에서 엉덩이 라인 승부혈까지 밀착시키면서 쓸어준다.

> 정맥의 순환을 도와 다리의 피로도를 풀어주는 동작이다.

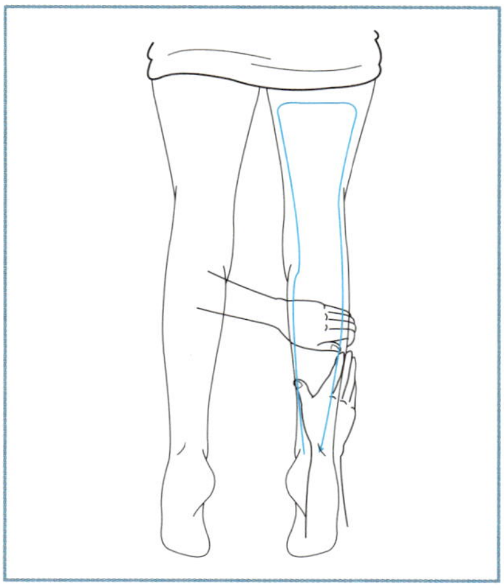

(2) 두 손으로 다리 안쪽으로 바깥쪽으로 쓸어내려준다.

> 마사지를 하지 않는 다리에는 타월을 덮어서 체온을 빼앗기지 않도록 하고, 고객과 호흡을 같이 하면서 다리 깊숙이 마사지하여 전신의 피로를 풀어준다.

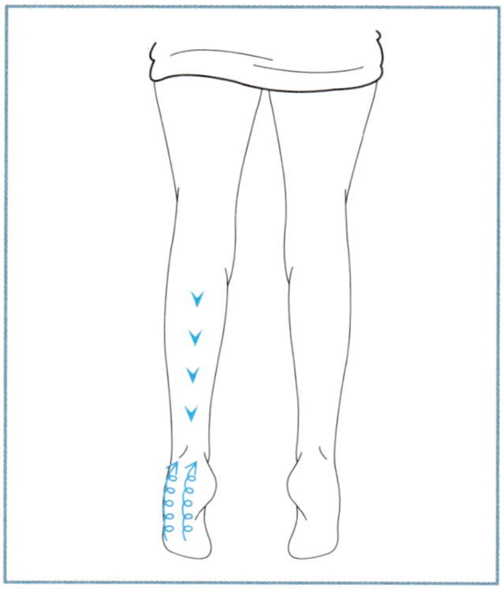

(3) 발바닥을 나선형그리기한 후, 종아리를 꼬집듯이 탭핑한다.

> 부기와 노폐물 제거로 다리 피로를 풀어준다.

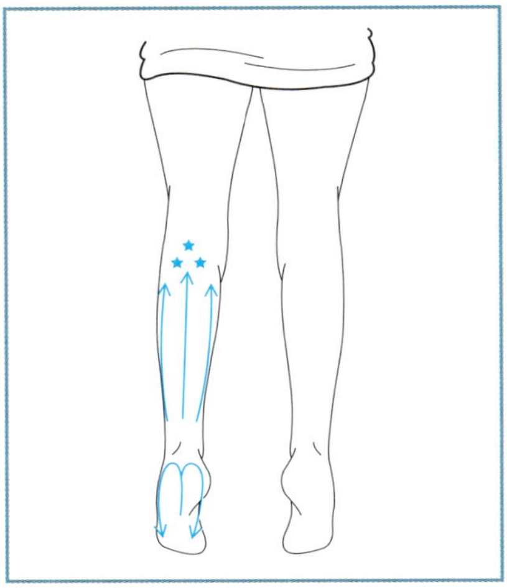

(4) 주먹으로 발바닥 쓸고, 종아리 위로 쓸어 올리고 위중, 위양, 부극에 압을 준다.

다리 저림과 경련예방에 효과적이다.

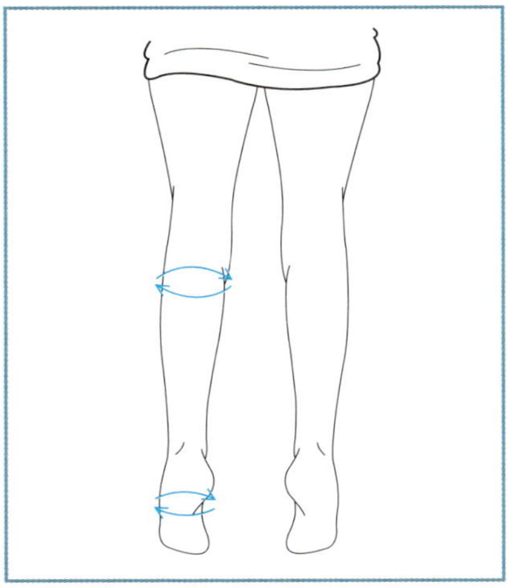

(5) 발바닥 돌려서 쓸고, 슬와를 두 엄지로 쓸어 준다.

다리의 림프순환을 도와 부기예방에 효과적이다.

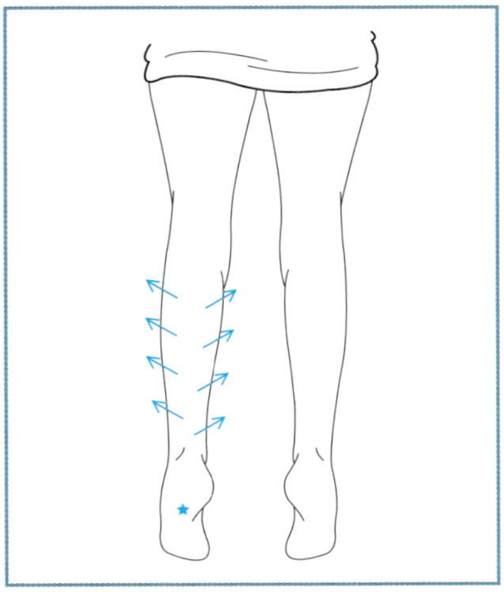

(6) 용천에 압을 준 후, 비복근과 가자미근을 지그재그로 쓸어준다.

다리 피로와 하지정맥완화에 효과적이다.

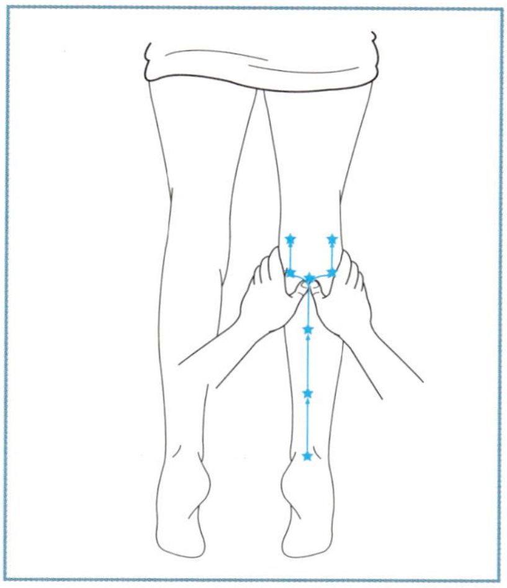

(7) 엄지로 올라오면서 곤륜, 승산, 승근, 위양. 양 위중, 부극점을 눌러준다.

족태양방광경의 경혈점으로 다리의 부기와 라인을 만드는데 효과적이다.
허리 근육의 피로도 풀어준다.

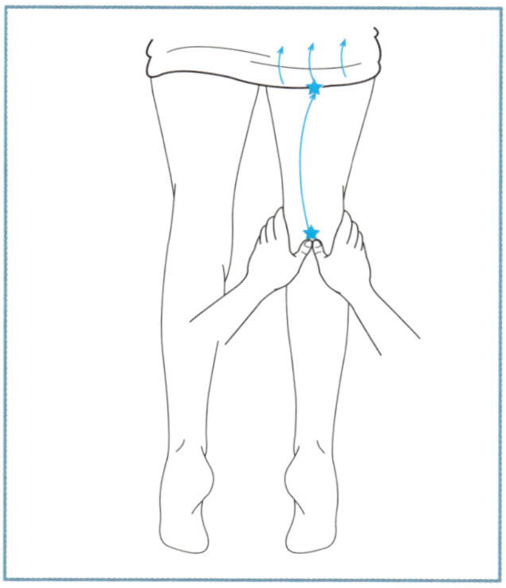

(8) 슬관절에서 대퇴부의 정중앙선의 부극, 운문을 엄지로 누르면서 쓸어올려 승부에서 압을 주고, 엉덩이를 향해 슬어올려준다.

힙 라인을 만들고, 엉덩이 처짐을 방지한다.

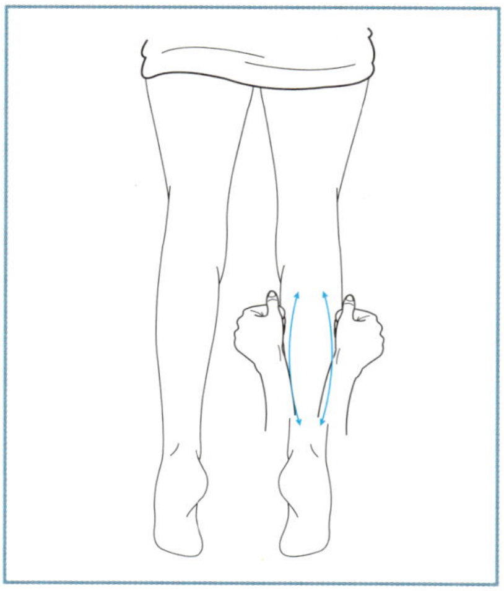

(9) 주먹을 쥐고, 하퇴삼두근 위・아래로 쓸어올려준다.
다리의 모양을 생각하면서 올릴때는 강하게, 내릴때는 약하게 한다.

종아리 라인을 예쁘게 해준다.

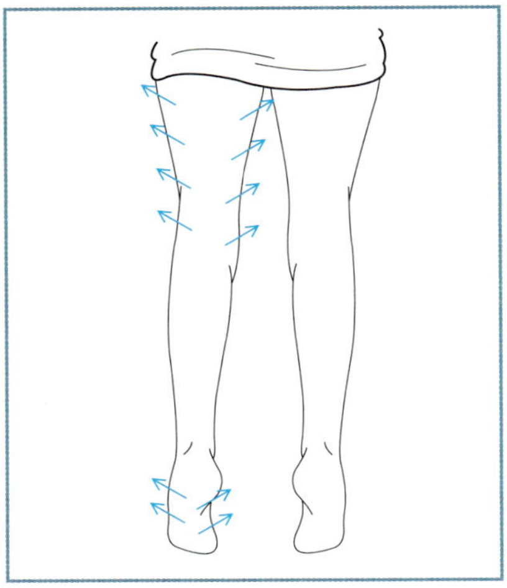

(10) 경골과 비골의 말단부위를 맞잡은 뒤 사지로 쓸면서 퍼올리기한 후, 대퇴상부를 지그재그형으로 사지를 이용해 쓸어준다.

다리의 부기를 완화시켜주고, 다리 긴장을 풀어준다.

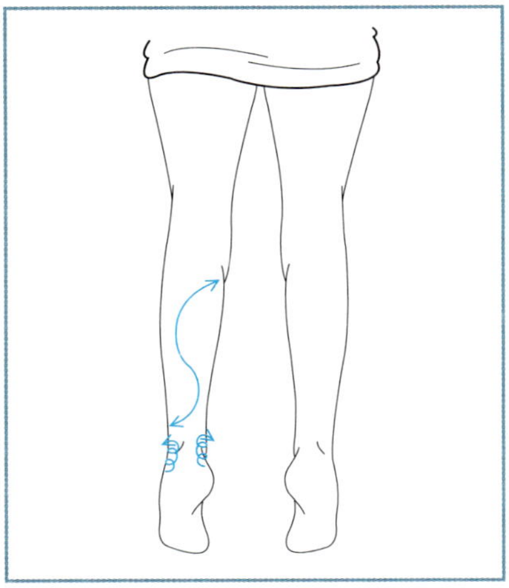

(11) 발목을 나선형그리기한 후, 손바닥으로 S자 모양을 그리면서 쓸어준다.

발목 근육을 유연하게 해주며, 비복근와 가자미근의 피로를 풀어준다.

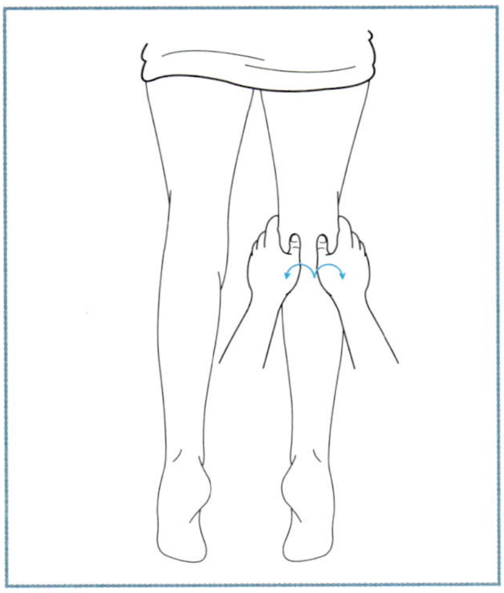

(12) 엄지로 슬관절을 부드럽게 쓸어준다.

보통 슬와는 부드럽게 만져주지만, 다리에 살이 많은 사람은 슬와가 딱딱하게 부어올라온 경우가 있는데 이때는 강하게 풀어주는 동작을 취해도 무방하다.

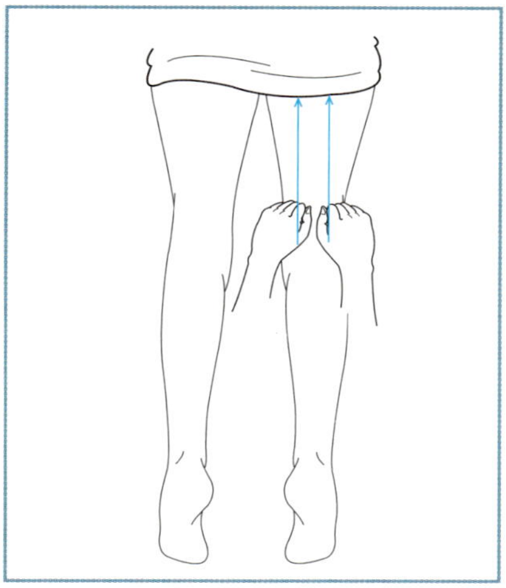

(13) 주먹을 쥐고 강하게 대퇴부를 밀어 올려준다.

다리에서 셀룰라이트가 가장 많이 뭉치는 곳으로, 힙업을 도와 다리 라인을 만드는데 가장 중요한 동작이다. 고객이 통증을 느낄 수 있으므로 강한 동작과 약한 동작을 번갈아가면서 시행한다.

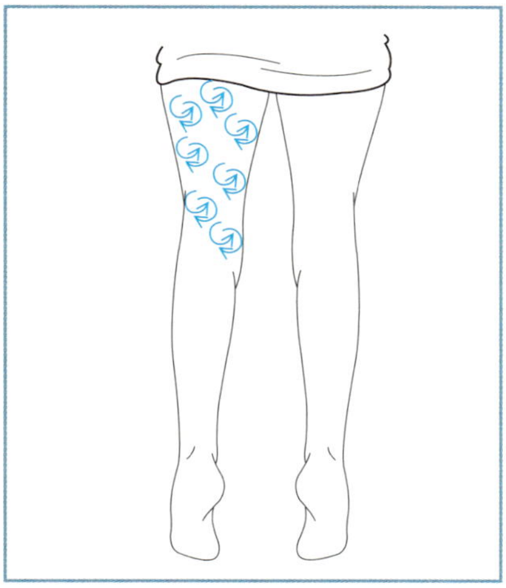

(14) 대퇴부위를 중지와 약지로 반원 그리듯 비틀어준다.

다리의 셀룰라이트 제거에 효과적이다.

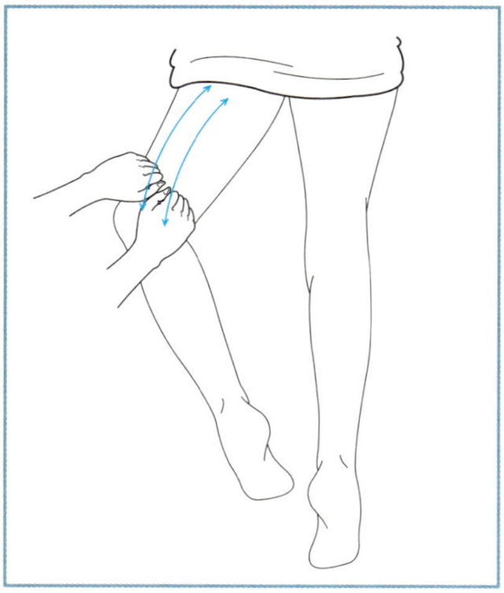

(15) 다리를 바깥쪽으로 구부려서 담경을 비경발끝에서 위로 올라오면서 주먹으로 쓸어준다.

경락선을 자극하여, 기혈의 순환을 촉진시킨다.

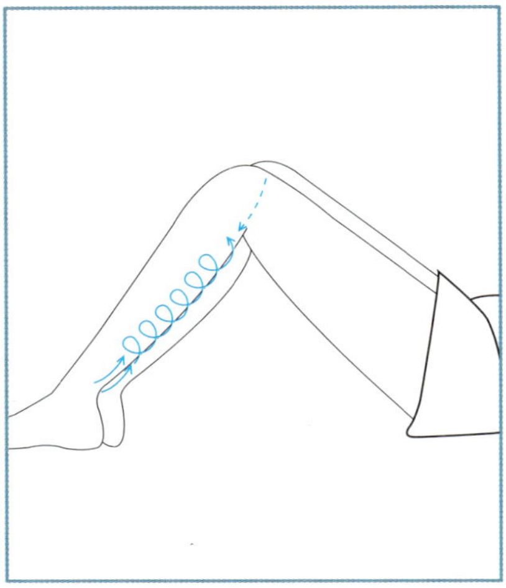

(16) 다리를 앞으로 구부려서 아킬레스건을 엄지와 검지로 쓸어올려 주고, 손바닥으로 비복근을 나선형 그리고 쓰다듬어 준다.

> 종아리 근육의 피로를 풀어주고, 다리근육의 뭉침을 완화시켜준다.

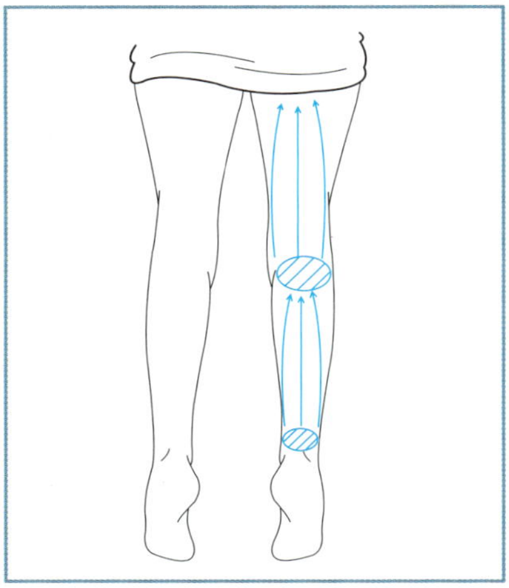

(17) 다리 아래에서 위쪽으로 3등분하여 압을 주면서 쓸어내려준다.

> 곤륜과 슬와를 압준다.
> 종아리 라인을 예쁘게 만들어주고, 엉덩이 처짐을 방지한다.

2 경락 마사지 테크닉

1. 기본 경락 마사지 테크닉

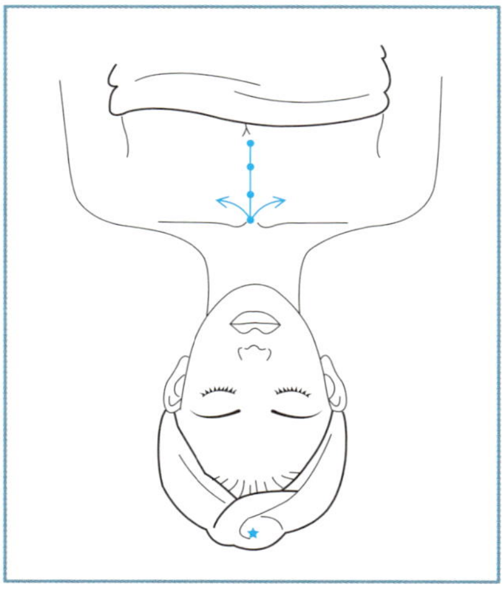

(1) 백회를 눌러주고, 천돌을 눌러준 후, 흉골쪽으로 쓸어준다.

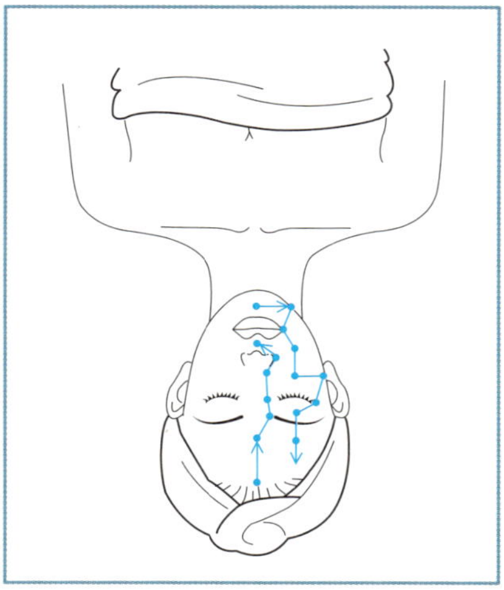

(2) 신정→인당→찬축→청명→비천→영향→수구→승장→협차→지창→거료→사백→하관→동자료→광명→어요 순으로 눌러준다.

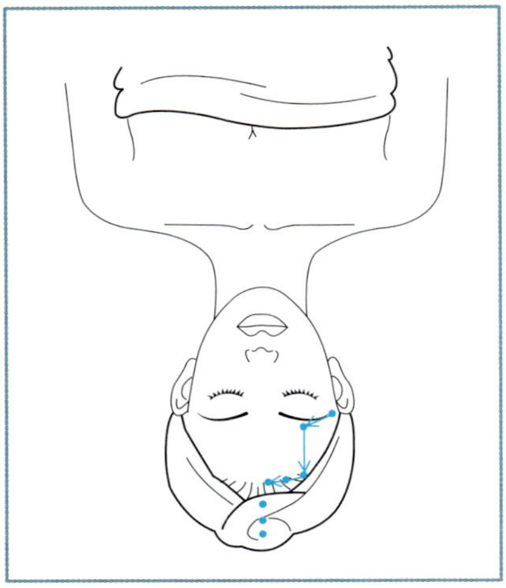

(3) 사죽공→양백→두유→곡차→미충→신정→상성→신회→전정 순으로 지압한다.

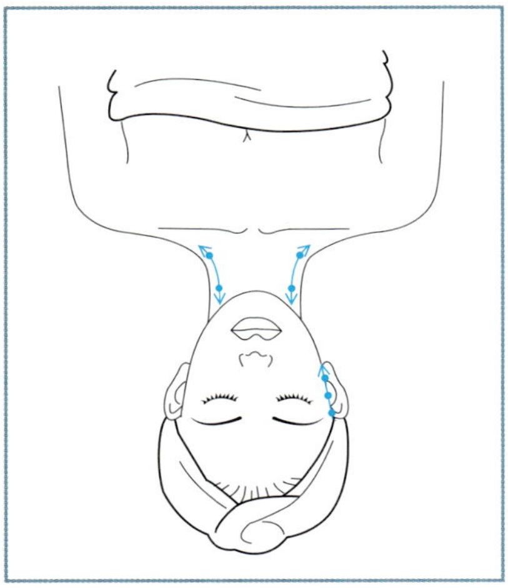

(4) 이문→청궁→청회→부돌→천정 순으로 미압한다.

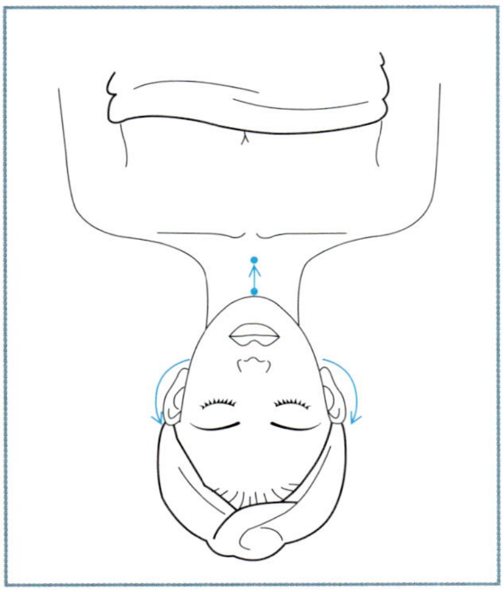

(5) 인영→수돌을 미압하고 예풍에서 머리를 따라 쓸 듯이 미압한다.

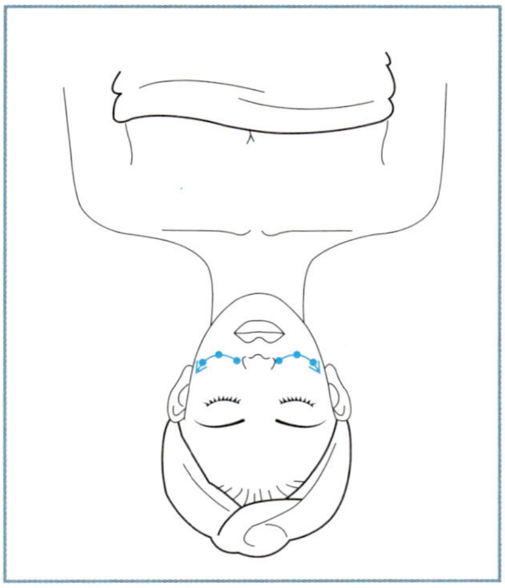

(6) 영향→거료→하관을 쓸어준다.

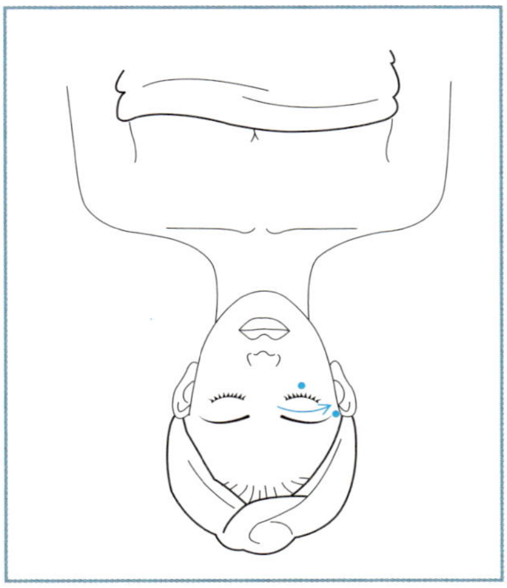

(7) 눈두덩을 엄지로 지긋이 누른 후 승읍을 굴려 준 다음 태양에서 미압한다.

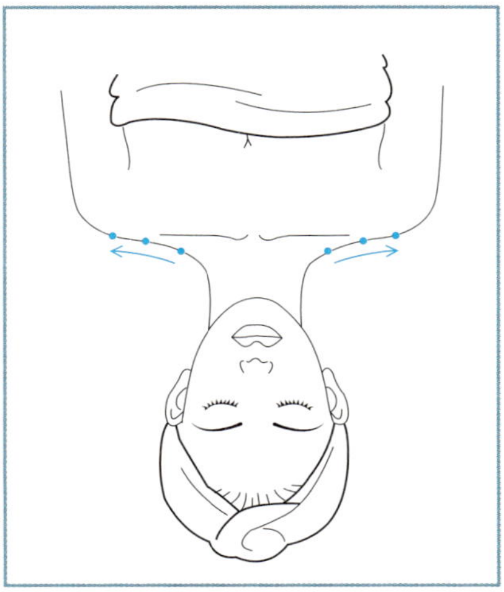

(8) 견외유→견정→견우를 압을 준다.

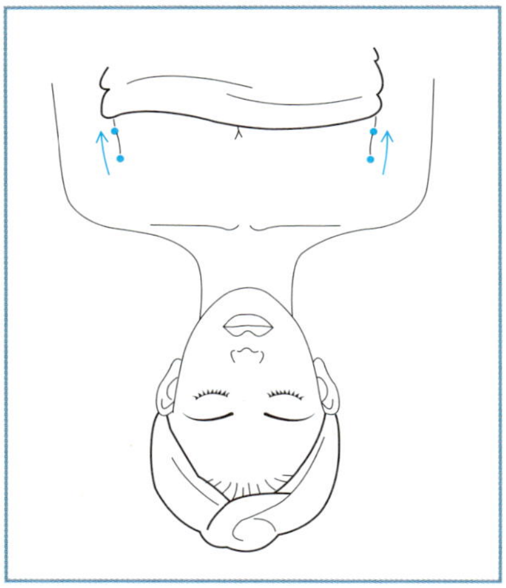

(9) 풍문→중봉을 지속해서 압을 준다.

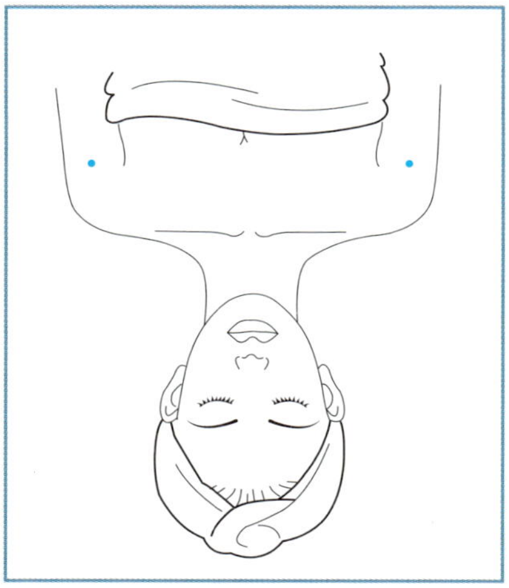

(10) 천부를 지속해서 압을 준다.

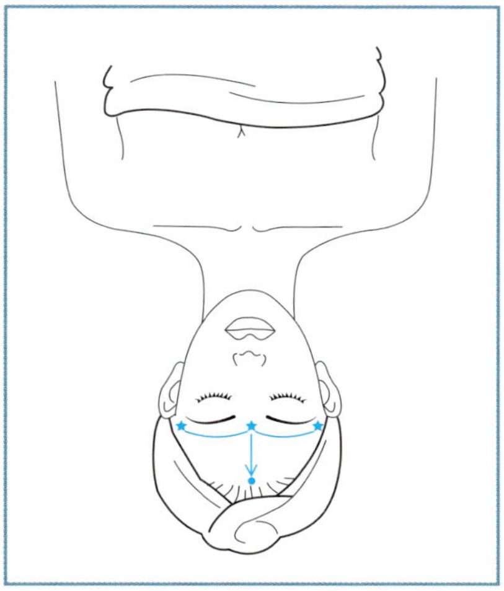

(11) 인당→하료를 향해 엄지로 쓸어 준 다음 신정을 향해 쓸어준다.

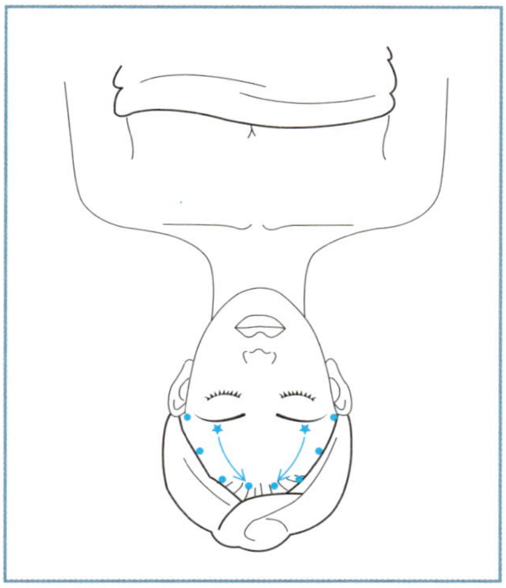

(12) 양백→곡차 쓸어준 후, 곡차→두유→항염→현리를 쓸어준다.

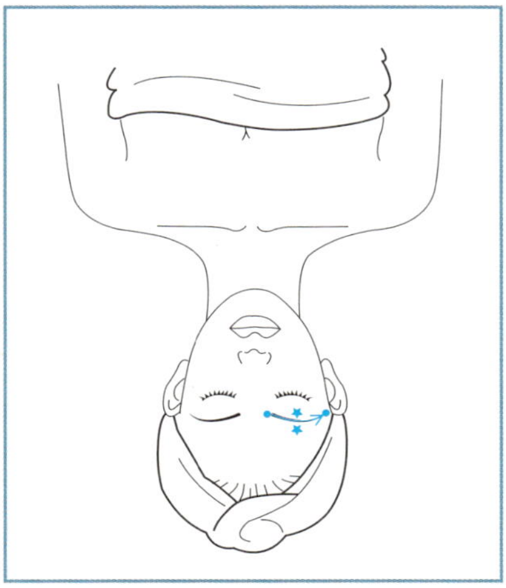

(13) 찬축→광명→어요→사죽공을 쓸어준다.

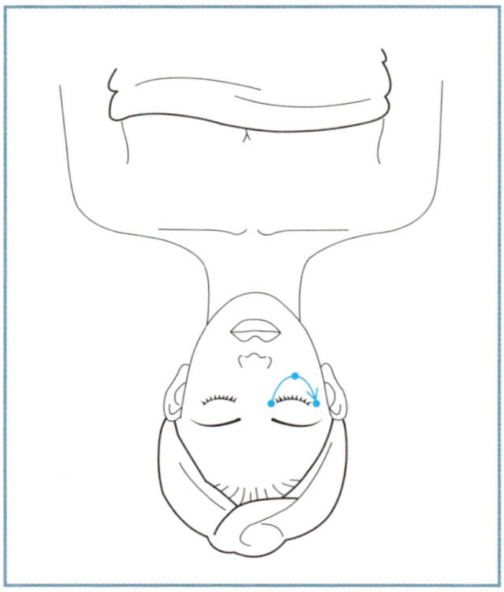

(14) 청명→승읍→태양을 쓸어준다.

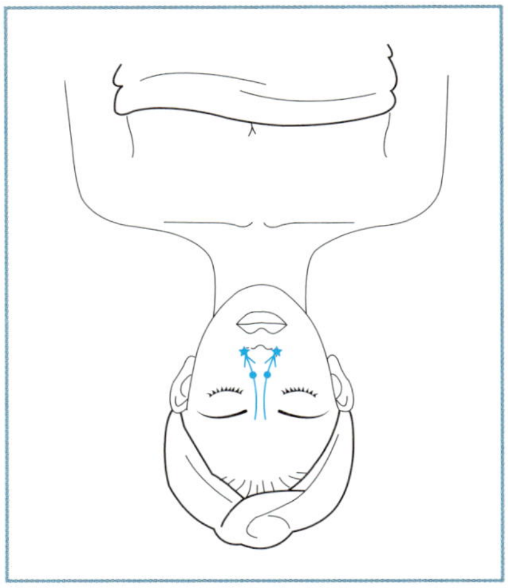

(15) 영향→비천을 쓸어준다.

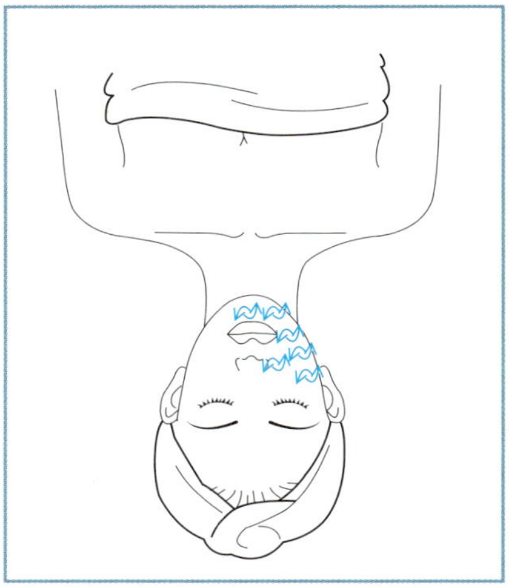

(16) 승장→지창→협차→수구→영향→거료→하관→청회→청궁→이문 순으로 중지를 반원 그리듯이 압을 준다.

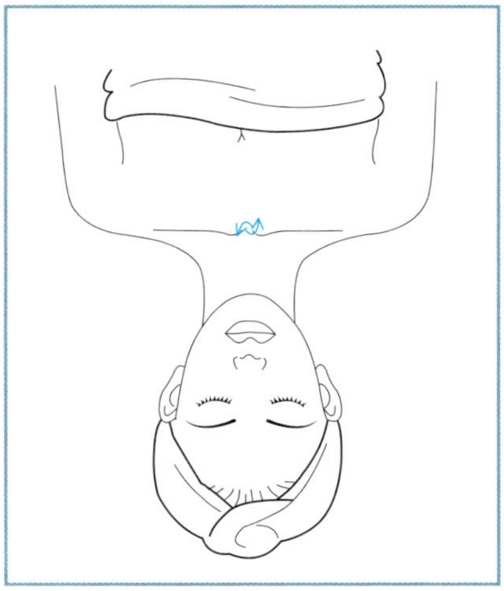

(17) 천돌을 반원 그려준다.

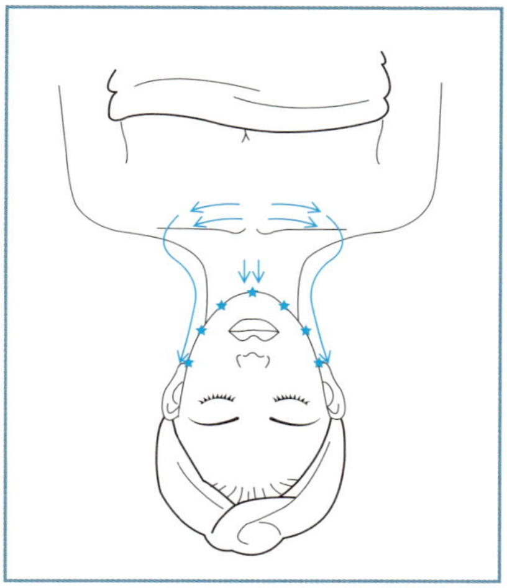

(18) 늑골간을 쓸고 어깨를 감싸서 목 뒤 경추를 쓸고, 연수→풍지→완골→예풍를 눌러준다.

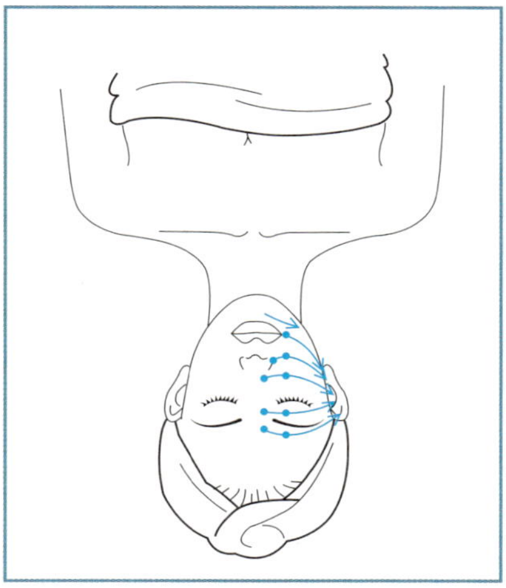

(19) 승장→협차→화료→지창→예풍→영향→거료→청궁→비천→사백→동자료→청명→어요→사죽공→찬축→광명→현리→현로를 눌러준다.

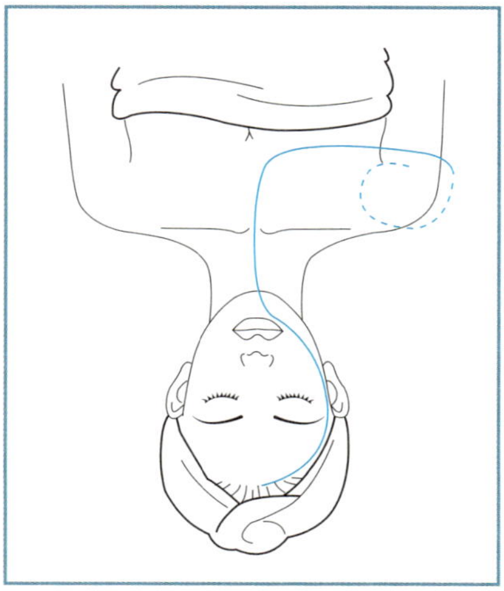

(20) 얼굴 외곽을 지나 임맥을 따라 내려가서 상완에서 뒤로 견갑골 둘레를 사지로 눌러준다.

2. 얼굴 축소에 효과적인 경락 마사지 테크닉

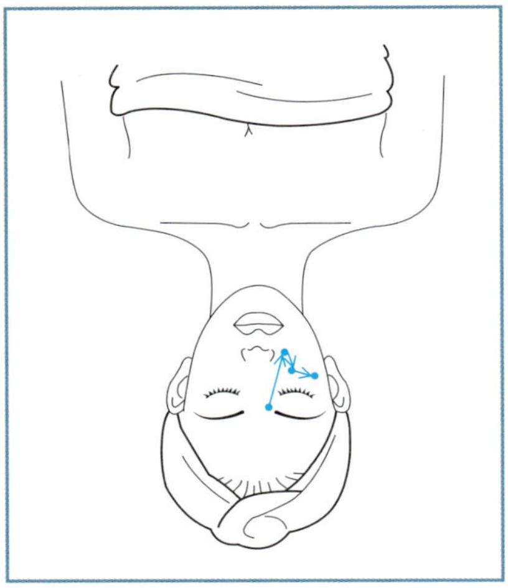

(1) 비천→거료→관료→하관→상관→하료→청회→청궁→이문혈을 강하게 5초간 누르고 문지른 후 힘을 뺀다.

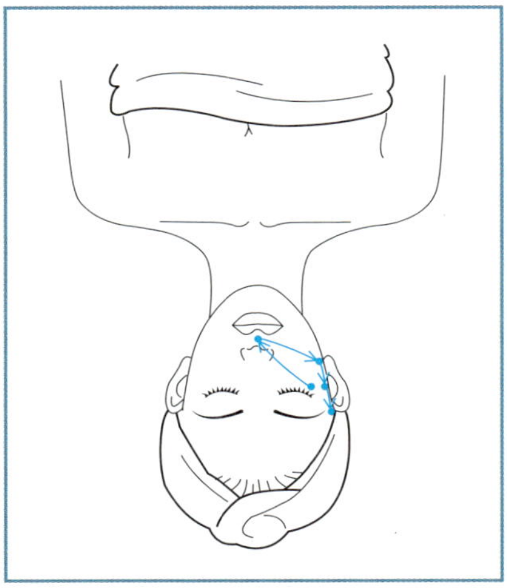

(2) 하료→청회→청궁→이문→상관을 눌러준다.

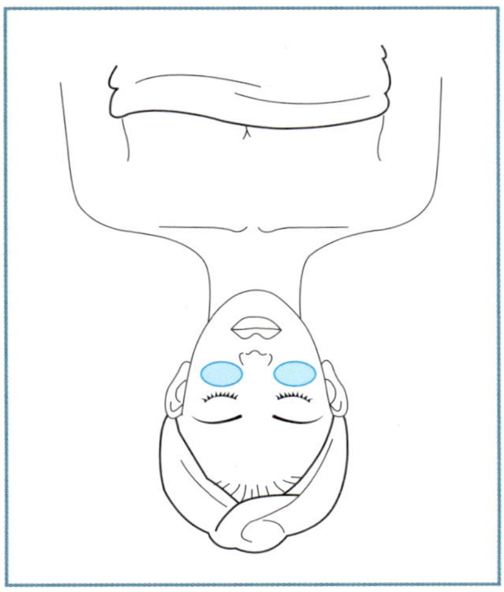

(3) 손바닥→협골을 5초간 지긋이 눌러준 다음 손을 가볍게 흔들어준다.

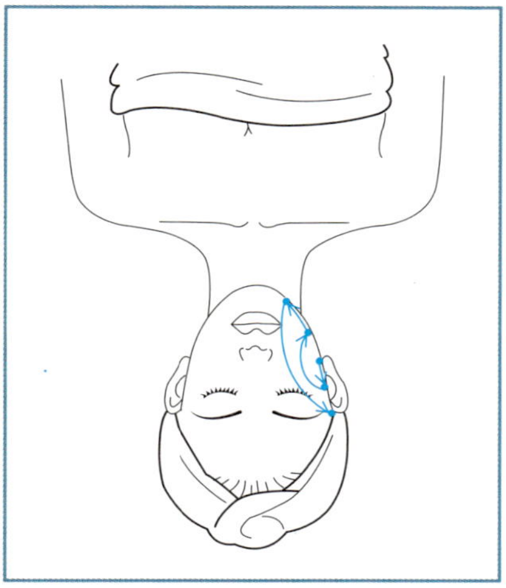

(4) 청회→청궁→협차→대영→이문에 강·약 자극을 5~7회 실시한다.

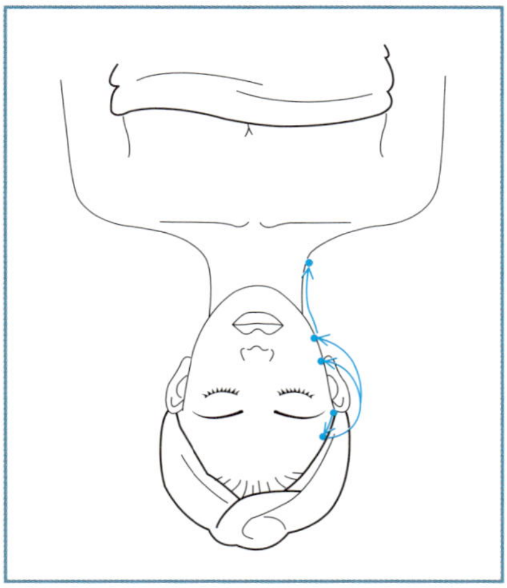

(5) 하료→계맥→예풍→천유혈을 눌러준다.

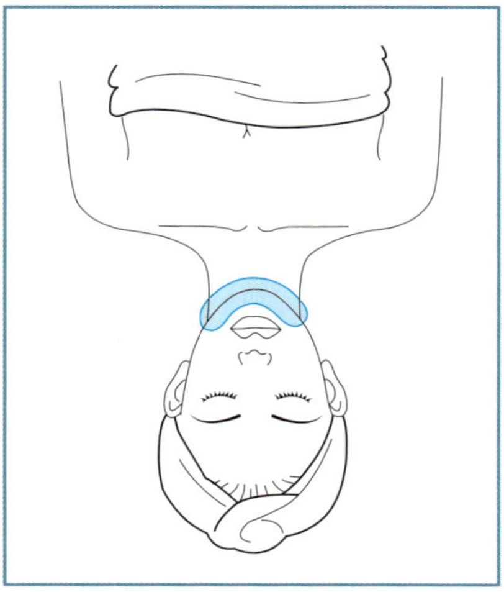

(6) 양 손바닥(고객은 "아")으로 양쪽에서 동시에 안쪽으로 지긋이 눌러준다.

3. 주름완화에 효과적인 경락 마사지 테크닉

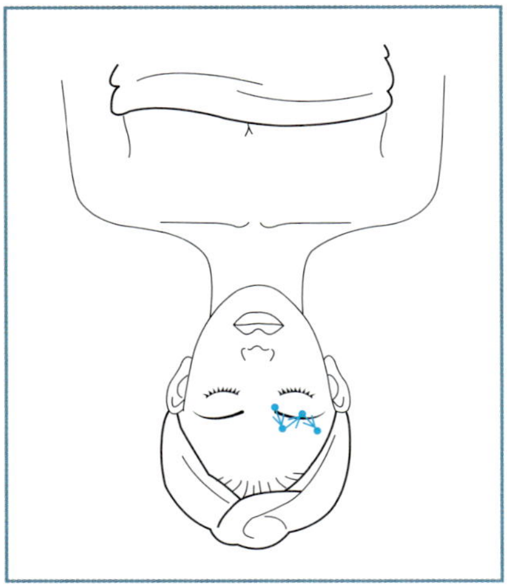

(1) 찬축→광명→어요→사죽공 순으로 눌러준다.

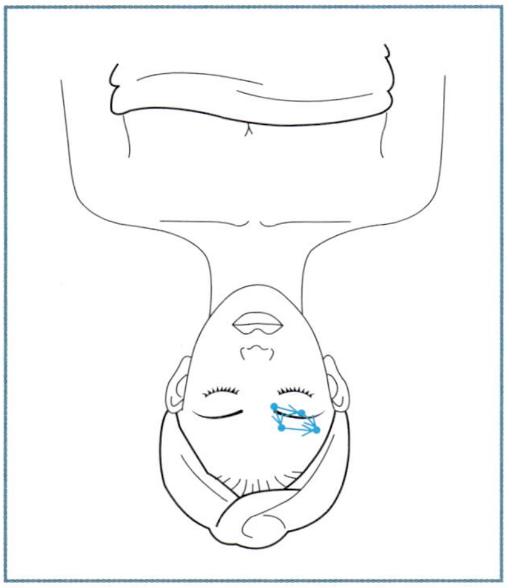

(2) 찬축→광명→어요→사죽공을 동시에 눌러준다.

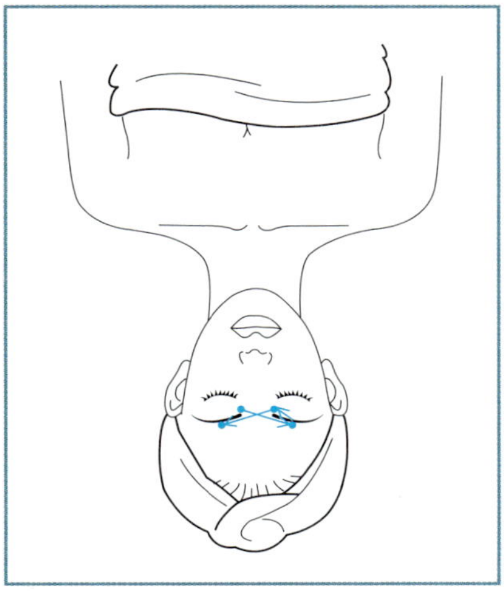

(3) 왼쪽 찬축에서 오른쪽 광명을 쓸어준 후, 다시 오른쪽 찬죽에서 왼쪽 광명 순으로 문지른다.

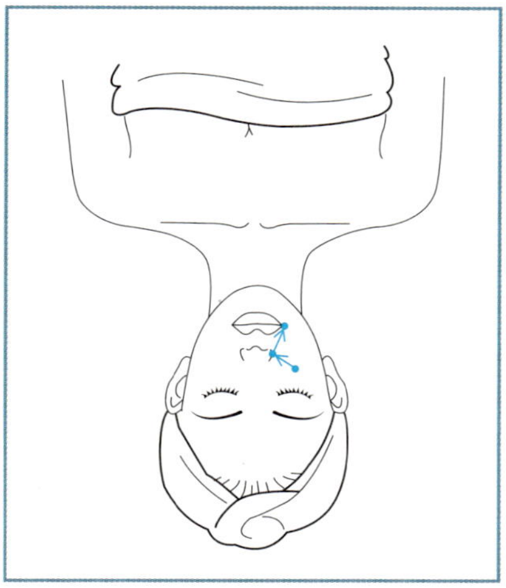

(4) 거료→영향→지창을 쓸어준다.

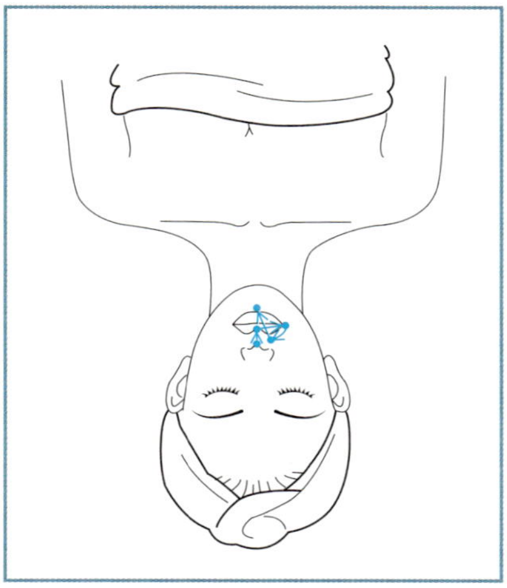

(5) 수구→태단→지창→화료→승장을 누르고, 풀어주고, 문지른다.

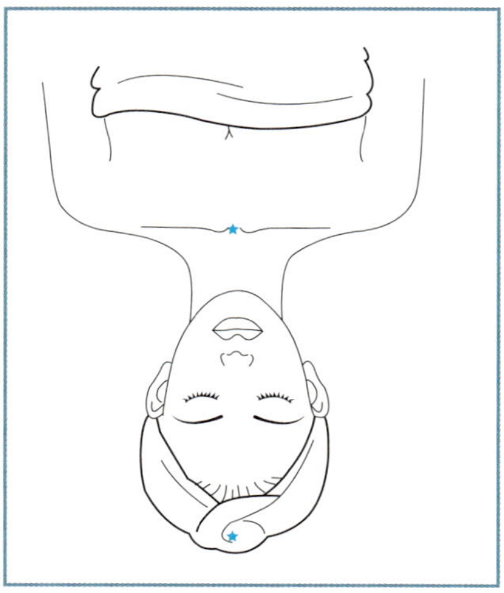

(6) 두 엄지를 포개서 지긋이 압을 준 후, 안면 중앙으로 가볍게 내려가서 천돌을 두 엄지로 반원 그리듯이 압준다.

4. 미백에 효과적인 경락 마사지 테크닉

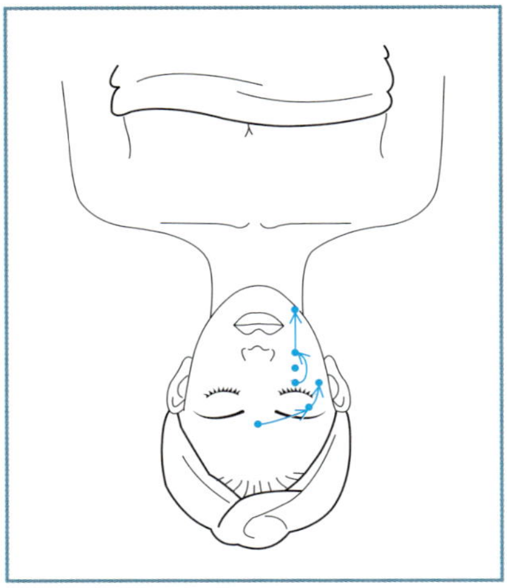

(1) 간 열기. 인당→동자료→상관→승읍→사백→거료→대영 순으로 눌러준다.

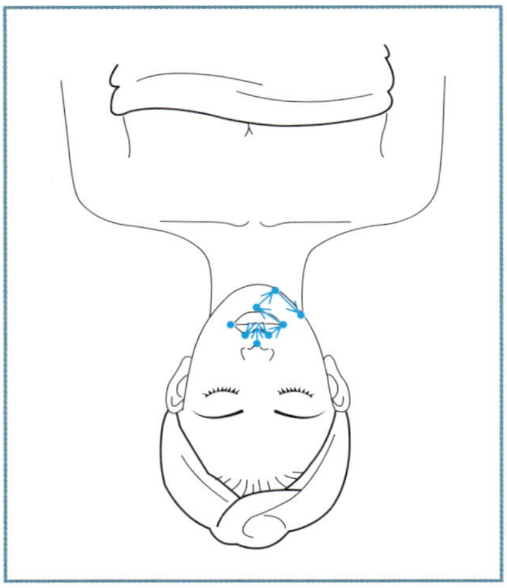

(2) 신장, 폐 열기. 수구→태단→하료→지창→승장→대영→협차 순으로 눌러준다.

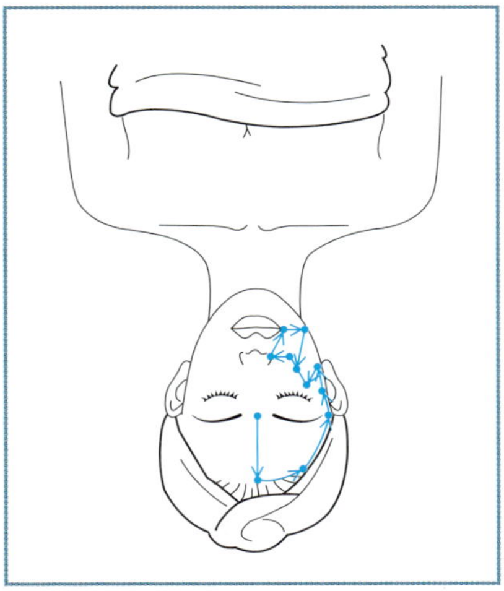

(3) 심장 열기. 인당→신정→두유→이문→청궁→청회→상관→거료→영향→지창→협차→관료 순으로 눌러준다.

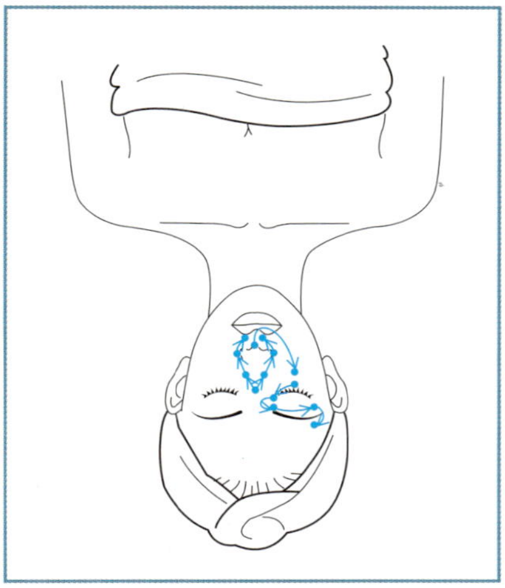

(4) 위장 열기. 산근→비천→영향→하료→수구→사백→승읍→청명→찬축→동자료→사죽공 순으로 눌러준다.

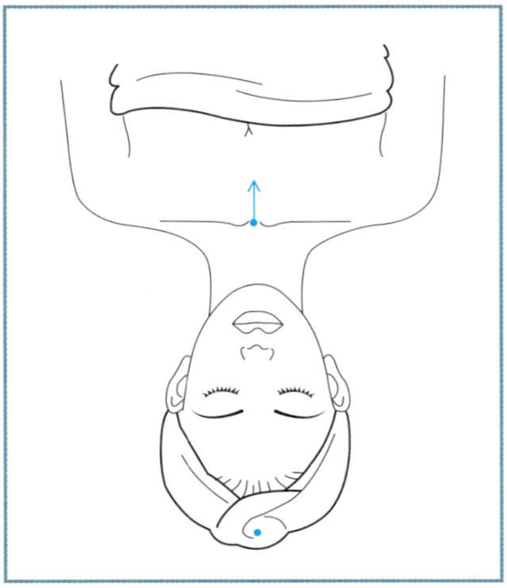

(5) 백회와 천돌을 누른 후 쓸어준다.

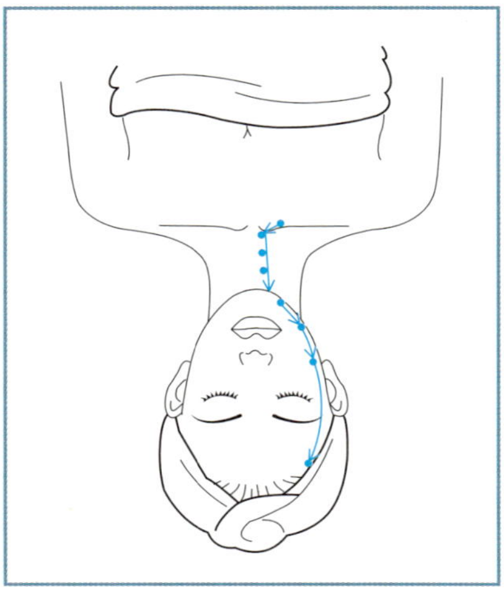

(6) 위경을 쓸어준 후, 결분→기사→수돌→인영→대영→협차→하관→두유 순으로 눌러준다.

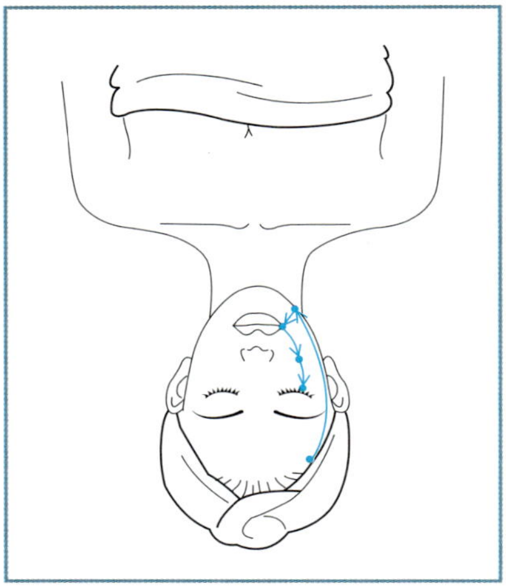

(7) 대영→지창→거료→사백→승읍 순으로 눌러 준다.

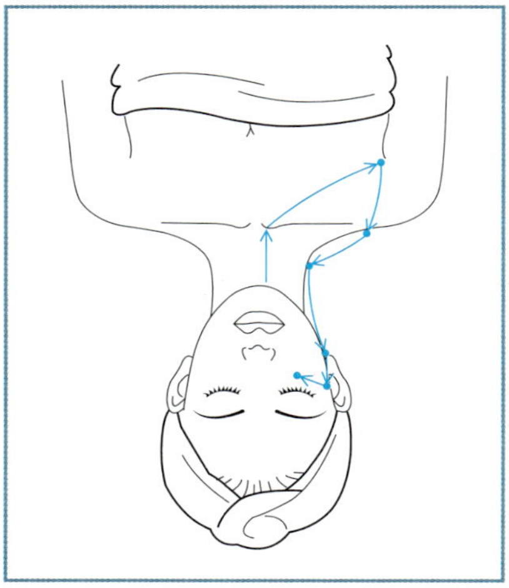

(8) 소장경을 쓸어준 후 풍문→견유→천정→청회→천궁→관료 순으로 눌러준다.

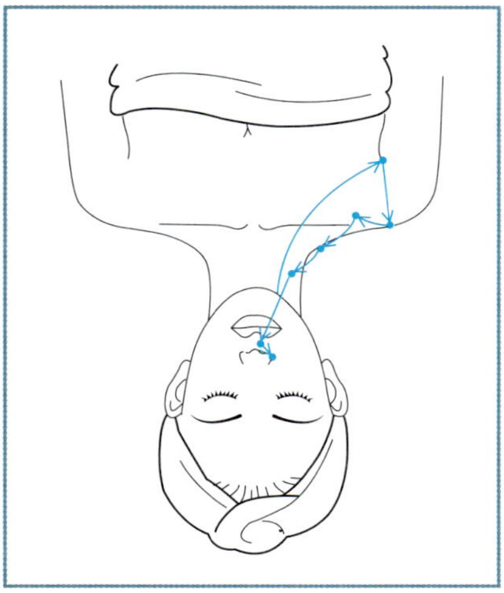

(9) 대장경을 쓸어준 후 노유→견유→천정→부돌→하료→영향 순으로 눌러준다.

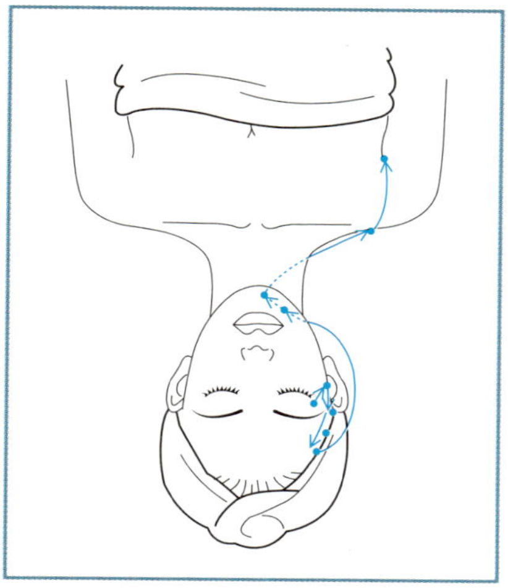

(10) 담경을 쓸어준 후 동자료→청회→객주인→곡빈→항염→완골→풍지→견정→연액 순으로 눌러준다.

5. 여드름 피부에 효과적인 경락 마사지 테크닉

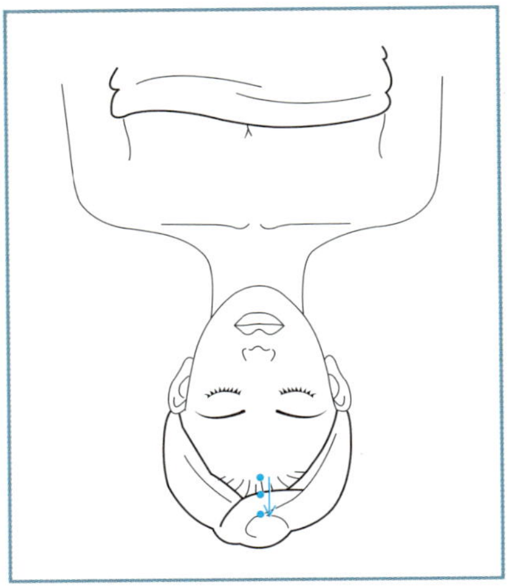

(1) 신정→상성→신회를 눌러준다.

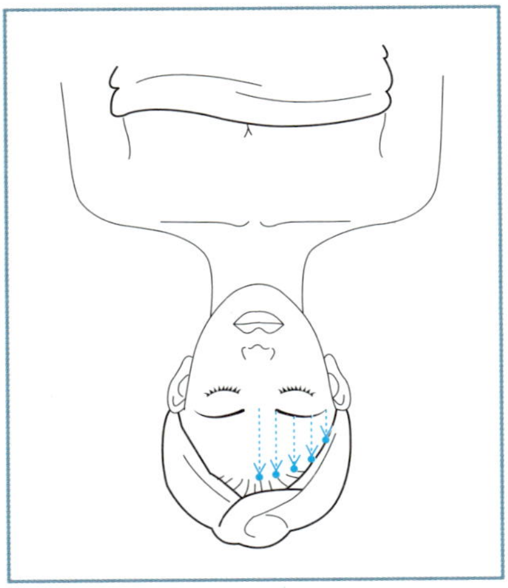

(2) 미충→곡차→두유를 눌러준다.

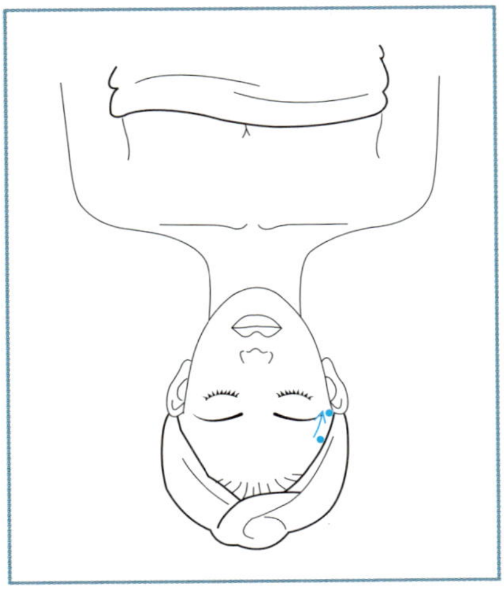

(3) 현리→현로로 쓸어준다.

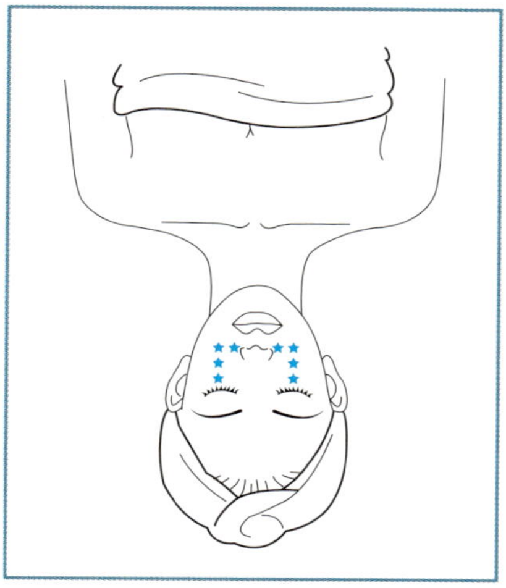

(4) 승읍→사백→비천→영향→거료→영향 순으로 압을 준다.

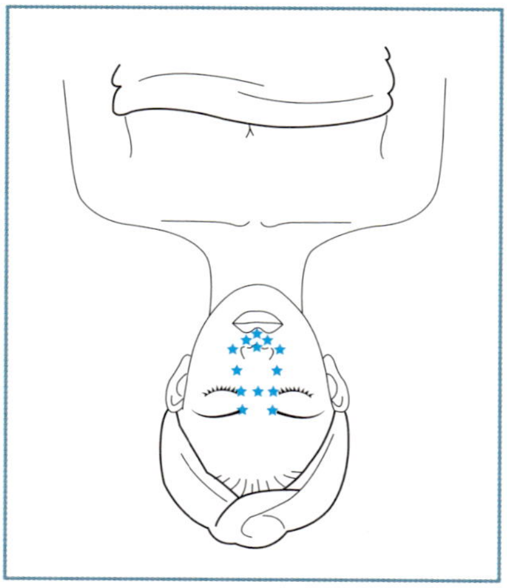

(5) 수구→태단→화료→영향→비천→정명→찬축→산근→소료 순으로 압을 준다.

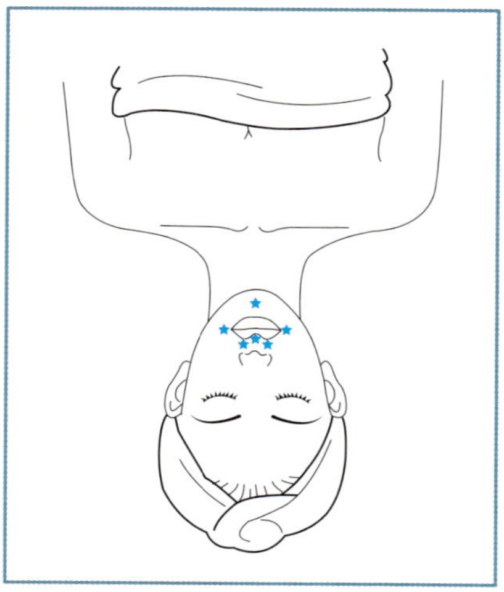

(6) 수구→태단→지창→승장 순으로 쓸어준다.

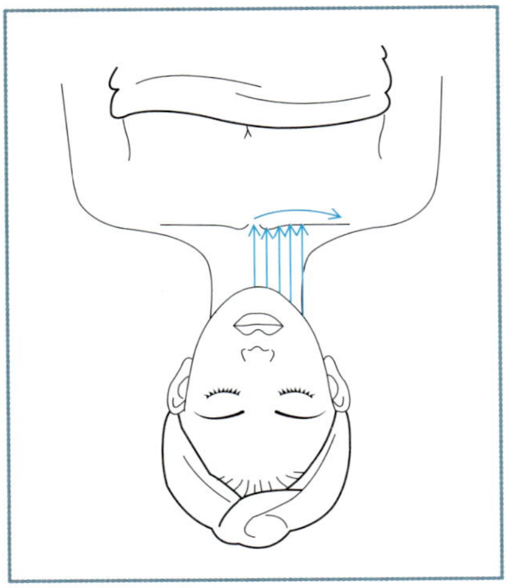

(7) 임맥→위장→소장→대장→담경락을 쓸어준다.

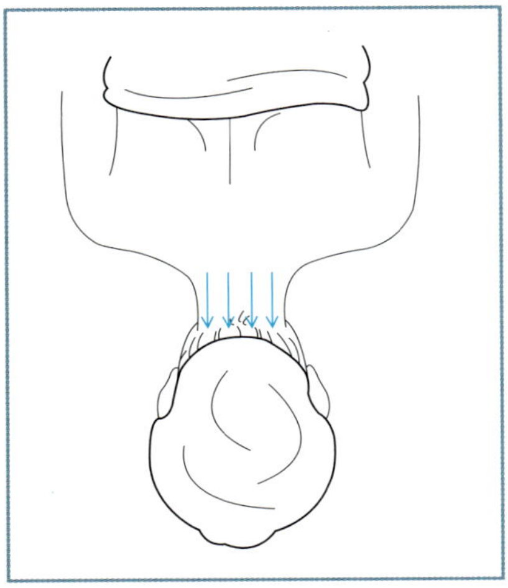

(8) 귀 앞→귀 뒤→뒷목 순으로 천천히 쓸어준다.

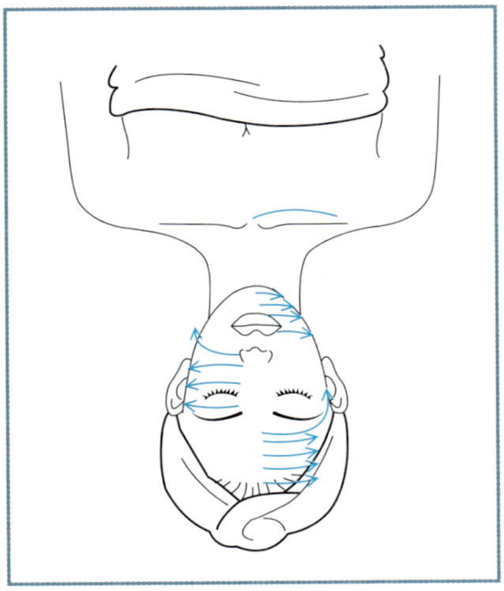

(9) 얼굴 중앙에서 시작하여 얼굴라인을 향해 엄지로 쓸어준 후 목쪽으로 빼준다.

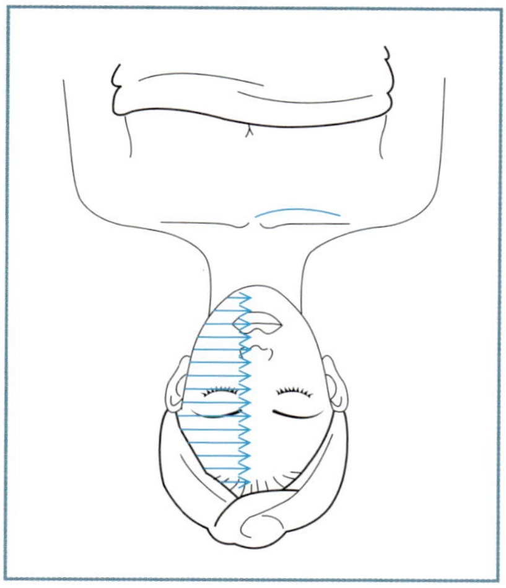

(10) 얼굴라인 바깥쪽에서 시작하여 얼굴 중앙을 향해 엄지로 전체를 쓸어준다.

3 림프드레니쥐 테크닉

1. 얼굴 림프 마사지 테크닉

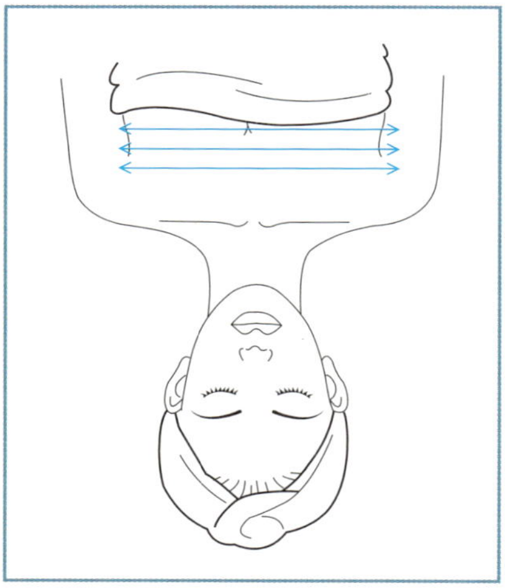

(1) 흉관림프절→우림프관→골하림프절을 손가락의 말절골을 이용하여 가볍게 쓸어준 후 펌핑한다.

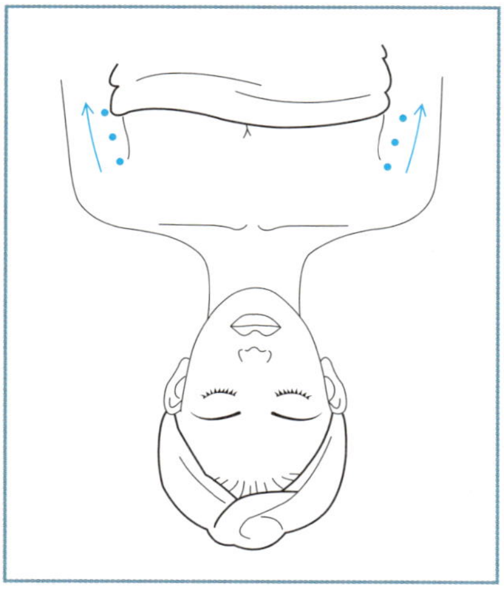

(2) 액와림프절 주림프절을 엄지를 이용하여 가볍게 눌러주면서 내려간다.

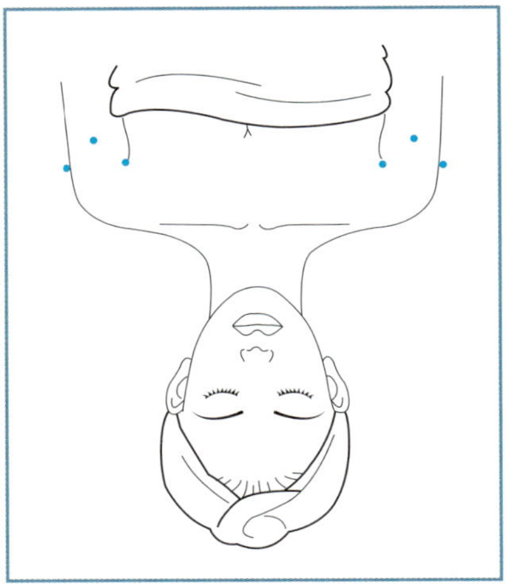

(3) 액와(엄지) 상완부위(삼지)를 눌러준다.

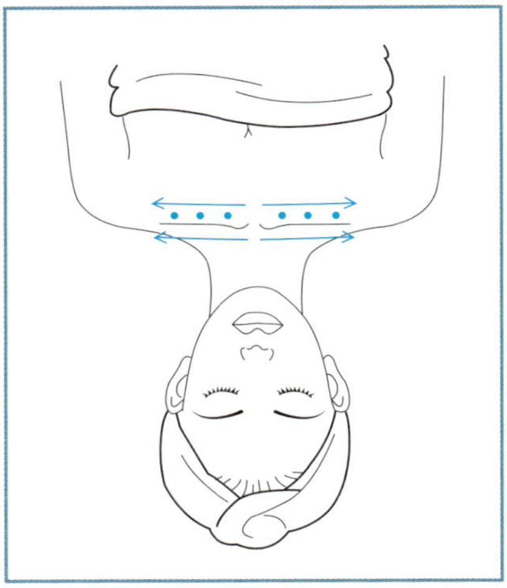

(4) 좌우 쇄골림프절을 두 엄지와 사지를 이용하여 화살표방향으로 눌러주면서 이동한다.

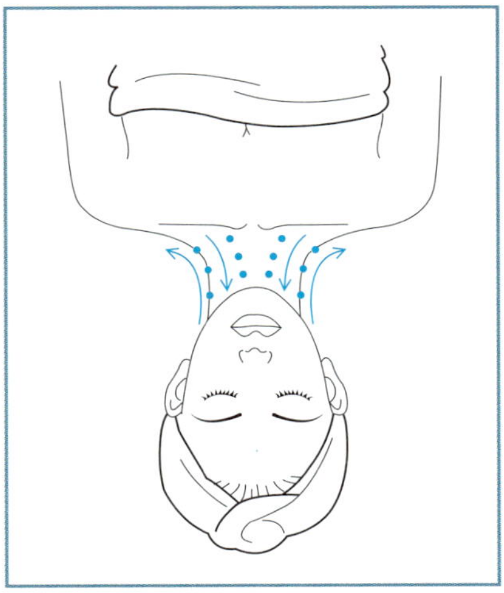

(5) 천경림프절은 내려주듯이 하고, 심경림프절은 올리듯이 이동한다.

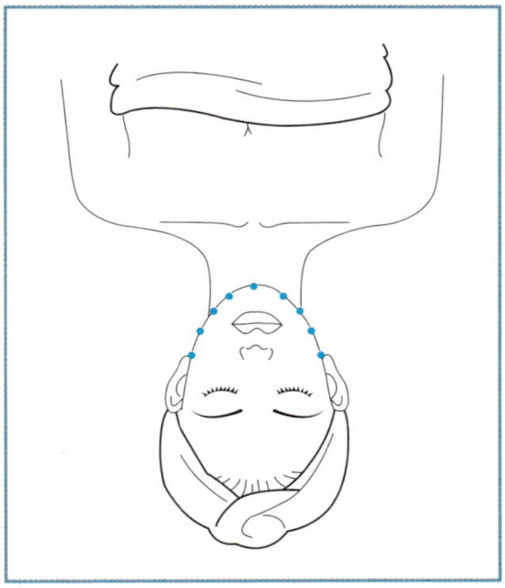

(6) 악하림프절을 두 사지를 이용하여 귀밑림프절까지 이동한다.

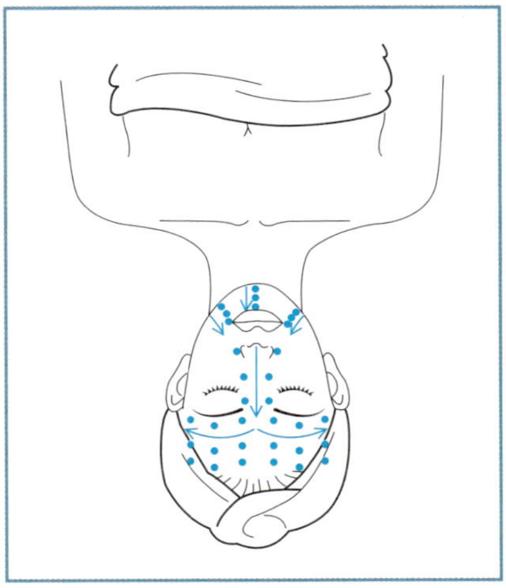

(7) 하악림프절→볼근림프절→코 · 입술림프절→얼굴림프절→이하림프절을 향해 쓸어준다.

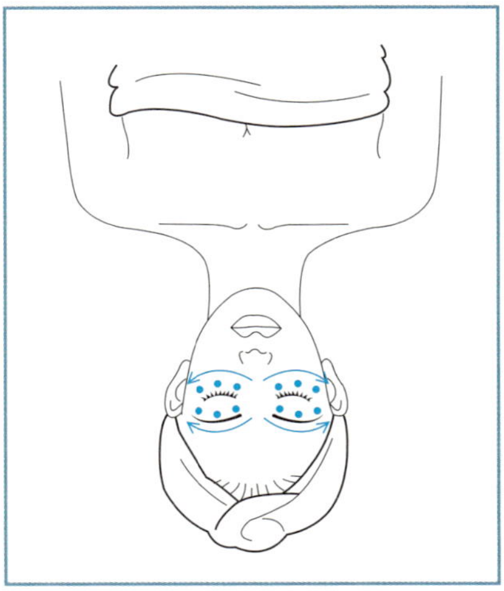

(8) 안림프절→이하림프절→귀밑림프절로 이동한다.

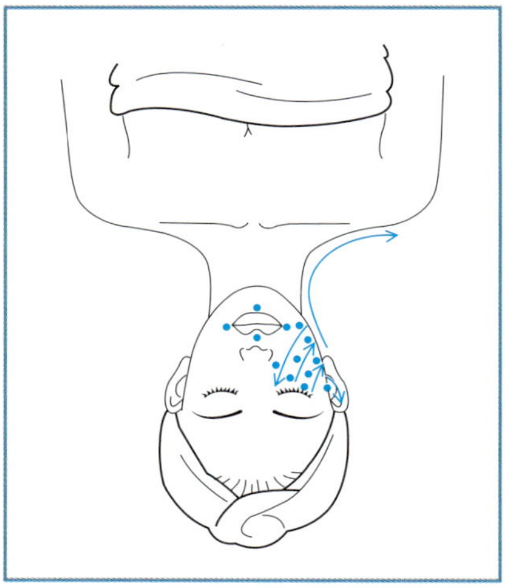

(9) 입술림프절을 자극하고, 볼근림프절→귀밑바퀴림프절로 이동한다.

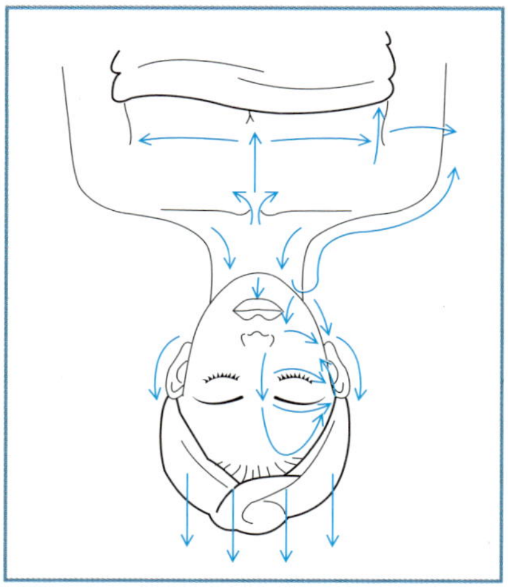

(10) 화살표와 번호 순으로 손바닥과 손가락을 이용하여 아주 가벼운 느낌으로 쓸어준다.

2. 다리 전면 림프 마사지 테크닉

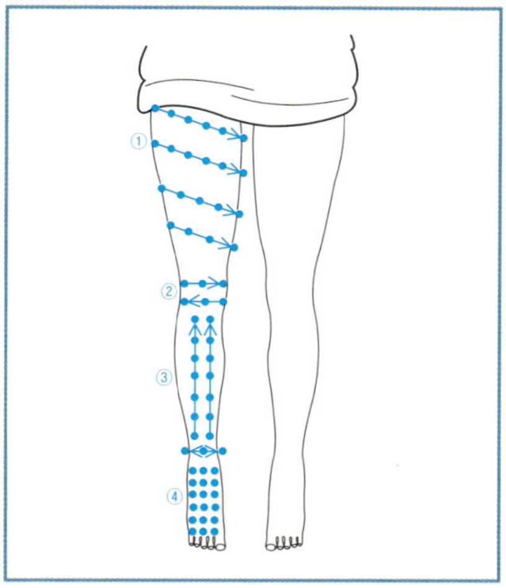

(1) ①→②→③→④ 순으로 사지와 엄지를 이용하여 펌프질하듯 마사지한다.

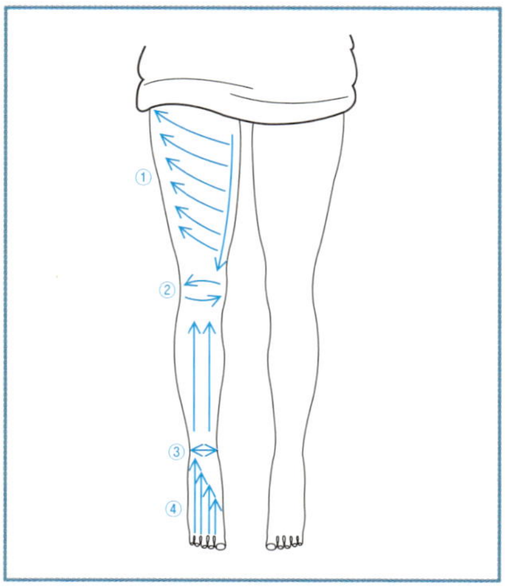

(2) ①→②→③→④ 순으로 쓸어준다. 족근골을 따라 두엄지와 사지로 쓸어준다.

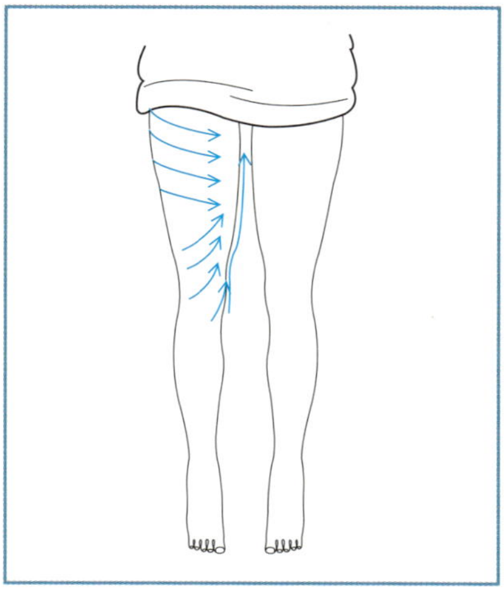

(3) 대퇴에서 심서혜로 쓸어준다.

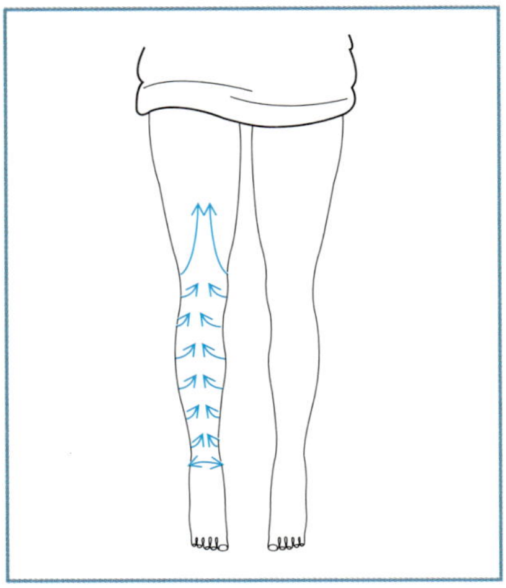

(4) 발목에서 무릎으로 올라가면서 쓸어올려준다.

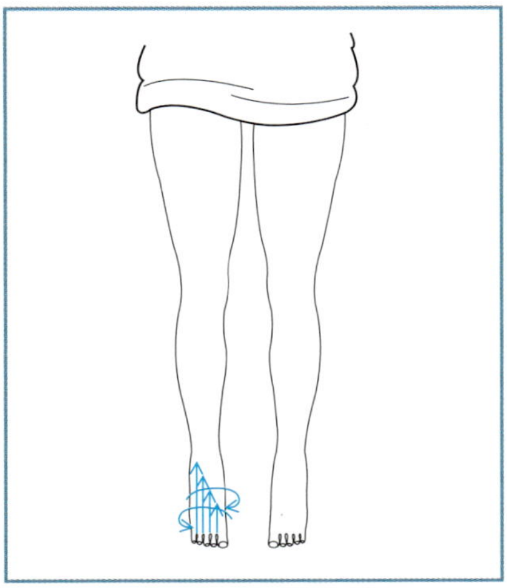

(5) 족근골을 쓸어주고, 발등을 쓸어 발바닥으로 보낸 후, 발등을 양 엄지로 쓸어준다.

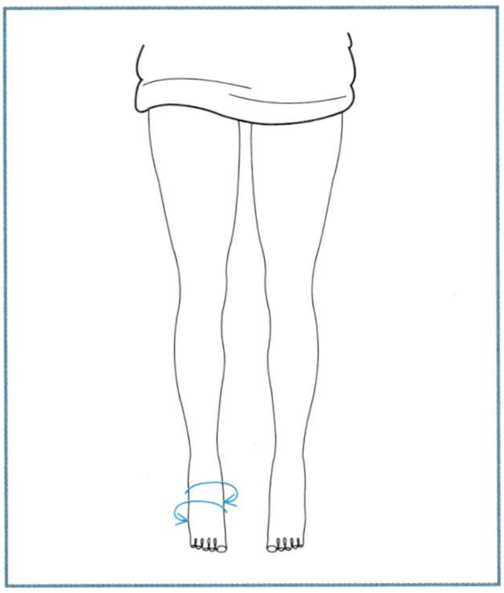

(6) 발등을 양 엄지로 쓸어준다.

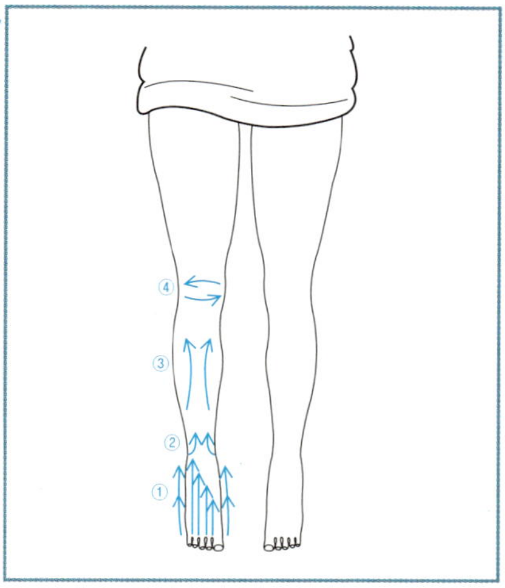

(7) ①~④ 순으로 모지구, 엄지로 쓸어준 후, 심서혜와 천서혜를 쓸어준다.

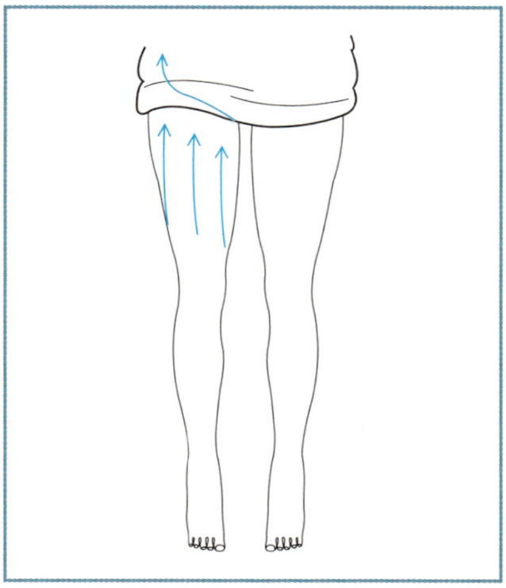

(8) 대퇴부와 심서혜 림프절, 천서혜 림프절을 쓸어준다.

3. 다리 후면 림프 마사지 테크닉

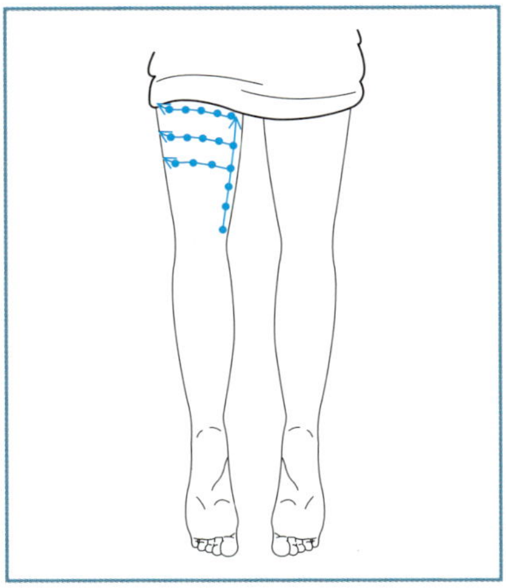

(1) 두 엄지로 대퇴 림프절을 가볍게 펌프질 하면서 슬와림프절에서 옆으로 눌러주면서 경골, 비골림프절을 펌프질 해준다.

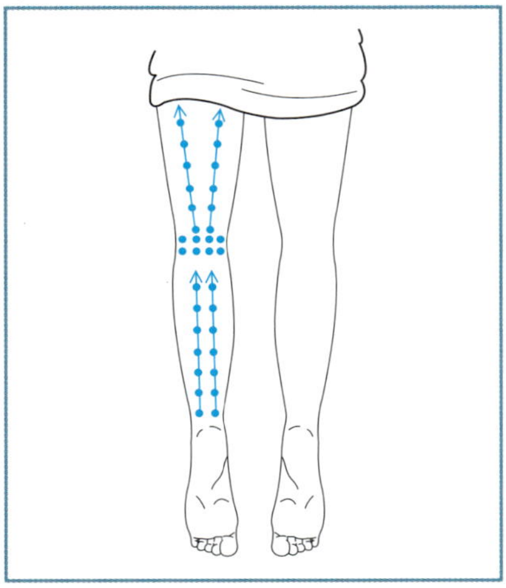

(2) 엄지를 이용하여 대퇴, 슬와, 종아리림프절을 눌러준다.

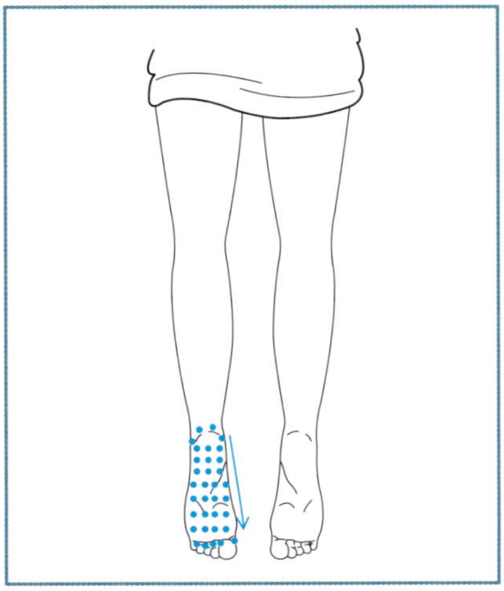

(3) 족저림프총을 눌러준다(아킬레스건에서 발가락 중간까지).

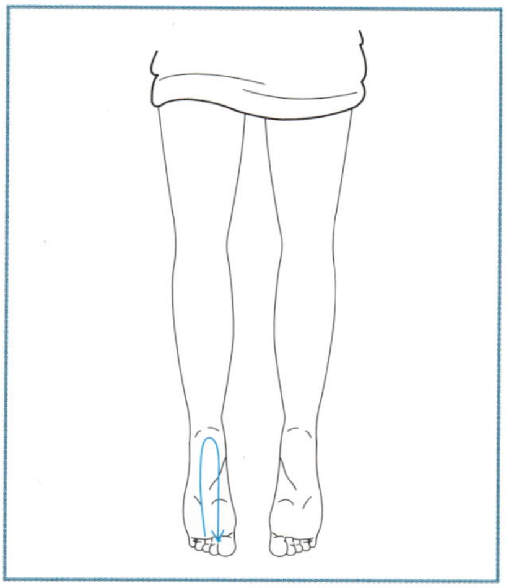

(4) 손등으로 발가락에서 뒷꿈치를 향해 쓸어서 뒷꿈치에서 발가락을 향해 손바닥으로 내려온다.

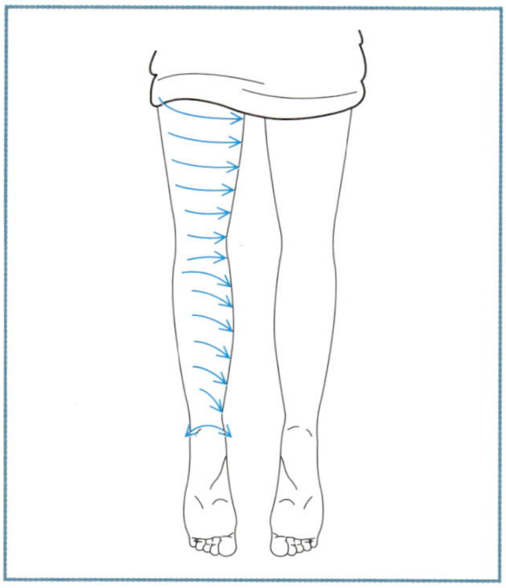

(5) 사지를 이용하여 외부에서 내부로 쓸어준다. 손바닥에 힘을 다 빼고 쓸어준다. 아킬레스근도 쓸어준다.

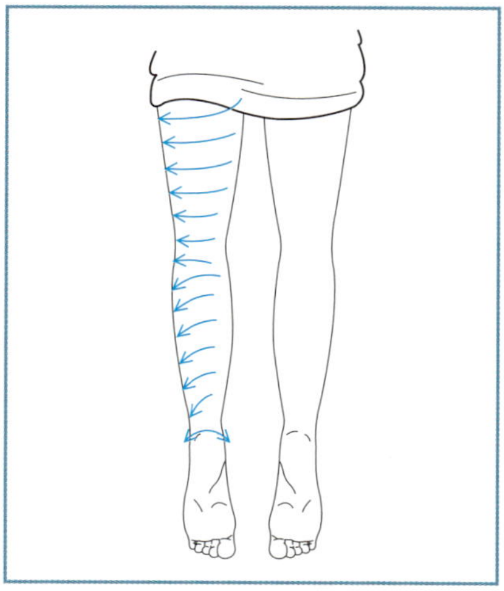

(6) (5)번을 반대방향으로 다시한다.

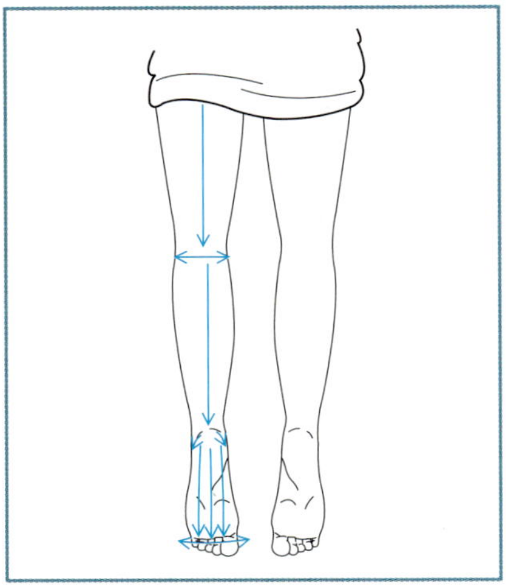

(7) 대퇴 중앙, 슬와, 종아리 중앙을 두 모지근으로 내려온다. 거골 말단부위는 두 엄지를 사용하고 발바닥은 손바닥으로 쓸어주고, 발가락은 엄지를 이용한다.

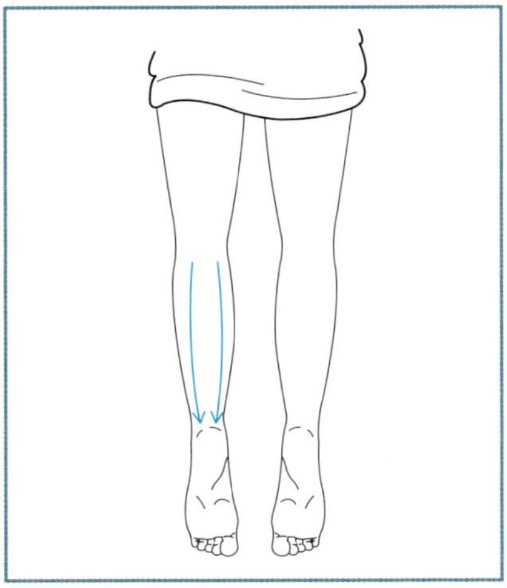

(8) 슬와에서 비복근을 따라 내려온다.

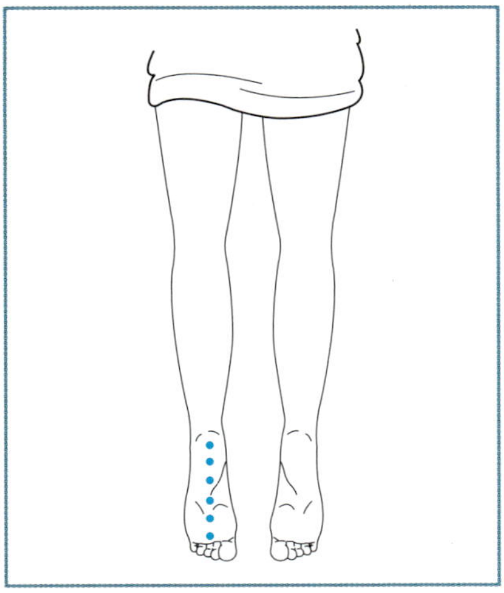

(9) 두 엄지로 발바닥 중앙을 가볍게 러빙하듯이 눌러준다.

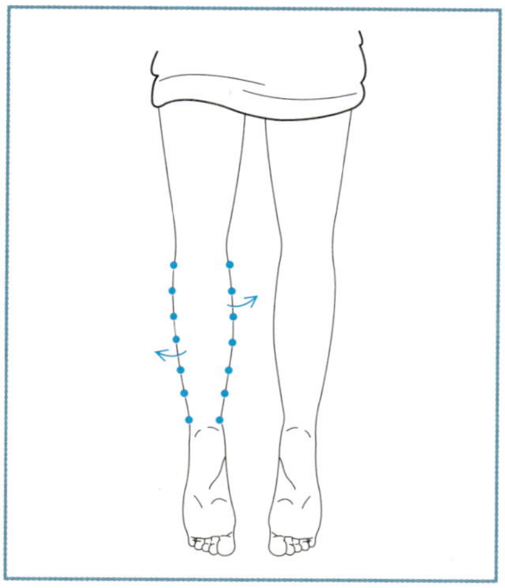

(10) 종아리 외부를 사지로 눌러주면서 내려와서 손바닥으로 쓸어준다.

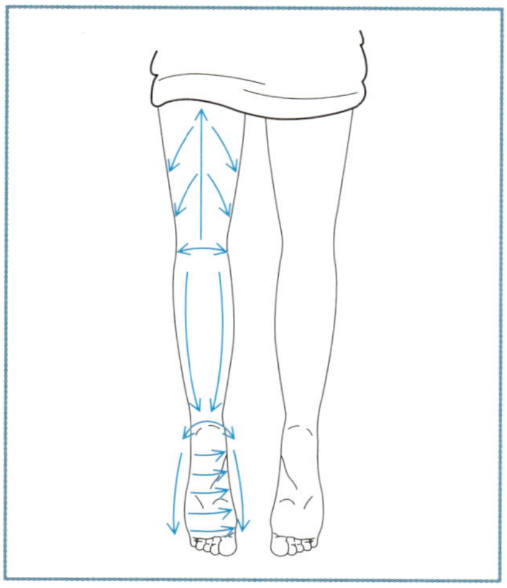

(11) 두 모지구로 대퇴 중앙으로 올라가서 양 옆으로 쓸어주고, 슬와→종아리 외곽→발목→발바닥을 쓸어준다.

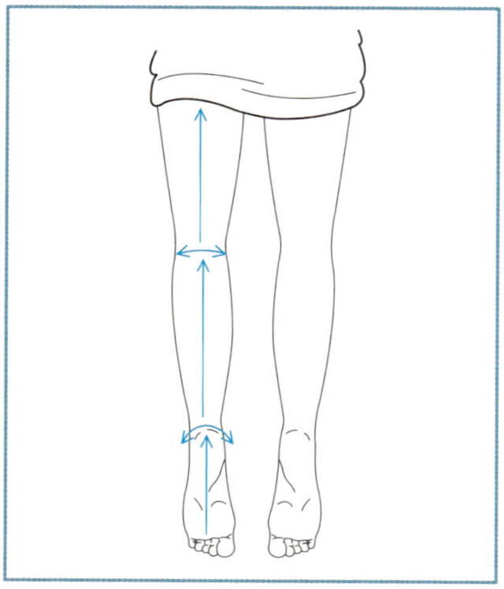

(12) 발바닥→거골말단→종아리 중앙→슬와→대퇴 중앙부위 순으로 손바닥으로 쓸어 마무리한다.

4. 바디 림프 마사지 테크닉

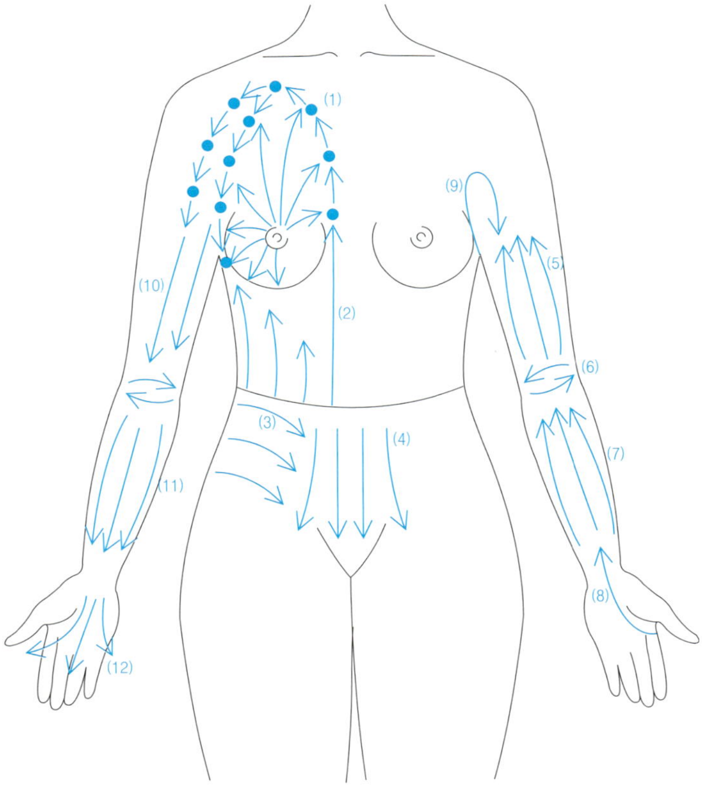

(1) 가슴림프관을 돌아서 삼지의 주 림프절을 향해 내려준다.

(2) 가슴관을 배의 횡경막 아래 가슴 림프관 팽대에서 시작하여 위로 보내준다.

(3) 하지림프절을 향해(심서혜, 천서혜) 내려준다.

(4) 방광림프절을 정리해준다.

(5) 액와림프절을 향해 삼지의 림프절을 올려준다.

(6) 팔의 림프절을 자극한다.

(7) 요골과 척골림프절을 자극한다.

(8) 수장 림프절을 삼지를 향해 올려준다..

(9) 액와림프절을 돌아서 쓸어준다.

(10) 주림프절, 팔깊은림프절을 쓸어준다.

(11) 요골과 척골림프절을 쓸어준다.

(12) 수장림프절을 쓸어준다.

4 베이비 마사지 테크닉

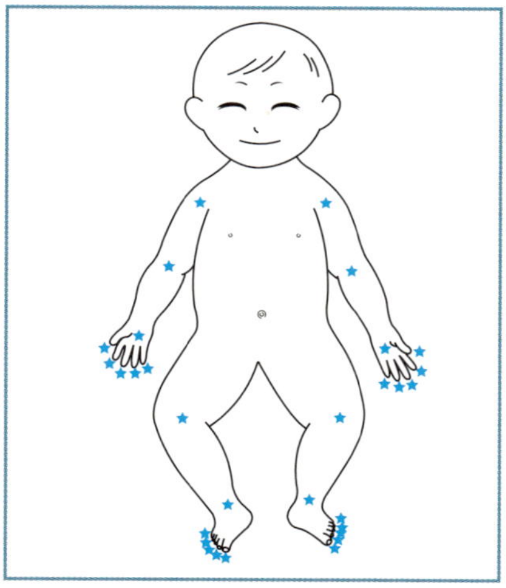

(1) 성장점을 자극한다.

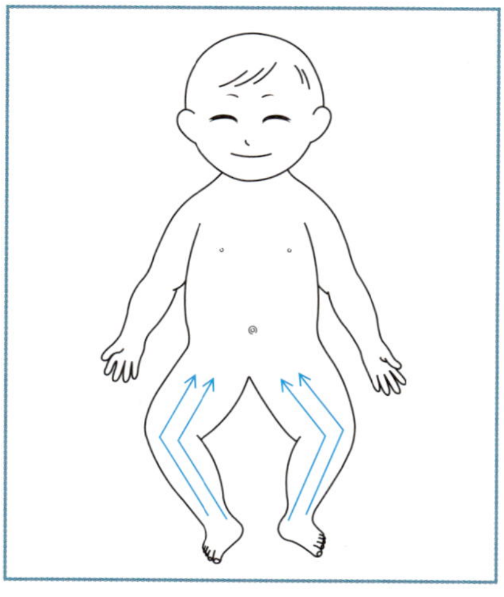

(2) 다리를 스트레칭 시킨 후 X자 형태로 만들어 가볍게 누른다.

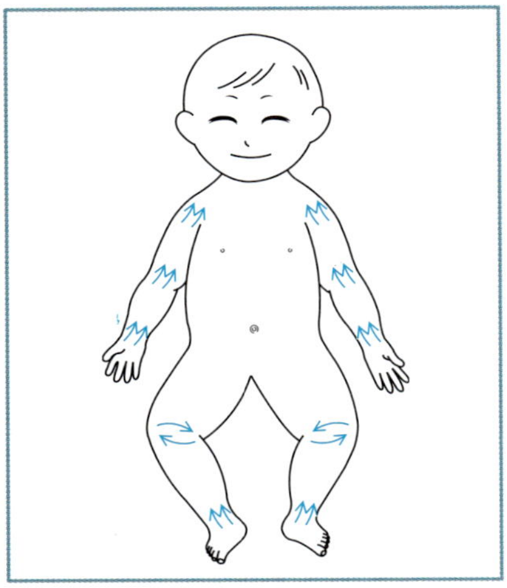

(3) 성장점을 두 엄지로 밀어준다.

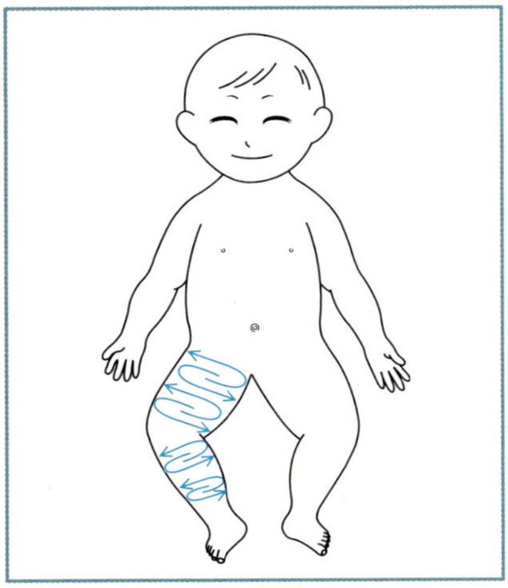

(4) 다리를 들고 발목에서 허벅지 돌려주면서 마사지한다.

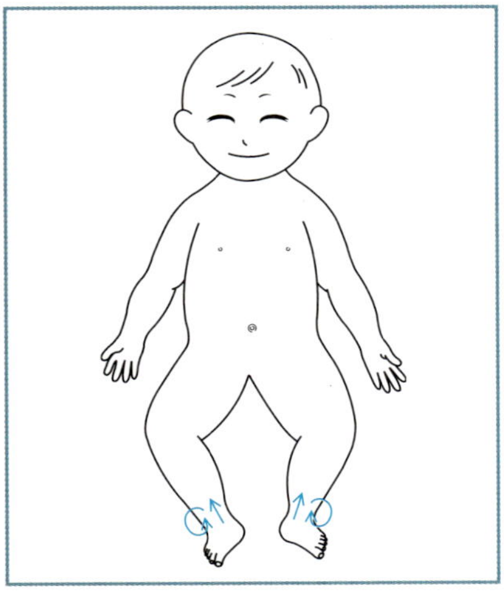

(5) 발바닥을 잡고 아킬레스건과 복숭아뼈 주위를 눌러준다.

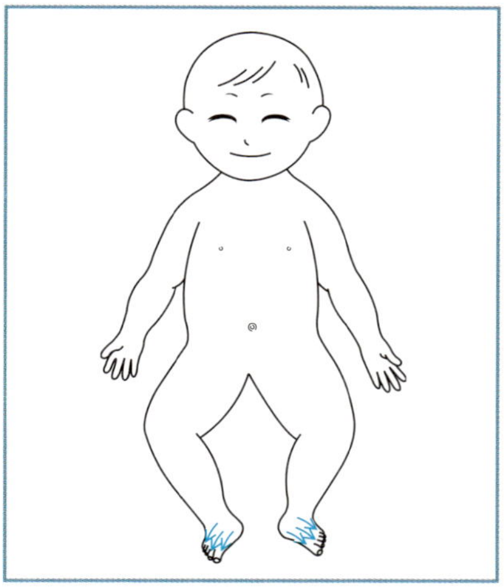

(6) 엄지손가락으로 발바닥 발뒤꿈치에서 발가락쪽으로 쓸어 올린 후, 발가락을 가볍게 튕겨준다.

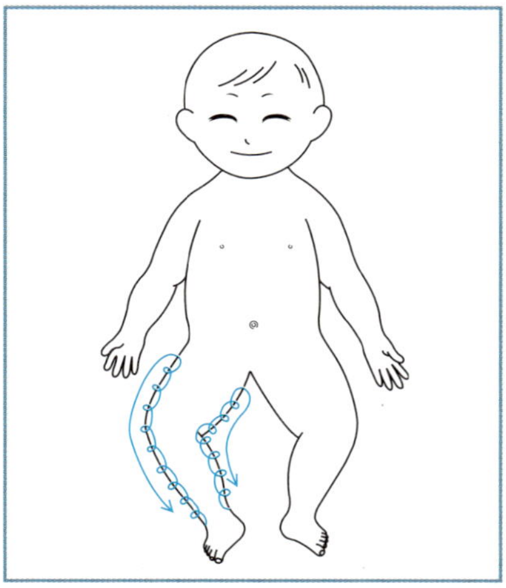

(7) 손바닥으로 다리 내·외부를 돌리듯이 쓸어준다.

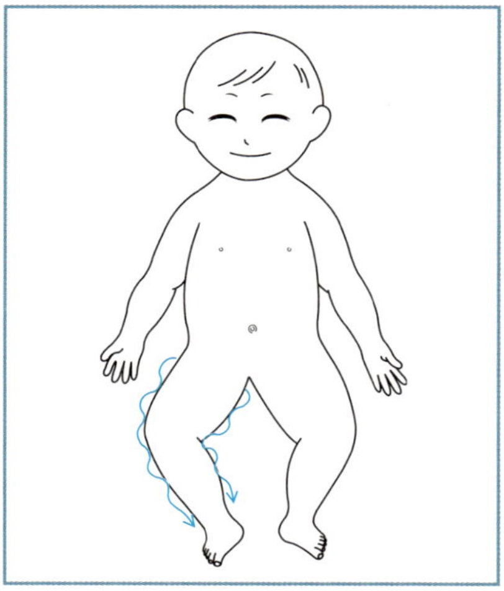

(8) 다리를 가볍게 비틀어 털어준다(강하지 않게 주의).

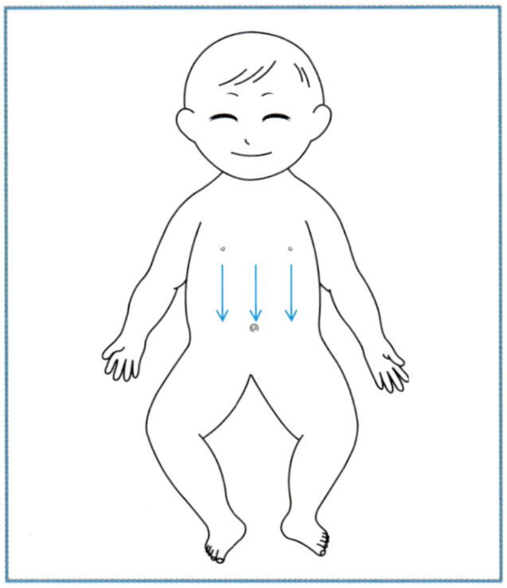

(9) 양손 바닥으로 가슴밑 부분을 지긋이 누르듯이 쓸어준다(가스배출).

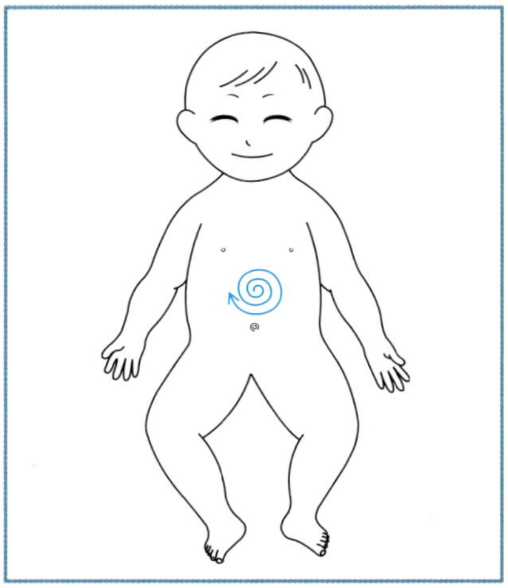

(10) 사지로 시계방향으로 소장을 이완시키기 위해 쓸어준다.

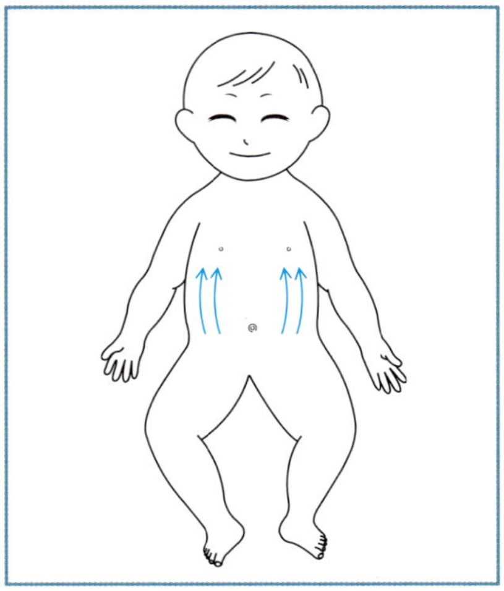

(11) 왼손으로 아기의 오른쪽 배를 쓸어올린 후, 다시 오른쪽 배에서 왼쪽 배로 쓸어준다.

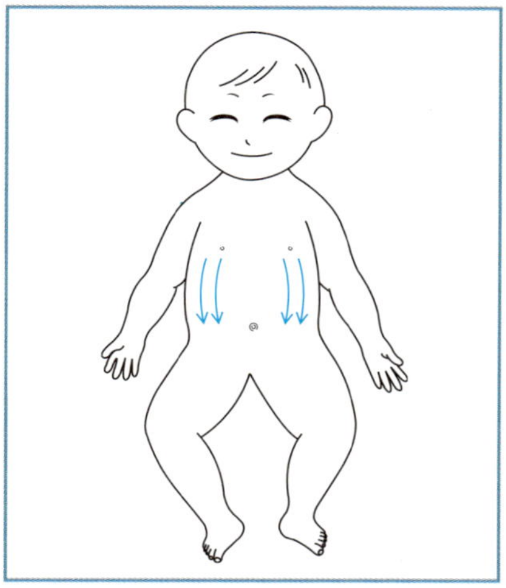

(12) 오른손으로 왼쪽 배 밑으로 쓸어내린 후, 왼손으로 오른쪽 배 밑으로 쓸어내린다.

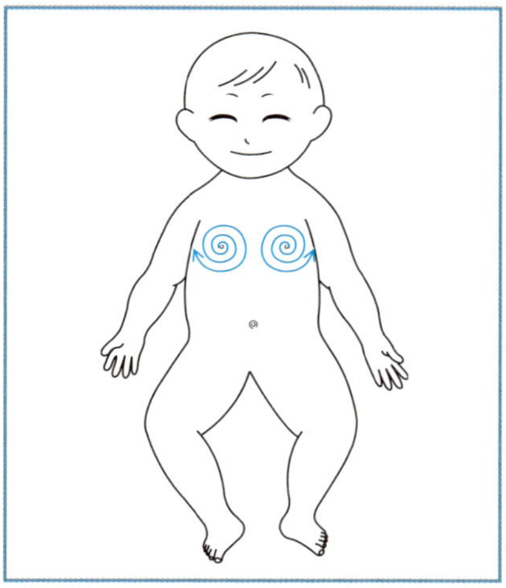

(13) 가슴부분을 돌리듯이 가볍게 마사지한다.

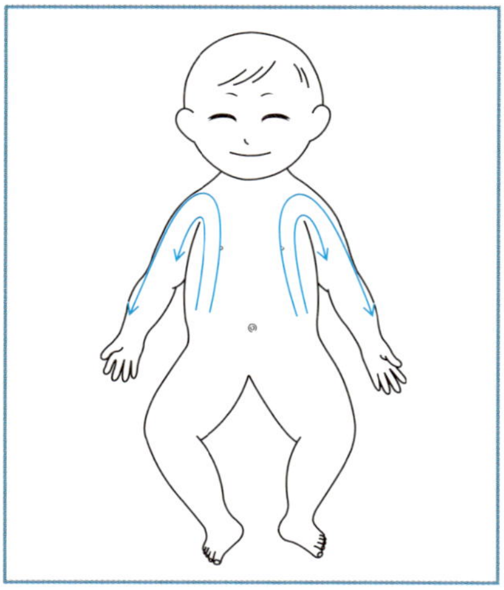

(14) 아랫배에서 겨드랑이를 쓸어준 후, 아랫배에서 어깨 팔을 쓸어준다.

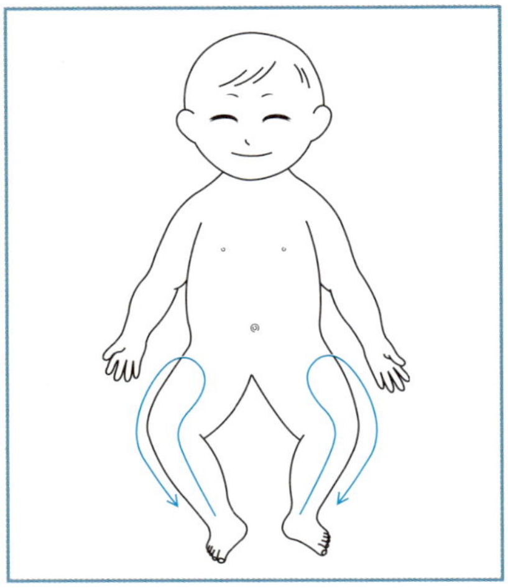

(15) 발목에서 서혜부를 쓸어준다.

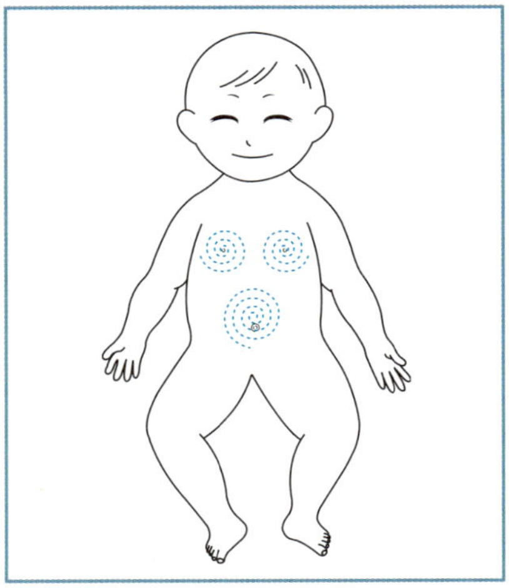

(16) 가슴과 배꼽 부위를 피아노치듯이 손가락을 구부려 5지로 가볍게 눌러준다.

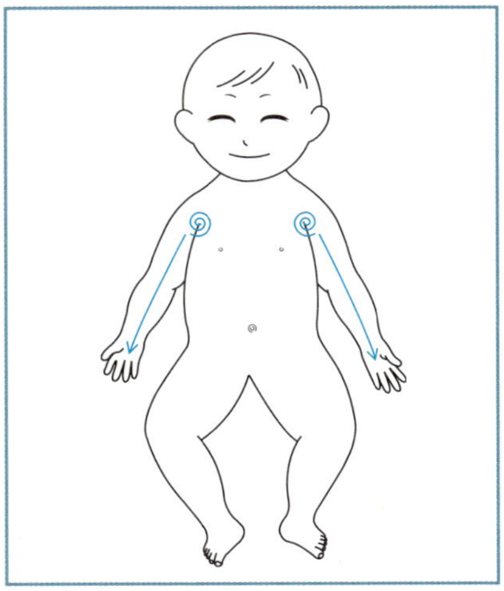

(17) 팔을 벌리고 엄지손가락으로 겨드랑이 부분에 나선형을 그린 후 팔목까지 쓸어준다.

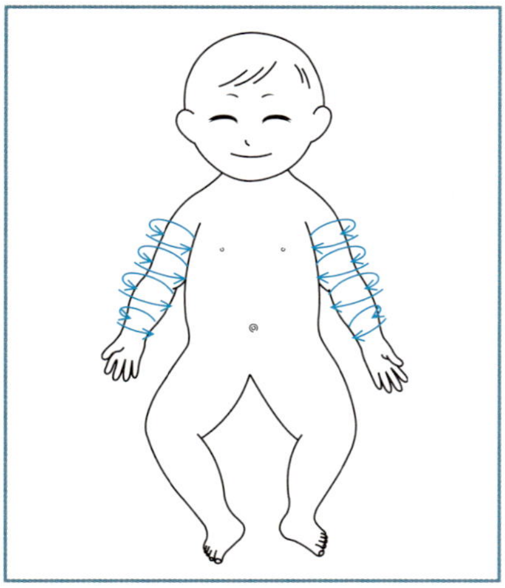

(18) 팔을 들고 팔목에서 상완까지 돌리듯이 쓸어준 후, 양손을 팔을 잡고 부드럽게 비틀어준다.

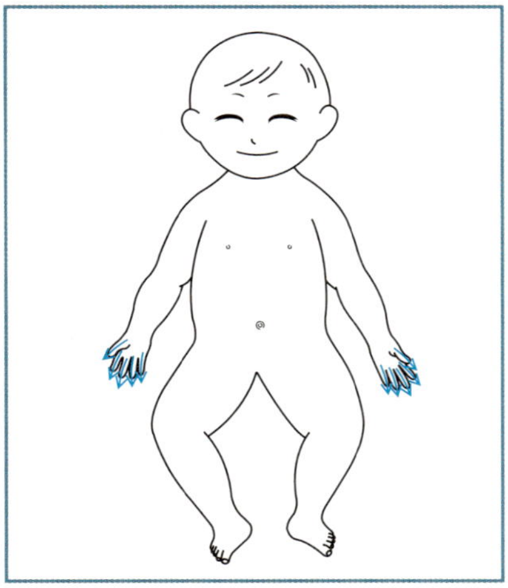

(19) 엄지로 손바닥을 손가락쪽으로 손가락 하나 하나를 빼준다.

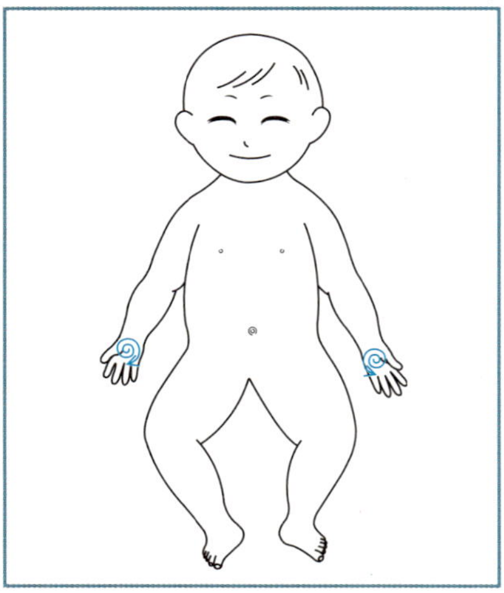

(20) 엄지로 노궁점을 나선형 그리듯 마사지한다.

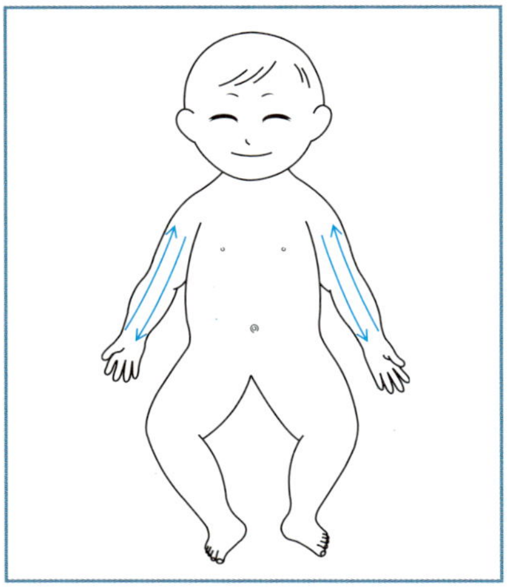

(21) 팔을 들어 겨드랑이에서 팔목으로 팔목에서 겨드랑이쪽으로 쓸어준다.

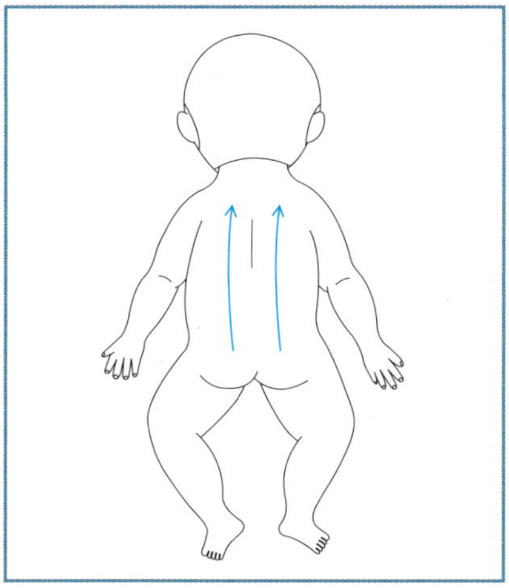

(22) 손바닥을 세워서 엉덩이에서 척추, 목까지 쓸어준다.

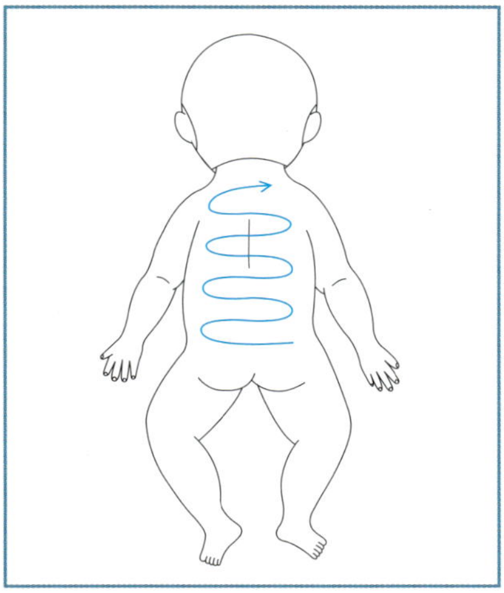

(23) 손을 아기 등 위에 가로 방향으로 두고 지그재그로 엇갈리게 마사지한다.

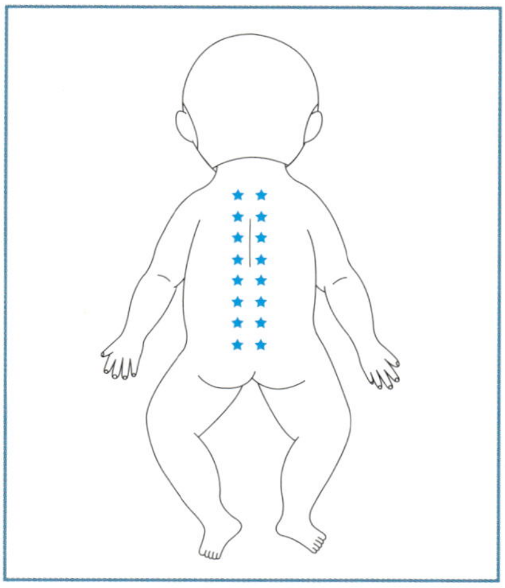

(24) 척추뼈, 기립근을 따라 올라가면서 검지로 가볍게 눌러준다.

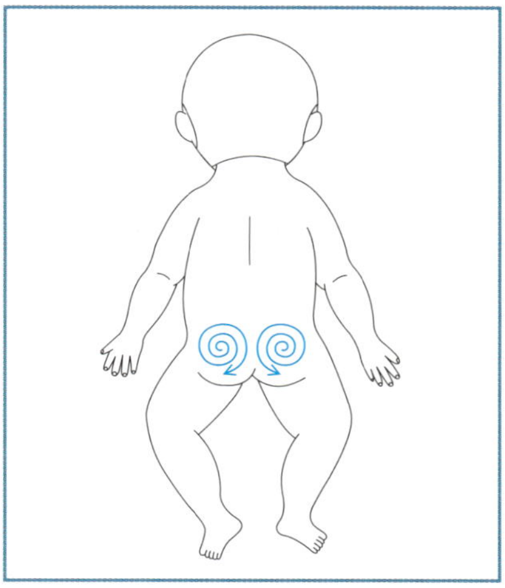

(25) 엉덩이에 손을 얹고 엉덩이를 누르면서 돌려준다.

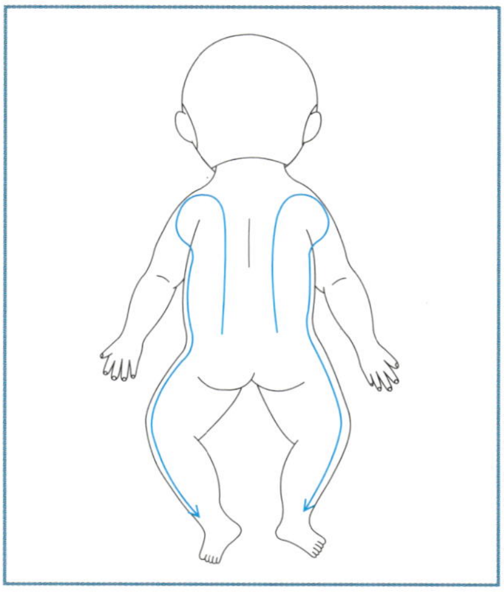

(26) 엉덩이에서 목까지 쓸어주고, 어깨 관절에서 손을 돌려 옆구리에서 발끝까지 내려온다.

III 부 록

미용사(피부) 자격시험 안내

1. 응시자격 : 제한없음

2. 과목별 문제수 / 시간

시 험 구 분	시 험 과 목	문 제 수	제 한 시 간
필기시험	(1) 피부미용학	60문항	60분
	(2) 피부학 및 해부생리학		
	(3) 피부미용기기학		
	(4) 화장품학		
	(5) 공중위생관리학		
실기시험	(1) 얼굴관리(70분)		120분 (순수시험시간)
	(2) 팔 · 다리 관리(35분)		
	(3) 림프를 이용한 피부관리(15분)		

3. 시험합격기준

시 험 구 분	자격시험 합격기준	
	만 점	합 격 기 준
필 기	100점	60점 이상
실 기	100점	60점 이상

· 본 자격시험은 5과목에 총 60문항으로 시험 시간은 60분으로 한다.

· 합격은 60% 이상의 점수를 획득한 자로 문항 수로는 36문항에 해당된다.

4. 시행처 : 한국산업인력공단 (전화 : 1644-8000 / www.hrdkorea.or.kr)

5. 시험 안내

1) 필기 시험

주요항목	세부항목	세세항목
1. 피부미용학	1. 피부미용개론	1. 피부미용의 개념
		2. 피부미용의 변천사
	2. 피부분석 및 상담	1. 피부분석의 목적 및 효과
		2. 피부상담
		3. 피부유형분석
		4. 피부분석표
	3. 클렌징	1. 클렌징의 목적 및 효과
		2. 클렌징 제품
		3. 클렌징 방법
	4. 딥클린징	1. 딥클렌징의 목적 및 효과
		2. 딥클렌징 제품
		3. 딥클렌징 방법
	5. 피부유형별 화장품 도포	1. 화장품 도포의 목적 및 효과
		2. 피부유형별 화장품 종류 및 선택
		3. 피부유형별 화장품 도포
	6. 매뉴얼 테크닉	1. 매뉴얼 테크닉의 목적 및 효과
		2. 매뉴얼 테크닉의 종류 및 방법
	7. 팩 · 마스크	1. 목적과 효과
		2. 종류 및 사용방법
	8. 제모	1. 제모의 목적 및 효과
		2. 제모의 종류 및 방법
	9. 전신관리	1. 전신관리의 목적 및 효과
		2. 전신관리의 종류 및 방법
	10. 마무리	1. 마무리의 목적 및 효과
		2. 마무리의 방법

주 요 항 목	세 부 항 목	세 세 항 목
2. 피부학	1. 피부와 부속기관	1. 피부구조 및 기능
		2. 피부 부속기관의 구조 및 기능
	2. 피부유형분석	1. 정상피부의 성상 및 특징
		2. 건성피부의 성상 및 특징
		3. 지성피부의 성상 및 특징
		4. 민감성피부의 성상 및 특징
		5. 복합성피부의 성상 및 특징
		6. 노화피부의 성상 및 특징
	3. 피부와 영양	1. 3대 영양소, 비타민, 무기질
		2. 피부와 영양
		3. 체형과 영양
	4. 피부장애와 질환	1. 원발진과 속발진
		2. 피부질환
	5. 피부와 광선	1. 자외선이 미치는 영향
		2. 적외선이 미치는 영향
	6. 피부면역	1. 면역의 종류와 작용
	7. 피부노화	1. 피부노화의 원인
		2. 피부노화현상
3. 해부생리학	1. 세포와 조직	1. 세포의 구조 및 작용
		2. 조직구조 및 작용
	2. 뼈대(골격)계통	1. 뼈(골)의 형태 및 발생
		2. 전신뼈대(전신골격)
	3. 근육계통	1. 근육의 형태 및 기능
		2. 전신근육
	4. 신경계통	1. 신경조직
		2. 중추신경
		3. 말초신경

주 요 항 목	세 부 항 목	세 세 항 목
	5. 순환계통	1. 심장과 혈관
		2. 림프
	6. 소화기계통	1. 소화기관의 종류
		2. 소화와 흡수
	7. 내분비계통	1. 내분비샘의 종류
		2. 호르몬의 종류와 기능
	8. 비뇨생식기계통	1. 신장과 배뇨
		2. 생식기관의 구조
4. 피부미용기기학	1. 피부미용기기	1. 기본용어와 개념
		2. 전기와 전류
		3. 피부미용기기의 종류 및 기능
	2. 피부미용기기 사용법	1. 기기 사용법
		2. 유형별 사용방법
5. 화장품학	1. 화장품학개론	1. 화장품의 정의
		2. 화장품의 분류
	2. 화장품제조	1. 화장품의 원료
		2. 화장품의 기술
		3. 화장품 안정성
	3. 화장품의 종류와 기능	1. 기초 화장품
		2. 메이크업 화장품
		3. 모발 화장품
		4. 전신관리 화장품
		5. 네일 화장품
		6. 향수
		7. 에센셜(아로마)오일 및 캐리어 오일
		8. 기능성 화장품

주 요 항 목	세 부 항 목	세 세 항 목
6. 공중위생관리학	1. 공중보건학	1. 공중보건학 총론
		2. 질병관리
		3. 가족 및 노인보건
		4. 환경보건
		5. 식품위생과 영양
		6. 보건행정
	2. 소독학	1. 소독의 정의 및 분류
		2. 미생물 총론
		3. 병원성 미생물
		4. 소독방법
		5. 분야별 위생 · 소독
	3. 공중위생관리법규 (법, 시행령, 시행규칙)	1. 목적 및 정의
		2. 영업의 신고 및 폐업
		3. 영업자 준수사항
		4. 면허
		5. 업무
		6. 행정지도감독
		7. 업소 위생등급
		8. 보수교육
		9. 벌칙
		10. 기타 법규사항

2) 실기시험문제

○ 제1과제 : 얼굴관리

○ 시험시간 : 70분(준비 작업시간 및 위생 점검시간 제외)

순서	작 업 명	요 구 내 용	시간	비고	
1	준비 및 위생				준비물 및 위생상태
2	관리계획표 작성	제시된 피부타입 및 제품을 적용한 피부관리 계획을 작성하시오.	10분		관리계획표 작성
3	클렌징	지참한 제품을 이용하여 포인트 메이크업을 지우고 관리범위를 클렌징 한 후, 코튼 또는 해면을 이용하여 제품을 제거하고, 피부를 정돈하시오.	15분	도포 후 문지르기는 2~3분 정도 유지할 것	포인트메이크업 지우기
					안면클린징 테크닉
					마무리 작업
4	눈썹정리	족집게와 가위, 눈썹칼을 이용하여 얼굴형에 맞는 눈썹모양을 만들고, 보기에 아름답게 눈썹을 정리하시오.	5분	눈썹을 뽑을 때 감독확인하에 작업	준비, 위생 및 마무리
					시술방법의 적절성
5	딥클렌징	스크럽, AHA, 고마쥐, 효소의 4가지 타입 중 지정된 제품을 이용하여 얼굴에 딥클렌징 한 후, 피부를 정돈하시오.	10분	제시된 지정 타입만 사용	타입별 제품선택
					관리방법의 적절성
					마무리 작업
6	손을 이용한 관리(매뉴얼테크닉)	화장품(크림 혹은 오일타입)을 관리 부위에 도포하고, 적절한 동작을 사용하여 관리한 후, 피부를 정돈하시오.	15분		도포의 적합성
					5가지 동작의 정확성
					시술 동작의 적정성
					마무리 작업
7	팩 및 마무리	팩을 위한 기본 전처리를 실시한 후, 제시된 피부타입에 적합한 제품을 선택하여 관리부위에 적당량을 도포하고, 일정시간 경과 뒤 팩을 제거한 다음 피부를 정돈한 후 최종 마무리와 주변 정리를 하시오.	15분	팩을 도포한 부위는 코튼으로 덮지 말 것	타입별 제품선택
					팩 작업의 적정성
					마무리 작업
					모델마무리 상태
					주위위생 정돈상태

○ 제2과제 : 팔·다리 관리

○ 시험시간 : 35분(준비 작업시간 제외)

<table>
<tr><th>순서</th><th colspan="2">작 업 명</th><th>요 구 내 용</th><th>시간</th><th colspan="2">비고</th></tr>
<tr><td>1</td><td colspan="2">준비 및 위생</td><td></td><td></td><td></td><td>위생적인 준비</td></tr>
<tr><td rowspan="5">2</td><td rowspan="5">손을 이용한 관리(매뉴얼 테크닉)</td><td rowspan="3">팔
(전체)</td><td rowspan="5">모델의 관리부위(오른쪽 팔, 오른쪽 다리)에 화장수를 사용하여 가볍고 신속하게 닦아낸 후 화장품(크림 혹은 오일 타입)을 도포하고, 적절한 동작을 사용하여 관리하시오.</td><td rowspan="3">10분</td><td rowspan="5">총 작업시간의 90% 이상을 유지할 것</td><td>도포의 적합성</td></tr>
<tr><td>5가지 동작의 정확성</td></tr>
<tr><td>시술 동작의 적정성</td></tr>
<tr><td rowspan="2">다리
(전체)</td><td rowspan="2">15분</td><td>시술 중 모델관리</td></tr>
<tr><td>마무리 작업</td></tr>
<tr><td rowspan="3">3</td><td colspan="2" rowspan="3">제 모</td><td rowspan="3">왁스 워머에 데워진 핫 왁스를 필요량 만큼 용기에 덜어서 작업에 사용하고, 다리에 왁스를 부직포 길이에 적합한 면적만큼 도포한 후, 체모를 제거하고 제모부위의 피부를 정돈하시오.</td><td rowspan="3">10분</td><td rowspan="3">제모는 좌·우 구분이 없으며 부직포 제거 전 손을 들어 감독의 확인을 받을 것</td><td>준비 및 위생</td></tr>
<tr><td>시술 방법의 적절성</td></tr>
<tr><td>마무리 작업</td></tr>
</table>

○ 제3과제 : 림프를 이용한 피부관리

○ 시험시간 : 15분(준비 작업시간 제외)

<table>
<tr><th>순서</th><th>작 업 명</th><th>요 구 내 용</th><th>시간</th><th colspan="2">비고</th></tr>
<tr><td>1</td><td>준비 및 위생</td><td></td><td></td><td></td><td>준비 및 위생상태</td></tr>
<tr><td rowspan="3">2</td><td rowspan="3">림프를 이용한 피부관리</td><td rowspan="3">적절한 압력과 속도를 유지하며 목과 얼굴 부위에 림프절 방향에 맞추어 피부관리를 실시하시오(단, 에플라지 동작을 시작과 마지막에 할 것)</td><td rowspan="3">15분</td><td rowspan="3">종료시간에 맞추어 관리할 것</td><td>관리방향과 부위의 정확성</td></tr>
<tr><td>관리작업의 적절성</td></tr>
<tr><td>전체 마무리 작업</td></tr>
</table>

3) 수험자 지참 도구 및 재료

일련번호	지참 도구 및 재료명	규 격	단 위	수 량	비 고
1	위생복	흰색	벌	1	상의는 흰색 가운, 하의는 흰색바지
2	실내화	흰색	켤레	1	실내화만 허용
3	마스크	흰색	개	1	
4	대형타월	100×180 cm, 흰색	장	2	베드용, 모델용
5	중형타월	65×130 cm, 흰색	장	3	
6	소형타월	35×80 cm, 흰색	장	5장 이상	습포, 건포용
7	헤어터번(터번)	벨크로(찍찍이)형	개	1	분홍색 or 흰색
8	여성모델용 가운 및 겉가운	밴드(고무줄, 벨크로)형 일반형(겉가운)	벌	1	분홍색 or 흰색 (민무늬)
9	남성모델용 옷	박스형 반바지와 T-셔츠	벌	1	상의는 흰색, 하의는 베이지 or 남색
10	모델용 슬리퍼		켤레	1	
11	필기도구	볼펜	자루	1	검은색 혹은 청색
12	알콜 및 분무기		개	1	필요량
13	일반솜		장	1	탈지면, 필요량
14	비닐봉지, 비닐백 (지퍼백 등)	소형	장	각 1	쓰레기처리용, 습포보관용 (두터운 비닐백)
15	미용솜		통	1	화장솜
16	면봉		개	1	필요량
17	티슈		통	1	필요량
18	붓		개	2	클렌징, 팩용
19	해면		개	8	필요량
20	스파튤라		개	3	클렌징, 팩용
21	보울(bowl)		개	3	클렌징, 팩 등

일련 번호	지참 도구 및 재료명	규 격	단 위	수 량	비 고
22	가위	소형	개	1	눈썹정리, 제모
23	족집게		개	1	눈썹정리, 제모
24	브러쉬		개	1	눈썹정리, 제모
25	눈썹칼	safety razer	개	1	눈썹정리
26	거즈		장	1	각질제거나 팩용
27	아이패드		개	2	거즈, 화장솜 가능
28	나무스파튤라		개	1	제모용
29	부직포	7×20cm	장	1	제모용
30	장갑	라텍스	켤레	1	제모용
31	종이컵	100ml	개	1	제모용
32	보관통	컵 형	개	2	스파튤라. 붓 등
33	보관통	뚜껑달린 통	개	2	알코올 솜 등
34	해면볼	소형	개	1	
35	바구니		개	2	정리용 사각
36	트레이(쟁반)	소형	개	1	습포용
37	효소		개	1	파우더형
38	고마쥐		개	1	크림형 or 젤형
39	AHA	함량 10% 이하	개	1	액체형
40	스크럽제		개	1	크림형 or 젤형
41	팩	크림타입	set	1	정상, 건성, 지성
42	스킨토너(화장수)		개	1	모든 피부용
43	크림, 오일	매뉴얼테크닉용	개	1	모든 피부용
44	탈컴 파우더		개	1	제모용
45	진정로션 혹은 젤		개	1	제모용
46	영양크림		개	1	모든 피부용
47	아이 및 립크림		개	1	모든 피부용 (공용사용가능)

일련 번호	지참 도구 및 재료명	규 격	단 위	수 량	비 고
48	포인트 메이크업 리무버	아이, 립	개	1	모든 피부용
49	클렌징 제품	얼굴 등	개	1	모든 피부용
50	모델		명	1	

※ 핫 왁스는 지급되는 재료여서 따로 준비하지 않아도 된다.

※ 타월류의 경우는 비슷한 크기이면 무방하다.

※ 기타 필요한 재료의 지참은 가능하다.

※ 팩과 딥클린징용 제품을 제외한 다른 모든 화장품은 모든 피부용을 지참해야 한다.

※ 바구니의 경우 왜건크기보다 크면 사용할 수 없다.

※ 부직포는 지정된 길이에 맞게 미리 잘라서 오면 된다.

피부관리실기학

2011년 1월　5일　초판인쇄
2011년 1월 15일　초판발행

지은이 : 이성내 · 박혜란 · 홍양희
펴낸이 : 이상태
펴낸곳 : 청구문화사
디자인 : 이헌숙
주　소 : 서울특별시 서대문구 연희 1동 436-1번지
전　화 : 02-332-0541(代)　FAX : 02-337-9577
등　록 : 1990년 11월 2일　제9-247호

가격　30,000원

ISBN　978-89-5616-405-2　93590

※ 낙장이나 파본은 교환해 드립니다.
※ 본 도서의 무단복제나 전재를 법으로 금합니다.